W0257775

Leitfäden der angewandten Informatik

Bauknecht/Zehnder: **Grundzüge der Datenverarbeitung**
3. Aufl. 293 Seiten. DM 34,–

Beth / Heß / Wirl: **Kryptographie**
205 Seiten. Kart. DM 25,80

Bunke: **Modellgesteuerte Bildanalyse**
309 Seiten. Geb. DM 48,–

Craemer: **Mathematisches Modellieren dynamischer Vorgänge**
288 Seiten. Kart. DM 36,–

Frevert: **Echtzeit-Praxis mit PEARL**
2. Aufl. 216 Seiten. Kart. DM 34,–

Gorny/Viereck: **Interaktive grafische Datenverarbeitung**
256 Seiten. Geb. DM 52,–

Hofmann: **Betriebssysteme: Grundkonzepte und Modellvorstellungen**
253 Seiten. Kart. DM 34,–

Holtkamp: **Angepaßte Rechnerarchitektur**
233 Seiten. DM 38,–

Hultzsch: **Prozeßdatenverarbeitung**
216 Seiten. Kart. DM 25,80

Kästner: **Architektur und Organisation digitaler Rechenanlagen**
224 Seiten. Kart. DM 25,80

Kleine Büning/Schmitgen: **PROLOG**
304 Seiten. Kart. DM 34,–

Meier: **Methoden der grafischen und geometrischen Datenverarbeitung**
224 Seiten. Kart. DM 34,–

Meyer-Wegener: **Transaktionssysteme**
242 Seiten. DM 38,–

Mresse: **Information Retrieval – Eine Einführung**
280 Seiten. Kart. DM 38,–

Müller: **Entscheidungsunterstützende Endbenutzersysteme**
253 Seiten. Kart. DM 28,80

Mußtopf / Winter: **Mikroprozessor-Systeme**
302 Seiten. Kart. DM 32,–

Nebel: **CAD-Entwurfskontrolle in der Mikroelektronik**
211 Seiten. Kart. DM 32,–

Retti et al.: **Artificial Intelligence – Eine Einführung**
2. Aufl. X, 228 Seiten. Kart. DM 34,–

Schicker: **Datenübertragung und Rechnernetze**
2. Aufl. 242 Seiten. Kart. DM 32,–

Schmidt et al.: **Digitalschaltungen mit Mikroprozessoren**
2. Aufl. 208 Seiten. Kart. DM 25,80

Schmidt et al.: **Mikroprogrammierbare Schnittstellen**
223 Seiten. Kart. DM 34,–

Schneider: **Problemorientierte Programmiersprachen**
226 Seiten. Kart. DM 25,80

Schreiner: **Systemprogrammierung in UNIX**
Teil 1: Werkzeuge. 315 Seiten. Kart. DM 48,–
Teil 2: Techniken. 408 Seiten. Kart. DM 58,–

Fortsetzung auf der 3. Umschlagseite

 B. G. Teubner Stuttgart

Leitfäden der angewandten Informatik

K. Meyer-Wegener
Transaktionssysteme

Leitfäden der angewandten Informatik

Unter beratender Mitwirkung von

Prof. Dr. Hans-Jürgen Appelrath, Oldenburg
Dr. Hans-Werner Hein, St. Augustin
Prof. Dr. Rolf Pfeifer, Zürich
Dr. Johannes Retti, Wien
Prof. Dr. Michael M. Richter, Kaiserslautern

Herausgegeben von

Prof. Dr. Lutz Richter, Zürich
Prof. Dr. Wolffried Stucky, Karlsruhe

Die Bände dieser Reihe sind allen Methoden und Ergebnissen der Informatik gewidmet, die für die praktische Anwendung von Bedeutung sind. Besonderer Wert wird dabei auf die Darstellung dieser Methoden und Ergebnisse in einer allgemein verständlichen, dennoch exakten und präzisen Form gelegt. Die Reihe soll einerseits dem Fachmann eines anderen Gebietes, der sich mit Problemen der Datenverarbeitung beschäftigen muß, selbst aber keine Fachinformatik-Ausbildung besitzt, das für seine Praxis relevante Informatikwissen vermitteln; andererseits soll dem Informatiker, der auf einem dieser Anwendungsgebiete tätig werden will, ein Überblick über die Anwendungen der Informatikmethoden in diesem Gebiet gegeben werden. Für Praktiker, wie Programmierer, Systemanalytiker, Organisatoren und andere, stellen die Bände Hilfsmittel zur Lösung von Problemen der täglichen Praxis bereit; darüber hinaus sind die Veröffentlichungen zur Weiterbildung gedacht.

Transaktionssysteme

Funktionsumfang,
Realisierungsmöglichkeiten,
Leistungsverhalten

Von Dr.-Ing. Klaus Meyer-Wegener
Universität Kaiserslautern

Mit 53 Abbildungen und 13 Tabellen

B. G. Teubner Stuttgart 1988

Dr.-Ing. Klaus Meyer-Wegener

Geboren 1956 in Bremen. Von 1975 bis 1980 Studium der Informatik an der Technischen Hochschule Darmstadt. Nach Abschluß als Diplom-Informatiker 1980 wiss. Mitarbeiter am Fachbereich Informatik der Universität Kaiserslautern. 1986 Promotion mit einer Arbeit über Transaktionssysteme und seither Hochschulassistent an der Universität Kaiserslautern. Vorlesungen über Datenbanksysteme und Transaktionssysteme sowie Mitarbeit an einem Projekt mit der Siemens AG über „Datensicherung und Recovery in DB/DC-Systemen". Verantwortlich für das Teilprojekt „Arbeitsplatzorientierte DB-Architekturen für Anwendungen mit hoher algorithmischer Parallelität" innerhalb des Sonderforschungsbereichs 124 „VLSI-Entwurfsmethoden und Parallelität".

CIP-Titelaufnahme der Deutschen Bibliothek

Meyer-Wegener, Klaus:
Transaktionssysteme. Funktionsumfang, Realisierungsmöglichkeiten, Leistungsverhalten von Klaus Meyer-Wegener. –
Stuttgart : Teubner, 1988
  (Leitfäden der angewandten Informatik)
  ISBN 978-3-519-02485-9   ISBN 978-3-322-92143-7 (eBook)
  DOI 10.1007/978-3-322-92143-7

Gesamtherstellung: Zechnersche Buchdruckerei GmbH, Speyer
Umschlaggestaltung: M. Koch, Reutlingen

Vorwort

Transaktionsorientierte Dialogrechensysteme, oder kurz: Transaktionssysteme, gibt es schon seit den sechziger Jahren. Nachdem sie zunächst - vor allem wegen ihres hohen Entwicklungsaufwands - auf spezielle Anwendungssgebiete wie z.B. militärische Überwachung und Flugreservierung beschränkt waren, erleben sie zur Zeit ein stürmisches Wachstum in allen Bereichen der kommerziellen Datenverarbeitung. In vielen Firmen und Behörden werden laufend Anwendungen vom Stapelbetrieb auf Dialog umgestellt. Möglich wurde dies außer durch die stetige Verbilligung der Hardware in erster Linie durch die Vereinfachung der Programmerstellung, die sich mit dem Einsatz von TP-Monitoren, inzwischen auch durch die sog. Sprachen der Vierten Generation ergab.

Zugleich ist jedoch verbreitet eine gewisse Unsicherheit festzustellen, die aus der Vielzahl der Systeme, Konzepte und Begriffe resultiert. Anwender finden sich sehr schnell auf ein bestimmtes System festgelegt und in der dazugehörenden Denkweise verfangen, so daß es ihnen schwerfällt, andere Systeme zu verstehen und zu beurteilen. Ihnen soll dieses Buch helfen, indem es die hinter allen Systemen stehenden Konzepte aufzeigt und so auch eine vergleichende Bewertung ermöglicht. Es wendet sich also vor allem an die Praktiker, daneben aber auch an Studierende der Fachrichtungen Informatik und Wirtschaftsinformatik, die nur an sehr wenigen Universitäten die Gelegenheit haben, sich mit diesem wichtigen Teilgebiet der Datenverarbeitung vertraut zu machen.

Naturgemäß muß an vielen Stellen des Buchs begriffsbildend gearbeitet werden. Es ist dabei leider nicht immer möglich, die gängige Interpretation beizubehalten und nur zu präzisieren, weil die Verwendung der Begriffe widersprüchlich sein kann. Die schillerndste Vielfalt der Interpretationen ist dem Begriff ''Task'' zuteil geworden; da er für die folgenden Ausführungen von zentraler Bedeutung ist, mußte eine bestimmte Bedeutung ausgewählt werden. Einige Fachleute werden sich daran stoßen, weil sie unter einem Task etwas anderes verstehen. Es ist jedoch einfach nicht möglich, alle Bedeutungen unter einen Hut zu bringen und derartige Irritationen zu vermeiden. Daher muß dem Leser zugemutet werden, bekannte Worte ggf. mit einer neuen Bedeutung zu verbinden. Ich habe mich bemüht, die Definitionen präzise zu fassen und auf Abweichungen von der üblichen Bedeutung hinzuweisen. Zur Erleichterung findet sich am Schluß des Buchs ein Glossar mit den Erläuterungen der wichtigsten Begriffe.

Das Buch ist wie folgt aufgebaut. Im ersten Kapitel wird eine Charakterisierung von Transaktionssystemen vorgenommen, die ihre Benutzerschnittstelle, ihren Funktionsumfang und ihre typischen Betriebsmerkmale beschreibt und sie damit von anderen dialogorientierten Systemen abgrenzt. Danach werden TP-Monitore ausführlich vorgestellt als systemnahe Software zur einfacheren Realisierung von Transaktionssystemen. Ihre Aufgabe besteht primär darin, den Programmierern und den Betreibern Standardlösungen anzubieten für die Probleme, die in allen Transaktionssystemen in ähnlicher Weise auftreten. Wie sie dies tun, wird bei einer Betrachtung ihrer Funktionen an der Programm- und Administrationsschnittstelle deutlich.

Der Diskussion der Implementierungsaspekte von TP-Monitoren wird eine Betrachtung der Betriebssystemfunktionen vorangestellt, auf die sich der TP-Monitor abstützen muß und deren Effizienz für die Leistungsfähigkeit des Gesamtsystems von großer Bedeutung sein kann. Sie entscheiden mit über die Anzahl der eingesetzten Prozesse, die Notwendigkeit eines prozeßinternen Multi-Tasking, die Art der Programmverwaltung und weitere Implementierungsfragen, die ausführlich vorgestellt werden.

Da ein wesentliches Merkmal von Transaktionssystemen auch der gemeinsame Zugriff auf zentrale Datenbestände ist, sollte den unter dem TP-Monitor ablaufenden Anwendungsprogrammen die Benutzung eines Datenbanksystems (DBS) möglich sein. Es werden die Probleme aufgezeigt, die sich durch den gemeinsamen Einsatz der beiden Softwaresysteme TP-Monitor und DBS ergeben - etwa bei der Einbettung in das Betriebssystem oder bei der Wahrung der systemübergreifenden Konsistenz der Daten -, und Lösungsvorschläge genannt.

Zum Schluß wird eine Einschätzung des Leistungsverhaltens verschiedener Realisierungsmöglichkeiten vorgenommen, die sich der Messungen an realen Systemen und eines umfangreichen Simulationsmodells bedient.

Das Buch ging hervor aus meiner Dissertation, die ich während meiner Tätigkeit als wissenschaftlicher Mitarbeiter an der Universität Kaiserslautern zwischen 1980 und 1986 erstellt hatte. Für die Anregung, mich mit diesem Thema zu befassen, die fortlaufende Unterstützung und Diskussionsbereitschaft sowie schließlich auch die wertvollen Hinweise zur Gestaltung der Arbeit bin ich meinem akademischen Lehrer, Herrn Prof. Dr. Theo Härder, zu besonderem Dank verpflichtet.

Auch meinen Kollegen an der Universität gilt es zu danken, weil sie mir ein kritisches Forum für meine Ideen waren und mich oft veranlaßten, Konzepte noch genauer zu untersuchen. Herr Dipl.-Inform. Erwin Kleboth hat in seiner Diplomarbeit das DB/DC-Simulationsmodell erstellt und dabei weit mehr geleistet, als für eine Diplomarbeit erforderlich ist. Dafür danke ich ihm herzlich.

Wesentliche Teile der Arbeit entstanden im Rahmen eines vom Bundesminister für Forschung und Technologie (Förderungskennzeichen 083 0106) und der Siemens AG geförderten Projekts.

Die Mitglieder des Arbeitskreises 2.5.1.1 ''TP-Monitore und DB/DC-Systeme'' der Gesellschaft für Informatik haben in zahlreichen Diskussionen ebenfalls sehr viel zur Klärung der Begriffe beigetragen und mit ihrem umfassenden Praxiswissen dafür gesorgt, daß alle wichtigen Systemkonzepte berücksichtigt wurden.

Einen wichtigen Beitrag hat auch meine Frau Anne geleistet, die sich der mühevollen Arbeit des Korrekturlesens unterzog, vor allem aber in schwierigen Phasen immer die notwendige moralische Unterstützung bot.

Schließlich ist auch den Herausgebern dieser Reihe und dem Teubner-Verlag dafür zu danken, daß sie mir die Veröffentlichung meiner Gedanken ermöglichten und mich bei der technischen Abwicklung in zuvorkommender Weise unterstützten.

Der Text wurde auf einer Siemens-Rechenanlage des Informatik-Rechenzentrums Kaiserslautern erstellt, auf die ISI-Rechner des Sonderforschungsbereichs übertragen, mit troff aufbereitet und mit dem angeschlossenen Apple-Laserdrucker ausgedruckt. Die umfangreichen Umstellungsarbeiten auf troff und den Laserdrucker sowie das Editieren der endgültigen Fassung hat Fräulein Gati Rasbach vorgenommen. Dafür danke ich ihr herzlich.

Kaiserslautern, im August 1987

Klaus Meyer-Wegener

Inhaltsverzeichnis

1. Einleitung

Transaktionssysteme sind in erster Linie charakterisiert durch die Art ihrer Benutzerschnittstelle. Sie ermöglichen über eine Datensichtstation oder ein ähnliches Dialoggerät direkt vom Arbeitsplatz aus den Zugriff auf die zentralen Datenbestände einer Organisation [Häu79]. Dafür werden jedoch keine speziellen EDV-Kenntnisse benötigt; es gibt nur Funktionen, die in direktem Zusammenhang mit der Tätigkeit des Benutzers stehen (z.B. ''Bestellung aufnehmen'' oder ''Überweisung ausführen'') und bei deren Abwicklung er vom System geführt wird. Die Ausführung einer solchen lesenden oder ändernden Operation wird umgangssprachlich als ''Transaktion'' bezeichnet; das gab den Systemen mit einer solchen Schnittstelle den Namen. Die folgende Begriffsklärung wird eine Transaktion allerdings auf die Bedeutung einschränken, die sie im Datenbank-Bereich mittlerweile erhalten hat, nämlich als die Einheit des atomaren Übergangs von einem konsistenten Zustand in einen anderen, ebenfalls konsistenten. Deshalb soll die Arbeitseinheit des Benutzers in Anlehnung an die Normung nach DIN [DIN84b] als *''Vorgang''* bezeichnet werden. Diese Definition ist verträglich mit der von Kreiffelts und Wötzel [KW82], obwohl dort ein sehr viel allgemeinerer Ansatz verfolgt wird und die Betonung auf der Zusammenarbeit der Benutzer liegt. Deshalb kann ein ''Vorgang'' in ihrem Sinne auch von mehreren Benutzern gemeinsam abgewickelt werden (jeder führt einen oder mehrere Schritte, ''Aktionen'', durch). Das soll hier aber ausgeschlossen werden.

Ein paar typische Beispiele für solche Vorgänge helfen zugleich, das Bild des Transaktionssystems noch genauer zu zeichnen. Am Bankschalter stehen heute in der Regel Datenendgeräte (im folgenden kurz ''Terminals'' genannt), die es erlauben, z.B. bei Einlösung eines Schecks den Betrag direkt vom Konto des Kunden abzubuchen, der den Scheck ausgestellt hat. Der Bankangestellte wählt zunächst die Funktion des Systems aus, die zu diesem Vorgang gehört. Dies kann per Tastendruck erfolgen, wenn das Gerät über Sondertasten verfügt, die mit dieser Bedeutung belegt werden können. Ebensogut kann aber auch eine Kurzbezeichnung der Funktion eingetippt werden, also z.B. ''AUSZAHLUNG'' oder ''SCHECK''. Für solche Kurzbezeichnungen oder Funktionsnamen hat sich der Begriff *''Transaktionscode''* eingebürgert, der mit *TAC* abgekürzt wird. Dieser TAC identifiziert also aus der Sicht des Benutzers eine Funktion des Systems. Seine Eingabe stößt einen Vorgang an, das ist die Ausführung einer Funktion mit bestimmten Parametern. Im einfachsten Fall werden die Parameter zusammen mit dem TAC eingegeben, und das System antwortet darauf mit der Ausgabe einer Bestätigung (''Auszahlung auf Konto Nr. XXX verbucht'') oder einer

Fehlermeldung ("ungültige Kontonummer"), die aber beide den Vorgang beenden. Ein solches Paar von Eingabe des Benutzers und darauffolgender Ausgabe des Systems (einschließlich der Zustandsänderungen im System, die damit verbunden sind), nennt man einen *Dialogschritt*. Der Vorgang bestand nur aus einem einzigen Dialogschritt, man spricht deshalb auch von einem *Ein-Schritt-Vorgang*.

Für etwas anspruchsvollere Funktionen eines Transaktionssystems reicht das allerdings meist nicht aus. Ein weiteres typisches Beispiel ist die Reservierung von Flügen oder Hotels, wo man sich zunächst darüber informieren möchte, welche Plätze bzw. Zimmer überhaupt noch frei sind. Im ersten Dialogschritt des Vorgangs sollte diese Information ermittelt werden, aufgrund der dann im zweiten Dialogschritt die Reservierung vorgenommen wird. Zur Abwicklung der Funktion bzw. des Vorgangs gehören immer beide Dialogschritte, und das Transaktionssystem muß sicherstellen, daß sie nacheinander in der richtigen Reihenfolge ausgeführt werden. Es sind noch sehr viel komplexere Verarbeitungsfolgen in solchen *Mehr-Schritt-Vorgängen* denkbar.

Der Benutzer muß dann unterscheiden können, ob sich sein Terminal im *TAC-Modus* befindet oder im *Dialog-Modus*. Im TAC-Modus ist es direkt nach dem Anmelden oder nachdem ein Vorgang abgeschlossen wurde, also immer dann, wenn ein TAC eingegeben werden darf. Während eines Mehr-Schritt-Vorgangs muß dagegen dem vorgeplanten Dialog gefolgt werden; es sind nur die Eingaben möglich, die zur weiteren Abwicklung des Vorgangs benötigt werden. Im Reservierungsbeispiel sind das die genauen Angaben darüber, welcher Platz bzw. welches Zimmer denn nun reserviert werden soll.

An dieser Stelle drängt sich eine Frage auf, die bisher bewußt noch nicht angesprochen worden ist; nämlich wie die Unterstützung des Benutzers bei der Eingabe der Daten und die Präsentation der aus dem zentralen Datenbestand geholten Information auszusehen hat. Die Terminals, die hier vorausgesetzt werden und in Transaktionssystemen üblicherweise zum Einsatz kommen, haben einen (zweidimensionalen) Bildschirm, seltener einen (eindimensionalen) Drucker, der mit Hilfe sog. *Masken* wie ein Formular gestaltet werden kann. Abb. 1.1 zeigt eine solche Maske, wie sie bei der Flugbuchung zum Einsatz kommen könnte. Sie enthält erläuternden Text, der vom Benutzer nicht verändert werden soll (und bei einigen Terminals auch gar nicht verändert werden kann), sowie Eingabefelder, in die die Parameter der Funktion einzutragen sind. Hier sind das beispielsweise Start- und Zielflughafen, der Tag des Fluges, die bevorzugte Luftfahrtgesellschaft usw. Mit dieser Information kann nun der Zugriff auf den zentralen Datenbestand erfolgen, in dem idealerweise sämtliche Flugpläne verfügbar sind. Die in Frage kommenden Flüge können in Form einer weiteren Maske

```
┌──────────────────────────────────────────────────────────────┐
│                                                                │
│      F L U G R E S E R V I E R U N G S S Y S T E M             │
│ ·············································· │
│                                                                │
│   Bitte geben Sie die Daten des gewünschten Fluges ein:        │
│                                                                │
│      Startflughafen:  ......................                   │
│      Zielflughafen:   ......................                   │
│      Tag des Abflugs: ../../..                                 │
│      Zeitraum des Abflugs: zwischen ..:.. und ..:.. Uhr        │
│                                                                │
│   Drücken Sie nach Ende der Eingabe die ENTER-Taste            │
│   Weitere Auskunft über die Bedienung: PF1-Taste               │
│                                                                │
└──────────────────────────────────────────────────────────────┘
```

Abb. 1.1: Beispiel einer Eingabemaske

```
┌──────────────────────────────────────────────────────────────┐
│                                                                │
│      F L U G R E S E R V I E R U N G S S Y S T E M             │
│ ·············································· │
│                                                                │
│   Flüge von HAMBURG            nach ROM                        │
│   am 12.09.85:                                                 │
│                                                                │
│   Nr.  Abflug  Gesellschaft  Zwischenstopps                   │
│    1   08.17   Allitalia      Wien                             │
│    2   08.53   Lufthansa      -                                │
│    3   09.14   Panam          Zürich                           │
│    4   09.37   Allitalia      -                                │
│   Weitere Flüge?         (ja/nein)                             │
│   Reservierung in Flug Nr.:  _                                 │
│                                                                │
└──────────────────────────────────────────────────────────────┘
```

Abb. 1.2: Beispiel einer Maske mit Ausgabe- und Eingabefeldern

angezeigt werden, wie sie in Abb. 1.2 dargestellt ist.

Hat sich der Kunde für einen der Flüge entschieden, kann in einem weiteren Dialogschritt ermittelt werden, welche Plätze in dem Flugzeug noch frei sind. Und wenn der Kunde auch hier gewählt hat, wird im abschließenden Dialogschritt des Vorgangs die Reservierung schließlich durchgeführt.

Zahlreiche weitere Beispiele für Transaktionssysteme sind leicht zu finden:
- Ausleihe und Rückgabe von Büchern in einer großen Bibliothek
- Materialwirtschaft mit Wareneingang, Warenausgang, Lagerverwaltung
- Buchung von Reisen in einem Reisebüro (START [Fr83])
- Verwaltung von Einwohnermeldedaten
- Kundenbetreuung im Elektrizitätswerk oder in der Gasanstalt (An- und Abmeldung, Festsetzung von monatlichen Abschlägen usw.)
- Versicherungen

u.v.a.

Zusammenfassend kann man sagen, daß es bei Transaktionssystemen um die Abwicklung von wenigen Typen stark formalisierter und kurzer Verarbeitungsvorgänge im Dialog geht. Diese Vorgänge werden oft wiederholt, wobei sich meist nur die Eingabeparameter (Kundennummer, Reisetag, Bestellmenge usw.) ändern. Die Benutzer von Transaktionssystemen fallen also in die Klasse von Benutzern, die die CODASYL Feature Analysis [CODA71] als ''parametrische Benutzer'' (einer Datenbank) bezeichnet hat. Von der Tatsache, daß im Hintergrund eines Transaktionssystems eine Datenbank eingesetzt wird, soll der Benutzer allerdings nichts bemerken. An seiner problemorientierten Schnittstelle kennt er weder Satzstrukturen noch Felder noch Beziehungen (z.B. CODASYL-Sets). Es wird also ein hoher Grad an *Datenunabhängigkeit* erreicht.

Genausowenig ist der Benutzer jedoch darauf angewiesen, Programme auszuführen, die vorher u.U. noch mit Dateien verknüpft werden müßten (LINK=...) oder vergleichbare DV-technische Behandlung verlangen. Stattdessen kennt er nur Transaktionscodes, die im System die Ausführung eines Programms oder auch mehrerer Programme veranlassen können. Für diesen Abstraktionsschritt kann die Bezeichnung *Programmunabhängigkeit* eingeführt werden.

Was man dem Benutzer nicht verbergen kann, ist die Tatsache, daß auch andere auf dieselben Datenbestände zugreifen und sie dabei verändern. Das ist sogar erwünscht, weil es höchste Aktualität der Daten für alle Beteiligten gewährleistet.

Für Systeme mit einer solchen Benutzerschnittstelle wird keineswegs einheitlich die Bezeichnung ''Transaktionssystem'' verwendet. Stattdessen ist oft von ''Online-Systemen'', ''Teilhabersystemen'' oder in der englischsprachigen Literatur von ''Real-Time Systems'' die Rede. Deshalb ist eine Abgrenzung und Einordnung in das Umfeld angebracht. In diesem Buch wird die Begriffshierarchie zugrundegelegt, die in Abb. 1.3 dargestellt ist. Allem übergeordnet sind die *Echtzeitsysteme* (Realzeitsysteme,

Real-Time Systems), deren wesentliches Merkmal die sofortige vollständige Verarbeitung der Eingabedaten ist. Der Gegensatz dazu ist die Stapelverarbeitung, bei der die Eingabedaten erst gesammelt und später zu geplanten Zeitpunkten "stapelweise" verarbeitet werden.

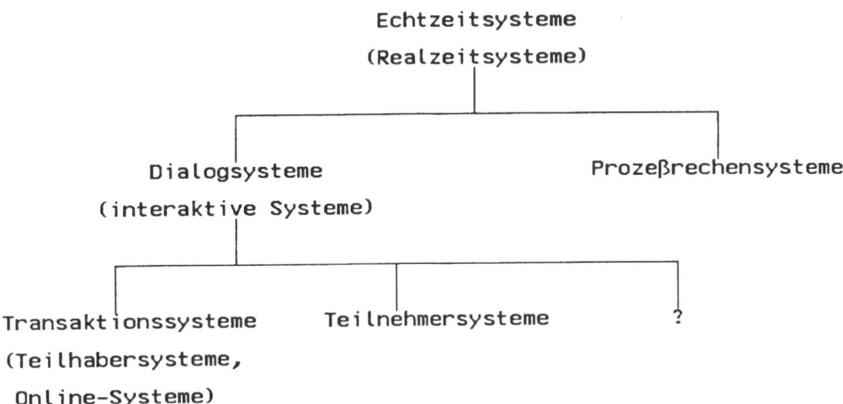

Abb. 1.3: Einordnung der Transaktionssysteme in das begriffliche Umfeld

Echtzeitsysteme sind entweder Dialogsysteme oder Prozeßrechensysteme. Diese Unterscheidung fehlt gerade in der englischsprachigen Literatur sehr oft (z.B. in [Gl83]). Dabei ist es sicher nicht unwichtig, ob der Kommunikationspartner des Systems ein Mensch oder ein technischer Prozeß ist. In beiden Fällen wird die Verarbeitung durch externe Ereignisse (Eingaben) angestoßen, und in beiden Fällen soll die Reaktion des Systems möglichst schnell erfolgen. Beim menschlichen Kommunikationspartner, also in *Dialogsystemen*, ist es zwar ärgerlich, wenn die Antwort einmal länger braucht, sie wird aber dadurch noch nicht falsch. In einem *Prozeßsteuerungssystem* kann eine Reaktion dagegen sinnlos geworden sein, wenn sie zu spät kommt. Als Beispiel sei nur die Reaktion "Ventil öffnen" auf die Eingabe "Überdruck im Kessel" genannt. Die Einhaltung der Antwortzeitschranken ist hier Bedingung für das korrekte Arbeiten des Systems.

"Interaktives System" soll wie in [Sch83] als Synonym für "Dialogsystem" gelten. Schon seit langem unterscheidet man in dieser Klasse *Teilnehmer-* und *Teilhabersysteme* (bzw. Teilnehmer- und Teilhaberbetrieb aus der Sicht des Rechensystems). Diese Aufteilung orientiert sich jedoch in erster Linie an einem Implementierungskonzept, nämlich der exklusiven Zuordnung von Prozessen zu den

"Teilnehmern" und der gemeinsamen Benutzung eines Prozesses durch mehrere "Teilhaber". Erst in zweiter Linie werden auch die funktionalen Unterschiede herangezogen: Teilhabersysteme realisieren Transaktionssysteme; solange nur die Benutzerschnittstelle betrachtet wird, können beide Begriffe synonym verwendet werden. Teilnehmersysteme realisieren dagegen ein virtuelles Rechensystem, das seinem Benutzer sehr viel mehr Funktionen bietet, dafür aber auch umfangreiche Kenntnisse bei der Bedienung abverlangt, z.B. wenn es programmiert werden muß.

Weil Teilnehmersysteme sehr mächtige Funktionen anbieten und programmiert werden können, lassen sich mit ihnen auch die Funktionen eines Transaktionssystems realisieren (allerdings nicht sehr effizient, wie später ausgeführt wird). Andererseits lassen sich aber auch in Teilhabersysteme neue und mächtigere TACs einführen, die z.B. das Erstellen von Masken und Programmen ermöglichen (ein Ansatz, der mit den sog. Programmiersprachen der Vierten Generation verfolgt wird). Daß bezüglich der Benutzerschnittstelle kein scharfer Trennungsstrich mehr zwischen Transaktionssystem und Teilnehmersystem gezogen werden kann, haben neben dem Betriebssystem Unix [RT74] vor allem die vielen neuen Ein-Benutzer-Systeme auf den persönlichen Computern (PCs) gezeigt.

"Transaktionssystem" und "Teilhabersystem" sind also, streng genommen, keine Synonyme. Daß die meisten Transaktionssysteme als Teilhabersysteme realisiert sind, liegt nicht so sehr an den rein funktionalen als an den quantitativen Aspekten, die bisher noch nicht berücksichtigt wurden. Wie bei allen Echtzeitsystemen ist das Lastaufkommen stochastisch. Die genannten Beispiele zeigen jedoch, daß bei Transaktionssystemen wesentlich mehr Benutzer angeschlossen und gleichzeitig aktiv sind als bei Teilnehmersystemen. Die gemeinsame Benutzung des Datenbestandes läßt es manchmal sogar zwingend notwendig erscheinen, daß *alle* Abteilungen beteiligt werden, um den gewünschten Grad an Aktualität zu erreichen. Die Anforderungen wachsen daher ständig. Galt ein Netz mit 1000 Terminals vor wenigen Jahren noch als Hochleistungssystem, wird es heute nur noch als "mittelgroß" bezeichnet, während schon Netze mit mehr als 10000 Terminals in Betrieb sind [GS84a]. Die daraus resultierenden Durchsatzforderungen sind zum Teil immer noch nur mit Speziallösungen zu befriedigen.

Der Durchsatz ist eine wichtige Leistungskenngröße eines Transaktionssystems, die Antwortzeit eine andere. Zusammen mit der Ausfallsicherheit entscheidet sie über die *Verfügbarkeit* des Systems. Eine zu hohe Antwortzeit kann die betrieblichen Abläufe, z.B. die Bedienung von Kunden, stark verlangsamen, so daß das System als nur eingeschränkt verfügbar angesehen werden muß. Akzeptabel ist üblicherweise eine mittlere Antwortzeit von 2-3 Sekunden; härtere Restriktionen verlangen, daß bei kurzen Transaktionen (wie der Kontenbuchung, s.u.) 95 % aller Antworten innerhalb einer Sekunde eintreffen [An85]. Im Gegensatz zum Stapelbetrieb spielt die Auslastung des Systems dagegen eine untergeordnete Rolle. Sie muß oft sogar deutlich unter 100 % liegen, damit die Grenzen für die Antwortzeit überhaupt eingehalten werden können.

Genauso wichtig ist die Ausfallsicherheit [Se85]. Da Transaktionssysteme in der Regel direkt in die betrieblichen Abläufe eingebunden und nicht mehr so einfach durch manuelle Tätigkeit zu ersetzen sind, treten bei ihrem Ausfall meist sehr große Wartezeiten auf, die sich unmittelbar im Geschäftsverlauf bemerkbar machen. Besonders im Bankbereich können dadurch hohe Verluste auftreten. Es sind inzwischen etliche Techniken entwickelt worden, die die Wahrscheinlichkeit eines Systemausfalls minimieren sollen (z.B. [Bar78, Bar81]). Diese sind meist auf Hardware-Fehler ausgerichtet; Software-Fehler können nur mit wesentlich höheren Kosten vermieden werden.

Ein wichtiges Hilfsmittel, wenigstens die Auswirkungen von Software-Fehlern zu begrenzen, ist das aus dem Datenbank-Bereich bekannte *Transaktionskonzept* [Gr81a, HR83b]. Ein Programmfehler führt zum Zurücksetzen der gesamten Transaktion, wobei in den Datenbeständen keinerlei Spuren hinterlassen werden. Eine abgeschlossene Transaktion kann dagegen durch keinen Fehler mehr rückgängig gemacht werden. Die Transaktion ist also die Einheit des atomaren Übergangs zwischen konsistenten Zuständen. Für Transaktionssysteme ist das insoweit von Bedeutung, als es für den Benutzer die Dialogschritte als atomare Übergänge gibt. Deshalb darf ein Dialogschritt nicht mehrere aufeinanderfolgende Transaktionen enthalten, weil ein Zustand zwischen zweien dieser Transaktionen aus der Sicht des Systems zwar konsistent ist, aber nicht aus der Sicht des Benutzers. Für ihn ist der Dialogschritt nicht vollständig durchgeführt, weil nicht alle darin enthaltenen Transaktionen abgewickelt wurden. Er kann ihn aber auch nicht durch erneute Eingabe wiederholen, denn dann würde er einige Transaktionen zum zweiten Mal ausführen.

Im einfachsten Fall gilt die Gleichsetzung von Dialogschritt und Transaktion. Ein Fehler mit Zurücksetzen führt dann wieder auf die zuletzt ausgegebene Bildschirmmaske; der Benutzer weiß wieder, in welchem Verarbeitungszustand er sich befindet, und kann fortfahren, indem er beispielsweise die letzte Eingabe wiederholt. Mit der Realisierung dieser strengen Transaktionssicherung tun sich einige existierende Transaktionssysteme noch sehr schwer.

Es war bereits davon die Rede, daß die Durchsatzanforderungen an Transaktionssysteme ständig steigen. In einem Beitrag zur IEEE Spring Compcon 1985 berichten Gray et al. von den Wünschen der Anwender, ''One Thousand Transactions per

Second" abwickeln zu können [Gr85]. Noch bevor diese Grenze erreicht ist, wird schon die nächste ins Auge gefaßt; auch 10000 Transaktionen pro Sekunde scheinen erreichbar zu sein, wenngleich auch nur mittelfristig. Nun ist, wie aus den Darlegungen bisher deutlich geworden sein sollte, Transaktion nicht gleich Transaktion. Die Leistungsfähigkeit verschiedener Transaktionssysteme kann nur dann gegenübergestellt werden, wenn jeweils gleichartige Transaktionen ausgeführt werden. Ein weiterer Artikel [An85] ergänzt die Darstellung von [Gr85], indem er eine solche Standard-Transaktion ("Debit-Credit" oder "TP1" genannt) definiert. Zwei Dutzend Fachleute von Universitäten, Herstellern und Anwendern haben sich darauf verständigt, daß diese Transaktion als typisch für den Transaktionsbetrieb anzusehen ist.

Es handelt sich dabei um einen Ein-Schritt-Vorgang, nämlich um die bereits vorgestellte Kontenbuchung am Bankschalter. (Daß der gleiche Vorgang im Prinzip auch von einem Geldausgabeautomaten aus initiiert werden kann, soll zunächst zurückgestellt werden). Damit solche Buchungsvorgänge möglichst schnell hintereinander abgewickelt werden können, bedient man sich nur einer einzigen Bildschirmmaske, die zugleich die abgeschlossene Buchung bestätigt und Eingabefelder für die nächste bereithält (Abb. 1.4). Dadurch kann in jedem Dialogschritt die vollständige Buchungstransaktion durchgeführt werden.

```
Transaktionscode: BUCHUNG          (Kontenbuchung)
--------------------------------------------------------------
Kontonummer: __________ (nur Ziffern, keine Leerzeichen)
Bankleitzahl: _________
Betrag: ________ DM __ Pf
Bitte ankreuzen:  ( ) Auszahlung   ( ) Einzahlung
--------------------------------------------------------------
BUCHUNG DURCHGEFÜHRT
Aktueller Kontostand (Nr. 003463126)     4382,76 DM
```

Abb. 1.4: Maske für die Kontenbuchungstransaktion

Es war bislang noch nicht die Rede davon, wie Transaktionssysteme eigentlich programmiert werden. Dies wird eines der Themen im zweiten Kapitel sein. Ein kleiner

Vorgriff sei erlaubt, weil er zur Beschreibung der Kontenbuchungstransaktion erforderlich ist. Abb. 1.5 zeigt, wie das Programm dafür aussehen könnte. Es wären sicher noch sehr viel aufwendigere Prüfungen der Eingabedaten möglich und in realen Systemen auch erforderlich, sie würden hier jedoch nur von den wesentlichen Merkmalen des Programms ablenken.

```
BEGIN
    RECEIVE MESSAGE FROM TERMINAL;
    EXTRACT KONTONR, DELTA, SCHALTERNR, ZWEIGSTELLENNR
        FROM MESSAGE;
    BEGIN TRANSACTION;
        READ KONTO-SATZ, KEY IS KONTONR;
        KONTOSTAND := KONTOSTAND + DELTA;
        REWRITE KONTO-SATZ, KEY IS KONTONR;
        fülle BUCHUNGS-SATZ mit Werten
        WRITE BUCHUNGS-SATZ;
        READ SCHALTER-SATZ, KEY IS (ZWEIGSTELLENNR, SCHALTERNR);
        KASSENSTAND := KASSENSTAND + DELTA;
        REWRITE SCHALTER-SATZ, KEY IS (ZWEIGSTELLENNR, SCHALTERNR);
        READ ZWEIGSTELLEN-SATZ, KEY IS ZWEIGSTELLENNR;
        GELDBESTAND := GELDBESTAND + DELTA;
        REWRITE ZWEIGSTELLEN-SATZ, KEY IS ZWEIGSTELLENNR;
        fülle MESSAGE mit Bestätigung der Buchung
        SEND MESSAGE TO TERMINAL;
    COMMIT;
END;
```

Abb. 1.5: Transaktionsprogramm KONTENBUCHUNG (Debit-Credit; TP1)

Es werden neun Datenbank-Operationen ausgeführt, die drei Sätze in der Datenbank modifizieren und einen neuen hinzufügen. Daß es bei der Datenbankverwaltung durchaus Probleme gibt, eine hohe Rate dieser Operationen abzuwickeln, kann z.B. [HR85b] entnommen werden. Es ist aber durchaus typisch für Transaktionssysteme, daß die einzelne Transaktion nur wenige Sätze in der Datenbank berührt. Das ist ein wesentlicher Unterschied zu den langen Transaktionen der Stapelprogramme.

Für diesen Transaktionstyp einen hohen Durchsatz bei gleichzeitiger Einhaltung von Antwortzeitgrenzen zu erreichen, ist sicher ein wichtiges und bisher nur selten erreichtes Ziel bei der Entwicklung von Transaktionssystemen. Es darf dabei jedoch nicht übersehen werden, daß es sehr viel komplexere Vorgänge (Mehr-Schritt-Vorgänge) gibt, die erfahrungsgemäß um so wichtiger werden, je mehr Funktionen und zentrale Datenbestände in das System aufgenommen werden. Die Möglichkeiten sollten dafür vorhanden sein, aufgrund der großen Vielfalt können sie jedoch kaum als Leistungsmaß benutzt werden.

Die Implementierung von Transaktionssystemen wurde bisher nur sehr schwach angedeutet; von einer Datenbank war schon die Rede. Die Hardware, also die Rechner und ihre Peripherie, sind im Prinzip die gleichen, wie man sie auch von Stapelanwendungen her schon kennt, oft allerdings noch etwas größer. Spezialentwicklungen für Transaktionssysteme sind sehr selten und beschränken sich auf den militärischen Bereich, vielleicht noch die zivile Luftfahrt. Für Betriebssysteme gilt de facto dasselbe, obwohl sich aus der weiteren Diskussion ergeben wird, daß einige zusätzliche Einrichtungen und Funktionen die Realisierung von Transaktionssystemen wirkungsvoll unterstützen könnten.

Ein zentrales Konzept üblicher Betriebssysteme ist der *Prozeß*. Was darunter zu verstehen ist, ist in der Literatur über Betriebssysteme inzwischen festgelegt (z.B. [We78], S. 21: "Einheiten, die ein vernünftig zusammenhängendes Stück Arbeit erledigen, für das Eingangssituation und Ausgangsergebnis klar definiert ist", oder [Ne80], S. 36: "Die zeitliche Reihenfolge, in der Operationen des einen Programmstücks relativ zu Operationen eines anderen Programmstücks ausgeführt werden, ist zufällig und hängt davon ab, wann den Programmstücken ein Prozessor zugeteilt wird. Dagegen müssen die Operationen innerhalb eines solchen Programmstücks strikt sequentiell ausgeführt werden. Diese sequentiellen Programmstücke nennt man Prozesse"). Hier sollen besonders zwei Aspekte des Prozeßkonzepts noch hervorgehoben werden: Aus der Sicht des Benutzers (im Teilnehmerbetrieb oder als Auftraggeber eines Stapelauftrags) stellt ein Prozeß eine virtuelle Rechenmaschine dar, auf der er Programme ausführen, Speicherplatz belegen und Druckaufträge abgeben kann. Die funktionale Mächtigkeit dieser Schnittstelle ist groß, dafür braucht man aber auch schon erhebliche Kenntnisse, um mit ihr umgehen, sprich: die virtuelle Maschine richtig bedienen zu können.

Aus der Sicht des Betriebssystems stellt ein Prozeß eine Ablauf- und Schutzeinheit dar. Er ist die Einheit der Zuteilung von Betriebsmitteln (Prozessorzeit, Speicherplatz, Dateien) und die Einheit der Isolation. Für einen Prozeß gibt es einige Verwaltungsdaten: Prozeßkontrollblöcke, Segment- und Seitentabellen etc. Der Verwaltungsaufwand steigt meist überlinear mit der Zahl der Prozesse, so daß auch auf sehr großen Anlagen nur einige Hundert, keinesfalls aber aber tausend und mehr Prozesse gleichzeitig verwaltet werden können. (Dies gilt für die heute eingesetzten Betriebssysteme. Es gibt bereits Konzepte, die auf eine wesentlich höhere Zahl von Prozessen ausgelegt sind [Ol85]) Das bedeutet, daß das Konzept des Teilnehmerbetriebs, jedem Benutzer einen eigenen Prozeß zuzuteilen, nicht auf die Realisierung von Transaktionssystemen übertragen werden kann. Alle bisherigen Implementierungen gehen davon aus, daß ein Prozeß mehrere Benutzer (mehrere Terminals) bedient. Das ist auch deshalb eine praktikable Lösung, weil an der bereits vorgestellten Benutzerschnittstelle von Transaktionssystemen die Kapazität einer virtuellen Maschine, wie sie ein exklusiv zugeteilter Prozeß böte, weder notwendig noch erwünscht ist.

Die in den Prozessen ablaufenden Programme haben dann allerdings auch die Aufgabe, mehrere Terminals abzufragen und ggf. Dialogschritte für sie auszuführen. Dadurch werden sie erheblich komplexer als die in Abb. 1.5 dargestellte Kontenbuchung (asynchrone Abläufe!). Andererseits sind gerade die Aufgaben der Terminalund Dialogschrittverwaltung (eine präzisere Begriffsbildung erfolgt in Kapitel 2) allen Transaktionssystemen gemeinsam. Deshalb wurden diese Funktionen aus den Anwendungsprogrammen herausgelöst und in einem systemnahen Software-Paket zusammengefaßt, daß als *"Teleprocessing Monitor"* oder *"Transaction-Processing Monitor"* bezeichnet wird [Bau78, Bau79a, MW85b]. In beiden Fällen kann die Abkürzung *TP-Monitor* verwendet werden, die für derartige Systeme allgemein gebräuchlich ist. Im deutschen Sprachraum kommt auch noch die Bezeichnung "Transaktionsmonitor" vor. Der Einsatz eines solchen TP-Monitors erlaubt es, die Anwendungsprogramme so zu schreiben, als ob nur ein einziges Terminal zu bedienen wäre. Zu seinen Funktionen zählt auch noch die Abstraktion von den spezifischen Geräteeigenschaften des gerade aktiven Terminals wie auch von allen Fragen der Nachrichtenübermittlung in einem Netz. Diese Punkte werden in Kapitel 2 noch ausführlich erläutert. Hier soll nur angedeutet werden, daß der TP-Monitor den unter seiner Kontrolle ablaufenden Programmen sowohl Kontroll- als auch Kommunikationsunabhängigkeit gewährleistet.

Die Entwicklung von TP-Monitoren war also die Folge eines ähnlichen Abstraktionsschritts, wie er in bezug auf die Datenverwaltung zur Entwicklung von Datenbanksystemen (DBS) führte [Hä78, Da81]. Auch bei ihnen ging es darum, Funktionen, die sich in vielen Programmen wiederfanden (und dadurch auch nur mit hohem Aufwand zu ändern waren), in einem Software-Paket zu zentralisieren und obendrein eine redundanzfreie Speicherung der Daten zu ermöglichen. Weitere Vorteile beim Einsatz von Datenbanksystemen können der genannten Literatur entnommen werden. Selbstverständlich möchte man davon auch bei der Realisierung von Transaktionssystemen profitieren, so daß sich die Frage nach dem gemeinsamen Einsatz von TP-Monitoren und Datenbanksystemen stellt.

Beide Systeme zusammen werden als *DB/DC-System* bezeichnet. Mit ''DC-System'' (Data Communication System, Datenkommunikationssystem) ist dabei der TP-Monitor gemeint; dieser Begriff ist jedoch eigentlich umfassender und kann auch auf Teile des Betriebssystems angewendet werden, die vom TP-Monitor benutzt werden (Basiskommunikationssystem, vgl. Kap. 2). Vermutlich aufgrund der Alliteration hat sich die Bezeichnung ''DB/DC-System'' jedoch durchgesetzt, und sie soll auch in diesem Buch benutzt werden. Wenn die beiden Teilkomponenten für sich betrachtet werden, bleibt es jedoch bei ''DB-System'' bzw. ''DBS'' und ''TP-Monitor''.

Der Stand der Technik auf diesem Gebiet ist gekennzeichnet durch zahlreiche Einzelsysteme, die jeweils eigene Lösungswege verfolgen und selbst dort, wo sie ähnliche Verfahren wie die anderen einsetzen, dies durch neue Begriffe unkenntlich machen. Viele rühmen sich, alle Eigenschaften zu besitzen, die von den Anwendern für ihre Transaktionssysteme gewünscht werden: ''einfache Bedienung'', ''Programmieren wie im Stapelbetrieb'', ''umfassendes Sicherungskonzept'' und was es sonst noch an Schlagworten gibt. Dabei können einige Systeme den Anforderungen, die sich damit verbinden, nur mühsam gerecht werden, vor allem dann, wenn sie schon etwas älter sind und laufend um weitere Funktionen ergänzt wurden, deren ''Nahtstellen'' noch deutlich zu erkennen sind.

Die Wissenschaft hat sich mit Transaktionssystemen bisher kaum befaßt, so daß die wenigen Veröffentlichungen zu diesem Thema mit langen Einführungen in die Begriffswelt beginnen mußten (z.B. [Cla82b]). Neuerdings gibt es einige Ansätze aus dem Bereich Betriebssysteme [BC84] und im Zusammenhang mit Hochleistungs-Datenbanksystemen [HR85b]; an einer geschlossenen Darstellung fehlt es jedoch noch immer. Ebensowenig sind systematische Entwurfskonzepte für TP-Monitore und DB/DC-Systeme aufgestellt und Leistungsmaße definiert worden, die einen Vergleich der Systeme erleichtern würden.

Mit diesem Buch wird ein Versuch gemacht, die Lücke zu schließen. Es wird eine umfangreiche Begriffsbildung durchgeführt, die auf alle Systeme anwendbar sein soll und dadurch eine weitreichende Systematisierung der verschiedenen Konzepte ermöglicht. Die ist wiederum Voraussetzung für eine vergleichende Bewertung, in der qualitative wie quantitative Aspekte, der Funktionsumfang für den Anwender wie auch das Leistungsverhalten berücksichtigt werden.

Nach einer gründlicheren Untersuchung der Aufgabenstellungen und Implementierungsmöglichkeiten für TP-Monitore im zweiten Kapitel, die den Mangel an Fachliteratur auf diesem Gebiet zumindest teilweise auszugleichen versucht, bildet die Diskussion von DB/DC-Systemen einen Schwerpunkt des Buchs. Wurden DBS und TP-Monitor getrennt entwickelt, wie es häufig der Fall war, müssen Techniken zur Kopplung der beiden Systeme ("Interfaces") hinzugefügt werden. Dann ist der Frage nachzugehen, inwieweit Funktionen in beiden Systemen redundant vorhanden sind (beispielsweise zur Transaktionssicherung oder Hauptspeicherverwaltung). Dieses Problem sollte in integrierten DB/DC-Systemen wie IMS [Mc77] gelöst sein. Auch hier bleibt jedoch noch zu erörtern, welche Möglichkeiten es gibt, ein solches System zusammen mit den Anwendungsprogrammen in ein Betriebssystem einzubetten, das heißt, Teilfunktionen verschiedenen Prozessen zuzuordnen.

Im vierten Kapitel wird die quantitative Bewertung der Alternativen in Angriff genommen. Drei Methoden können dabei zum Einsatz kommen: Messungen, analytische Modelle und Simulationen. Die Messungen wurden im Rahmen eines von der Siemens AG und dem Bundesminister für Forschung und Technologie (BMFT) geförderten Projekts mit den Systemen UDS [UDS84] und UTM [HV79] durchgeführt. Sie beziehen sich auf ein konkretes DB/DC-System und können also nur Aussagen über eine Implementierungsvariante liefern, die dafür aber in sehr großer Zahl und Genauigkeit. Dem gegenübergestellt werden einige der in der Literatur vorgeschlagenen analytischen Modelle. Sie bilden das Verhalten der Systeme meist nur grob nach und lassen deshalb nur Aussagen über Teilbereiche zu. Ihre Unzulänglichkeit führte zur aufwendigen Entwicklung eines Simulationsmodells das die Nachbildung eines breiten Spektrums von Implementierungsmöglichkeiten bei hoher Modellierungsgenauigkeit ermöglicht [Kle86].

Das letzte Kapitel enthält die Schlußfolgerungen aus diesen quantitativen Untersuchungen und ergänzt sie um einen Ausblick auf die zukünftigen Entwicklungen in der kommerziellen Datenverarbeitung und ihre Auswirkungen für den Einsatz von DB/DC-Systemen.

In dieser Einleitung sind die wichtigsten Begriffe eingeführt worden, die nun noch kurz zueinander in Relation gesetzt werden sollen. Ein Transaktionssystem ist vor allem definiert durch seine problemorientierte, daten- und programmunabhängige Benutzerschnittstelle, in zweiter Linie auch durch seine Betriebscharakteristik. Zur Realisierung von Transaktionssystemen werden neben der Hardware und dem Betriebssystem TP-Monitore und DB-Systeme eingesetzt, die von den Anwendungsprogrammen aufgerufen werden. Der Begriff DB-System subsummiert die eigentliche

Datenbank (auf externen Speichern) und das Datenbank-Verwaltungssystem (DBVS), das den Zugriff für die verschiedenen "Benutzer" (Programme, Prozesse) abwickelt. Wenn TP-Monitor und DBS gemeinsam eingesetzt werden und sich über eine interne Schnittstelle abstimmen, spricht man von einem DB/DC-System.

2. TP-Monitore

Nachdem in der Einleitung bereits kurz erläutert wurde, welche Rolle TP-Monitore
in Transaktionssystemen wahrzunehmen haben, soll hier nun sehr viel ausführlicher
und systematischer dargestellt werden, was die Aufgaben von TP-Monitoren sind und
welche Alternativen es bei ihrer Implementierung gibt. Die Vorgehensweise kann mit
Hilfe von Abb. 2.1 veranschaulich werden, die die vier Schnittstellen eines TP-
Monitors darstellt (vgl. [HV79]).

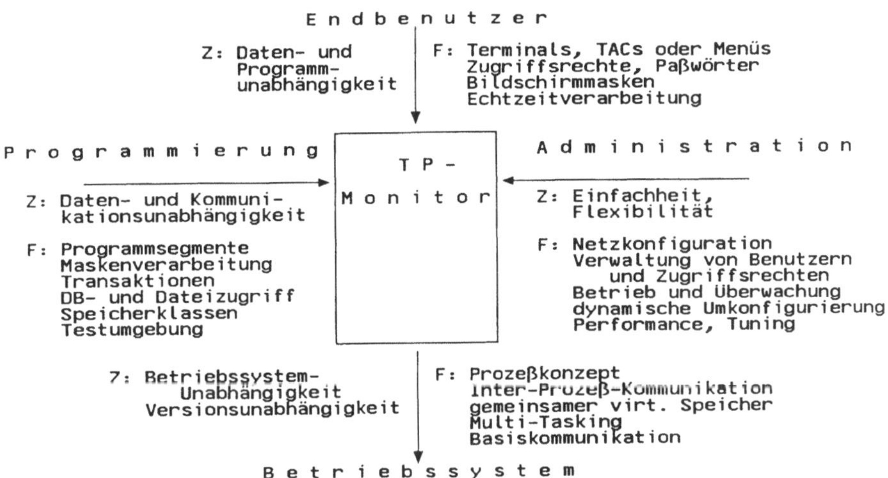

Abb. 2.1: Schnittstellen eines TP-Monitors (Z = Ziele, F = Funktionen)

Drei Schnittstellen sind für den Anwender gedacht: die Endbenutzer-, die
Programmier- und die Administrationsschnittstelle. Sie umfassen die Gesamtheit aller
Funktionen, die der TP-Monitor realisieren muß und stellen deshalb eine Spezifikation
des Systems dar. Die Betriebssystemschnittstelle entsteht dagegen durch eine Auswahl
der vom Betriebssystem (BS) angebotenen Funktionen, die dann bei der Implementierung des TP-Monitors verwendet werden. Dies wurde schon als die ''Einbettung''
des TP-Monitors in das Betriebssystem bezeichnet. Die Aufgabe des TP-Monitors
besteht also darin, die Lücke zwischen Betriebssystem und Anwendungsprogrammen

zu schließen [Da76], eine Software-Schicht zu realisieren, die mit den Mitteln des zugrundeliegenden Betriebssystems die an der Anwenderschnittstelle gewünschten Funktionen realisiert.

Der letzte Abschnitt dieses Kapitels beschäftigt sich mit den zahlreichen Möglichkeiten, wie dies geschehen kann. Die interne Struktur eines TP-Monitors hängt natürlich ganz entscheidend davon ab, was er leisten soll und was das Betriebssystem an Basisfunktionen schon bietet.

2.1. Die Anwenderschnittstellen

Einige Überlegungen zu diesem Thema finden sich bereits in [MW83]. Sie wurden für diesen Abschnitt noch einmal überarbeitet und auch in wesentlichen Punkten ergänzt, speziell bei den Programmiersprachen der Vierten Generation.

2.1.1. Die Endbenutzerschnittstelle

Die Endbenutzerschnittstelle eines TP-Monitors ist exakt die eines Transaktionssystems (TAS); sie wurde in der Einleitung schon relativ ausführlich vorgestellt. Hier soll nun eine genauere und vollständige Erörterung folgen.

Bevor ein Benutzer die Menge der ihm zur Verfügung stehenden TACs benutzen kann, muß er sich beim Transaktionssystem anmelden. Wie dies geschieht, hängt sehr stark von der speziellen Anwendung ab. Das Terminal des Benutzers ist über ein mehr oder weniger komplexes Netz mit dem Zentralrechner verbunden, auf dem der TP-Monitor mit den Anwendungsprogrammen abläuft. Soll das Terminal immer nur mit einem einzigen Transaktionssystem arbeiten, kann die Verbindung vordefiniert und beim Einschalten automatisch hergestellt werden. Wird größere Flexibilität gewünscht, soll der Benutzer etwa abwechselnd im Teilnehmerbetrieb und im Transaktionsbetrieb arbeiten (was meist nur Programmierer betrifft) oder mit verschiedenen Transaktionssystemen, so muß er die Verbindung im Netz dynamisch selbst herstellen. Wie dies erfolgen kann, ist der einschlägigen Literatur über Rechnerkommunikation zu entnehmen, z.B. [Cy78].

Ist die Verbindung zum TAS hergestellt, muß in der Regel eine Anmeldung erfolgen. Der Benutzer identifiziert und authentifiziert sich (Name und Paßwort) in einem LOGIN-Kommando. Das System verwaltet also ein Verzeichnis aller zugelassenen Benutzer, das neben dem Paßwort natürlich auch noch andere Informationen wie z.B. Zugriffsrechte enthalten kann. Was sich mit dem Begriff des Benutzers alles verbindet, kann durchaus zu unterschiedlicher Behandlung in der Anmeldungsprozedur führen. In Teilnehmersystemen gibt es so etwas auch, wobei es in der Regel aber zugelassen ist, daß sich ein solcher ''Benutzer'' an mehreren Bildschirmen zugleich anmeldet. Zumindest der UTM von Siemens [HV79] läßt dies jedoch nicht zu. Ein Benutzer ist für ihn tatsächlich eine Person, und die kann zu einem Zeitpunkt nur an einem Terminal arbeiten. Eine zweite Anmeldung unter gleichem Namen wird abgewiesen. Das hat den Vorteil, daß nach einem Leitungsfehler oder einem Defekt am Gerät dieser Benutzer an einem anderen Terminal weiterarbeiten kann und vom UTM auf diesem Terminal genau den Verarbeitungszustand zur Verfügung gestellt bekommt, bei dem an dem anderen Terminal die Unterbrechung auftrat [MGS83]. Beides hat Vor- und Nachteile.

Nach dem erfolgreichen Anmelden befindet sich der Benutzer im TAC-Modus, er darf also jeden beliebigen der TACs eingeben, die ihm zur Verfügung stehen. Welche das sind, muß er allerdings auf anderem Wege erfahren haben. Natürlich kann man einen allgemeinen TAC ''HELP'' definieren, der an dieser Stelle weiterhilft. Eine andere Möglichkeit bietet die Menü-Technik, bei der sofort nach dem Anmelden eine Bildschirmmaske erscheint, die alle TACs mit Erläuterungen auflistet und in der nur noch ausgewählt werden muß (durch Ankreuzen). Dies setzt voraus - und es wird deshalb hier erwähnt, weil Anforderungen an TP-Systeme gesammelt werden sollen -, daß der TP-Monitor auch das Anmelden eines Benutzers als ein Ereignis versteht, das die Ausführung eines Programms und/oder die Ausgabe einer Bildschirmmaske veranlassen kann.

Am Ende eines Vorgangs kehrt das Terminal wieder in den TAC-Modus bzw. zum Grundmenü zurück. Anstatt den nächsten TAC einzugeben oder auszuwählen, muß der Benutzer natürlich auch die Möglichkeit haben, sich abzumelden. Dabei kann die Verbindung zum Transaktionssystem abgebrochen werden oder bestehen bleiben (wenn eine erneute Anmeldung eines anderen Benutzers ansteht; Abb. 2.2).

Zusätzlich zu den anwendungsspezifischen TACs kann es noch eine Reihe von Funktionen eines TAS geben, die ebenfalls wie ein TAC eingegeben werden, aber standardmäßig in jedem TAS vorhanden sind. Das Kommando zum Abmelden

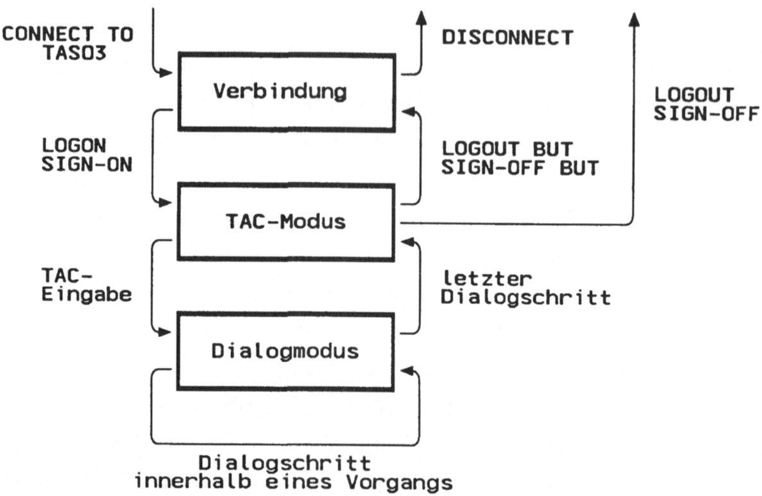

Abb. 2.2: Dialogzustände eines Terminals bei der Arbeit mit einem Transaktionssystem

(LOGOUT o.ä.) ist ein Beispiel dafür. Weiterhin gibt es bei manchen TP-Monitoren die Möglichkeit, im TAC-Modus jede Maske leer auf den Bildschirm ausgeben zu lassen, um in ihr den TAC zusammen mit den Eingabeparametern formatgerecht eintragen zu können (KDCFOR bei UTM [UTM82]). Das hat allerdings den Nachteil, daß der Benutzer anstelle des TACs (oder gar noch zusätzlich) den Maskennamen kennen muß. Besser erscheint es, den TAC erst ohne alle Parameter einzugeben und daraufhin im ersten Dialogschritt die Eingangsmaske des Vorgangs zu erhalten. Letztlich ist das jedoch eine Frage des Anwendungsentwurfs.

Ein weiteres anwendungsunabhängiges Kommando (man kann es auch als Spezial- oder Standard-TAC bezeichnen) hängt mit der Fehlerbehandlung zusammen, die auch für die Benutzerschnittstelle von Bedeutung ist. Natürlich möchte man so viele Fehler wie möglich vor dem Benutzer verbergen; inwieweit das möglich ist, zeigt eine erste Untersuchung der potentiellen Fehler. Beispielsweise kann die Verbindung des Terminals zum Zentralrechner mit dem TAS unterbrochen werden. Dies kann während der Ausführung eines Dialogschritts geschehen, so daß die Ausgabe an den Benutzer im TAS zwar erzeugt, aber nicht zum Terminal übertragen werden kann. Idealerweise wird die Verbindung erneut aufgebaut und das Senden der Ausgabe so nachgeholt, daß der Benutzer von der Unterbrechung überhaupt nichts merkt. In den meisten Systemen wird aber, selbst wenn der Verbindungsaufbau automatisch erfolgt, ein erneutes Anmelden erforderlich sein. Ist der Benutzername eindeutig (s.o.), kann das System sofort mit der letzten Ausgabe fortfahren. Andernfalls muß die eindeutige Zuordnung über einen anderen Bezug (Session-Nummer o.ä.) hergestellt werden.

Ebensogut kann die Verbindung aber auch abbrechen, während der Benutzer nachdenkt oder eintippt, also zwischen zwei Dialogschritten. (Diese Zeitspanne wird manchmal auch als ''Anti-Dialogschritt'' oder ''Anti-Transaktion'' bezeichnet). Nach dem Wiederherstellen muß dann nur die Eingabe wiederholt werden. Das Problem ist jedoch, daß dann der Bildschirm leer ist und keine Maske mehr zum Ausfüllen enthält. Für diese Situation sollte ein Kommando verfügbar sein, mit dem der letzte Bildschirminhalt wiederhergestellt werden kann (z.B. KDCLAST bei UTM).

Die gleiche Unterscheidung gilt auch für einen anderen Fehlerfall: den Zusammenbruch des TAS oder des BS. Beim Wiederanlauf wird auf die letzte gültige Ausgabe zurückgesetzt bzw. das Senden der bereits ermittelten Ausgabe wiederholt. Beides kann automatisch erfolgen oder auf explizite Anforderung des Benutzers mit dem genannten Kommando. Im besten Fall spürt der Benutzer nur eine stark verlängerte Antwortzeit.

Es gibt allerdings auch einen Fehler, der die Weiterarbeit in dem aktuellen Vorgang unmöglich macht: der logische Fehler im Anwendungsprogramm. Falls er vom Anwendungsprogramm bemerkt wird (durch Plausibilitätsprüfungen), kann dieses noch eine Meldung ausgeben. Es hat wenig Sinn, den Benutzer darin über die Art des Fehlers zu unterrichten; diese Information benötigen nur der Programmierer und der Administrator. Es reicht eine Mitteilung, daß der Vorgang gescheitert ist und nicht wiederholt werden darf. Das gleiche kann der TP-Monitor mit einer Standard-Meldung bekanntgeben, wenn er den Fehler abfängt und das Programm die Kontrolle gar nicht mehr erhält. Auch hier sollte er die Operateure und die Administration informieren, da auf jeden Fall ein korrigierender manueller Eingriff von seiten des Programmierers erforderlich ist, und den zugehörigen TAC bzw. die zugehörigen TACs sperren. Hat er die Möglichkeit nicht, so liegt es in der Verantwortung des Benutzers, diesen TAC nicht wieder aufzurufen. Natürlich braucht der Fehler bei anderen Eingabedaten nicht aufzutreten; das zu erkennen, liegt aber wohl kaum in den Möglichkeiten des Benutzers mit seiner programmunabhängigen Schnittstelle.

Diese drei Typen von Fehlern (Verlust der Verbindung, Systemausfall und Anwendungsfehler) sind für den Benutzer relevant. Es gibt aus der Sicht der Systeme noch weitere, die aber erst in den folgenden Abschnitten und Kapiteln erörtert und dann zu den Fehlern an der Benutzerschnittstelle in Beziehung gesetzt werden.

Ein weiteres Kommando spielt eine Rolle im Zusammenhang mit dem *asynchronen Aufruf von Funktionen*. Bislang war nur von synchronen Aufrufen die Rede, das heißt, wenn der Benutzer einen TAC oder eine ausgefüllte Bildschirmmaske eingegeben hat, wartet er auf die Antwort des Systems, mit der auch die Verarbeitung abgeschlossen ist. Alle Ergebnisse liegen dann bereit und sind in der Ausgabe angezeigt. Stattdessen kann es aber auch sinnvoll sein, Funktionen asynchron abzuwickeln, also im Hintergrund als kleines Stapelprogramm ausführen zu lassen und mit einem anderen TAC am Bildschirm fortzufahren. Das TAS antwortet nur mit einer Systemmeldung (''asynchroner Vorgang xyz gestartet'') und setzt das Terminal direkt wieder in den TAC-Modus. Wenn der asynchrone Vorgang zum Ende gekommen ist, kann er dann trotzdem eine Antwort in Form einer Bildschirmmaske an das initiierende Terminal zurücksenden. Der Benutzer wird über eine Systemmeldung informiert und kann zu gegebener Zeit mit Hilfe eines Kommandos (KDCOUT bei UTM) die Ausgabe der Maske veranlassen.

Damit wurden die drei wesentlichen Standard-TACs für jeden Benutzer vorgestellt:
- ein Kommando zum Abmelden vom TAS,
- ein Kommando zur Wiederholung der letzten Bildschirmausgabe und
- ein Kommando zum Abrufen einer synchronen Ausgabenachricht.

Feltham [Fe76] nennt darüber hinaus noch das direkte Ändern von Sätzen einer Datei (bei SHADOW II und Intercomm) und die Datenerfassung ohne TAC-Wiederholung (bei Task/Master), die aber auch als Mehr-Schritt-Vorgang realisiert werden kann und einen nennenswerten Gewinn nur bei solchen TP-Monitoren bringt, die sonst nur Ein-Schritt-Vorgänge realisieren können. Diese beiden Spezial-TACs sind also als etwas exotisch anzusehen.

Es gibt noch eine größere Reihe von TACs zur Administration der Anwendung, die jedoch erst im Zusammenhang mit der Administrationsschnittstelle (2.1.3) genannt werden sollen.

Als letzter Aspekt der Benutzerschnittstelle sollen noch die *Zugriffsrechte* erörtert werden. Sie können erteilt werden an Benutzer, Terminals und Programme. Für jeden Benutzer kann genau festgelegt werden, welche TACs er aufrufen darf und welche nicht. Leider ist es bei den meisten TP-Monitoren nicht möglich, dies auch noch von den Parametern abhängig zu machen (Benutzer X darf TAC Y nur mit Schlüsselwerten kleiner 1000 ausführen). Falls derartige Einschränkungen notwendig sind, müssen sie durch explizite Programmierung realisiert werden.

Für Terminals kann ebenfalls festgelegt werden, welche TACs an ihnen eingegeben werden dürfen. Werden Zugriffsrechte sowohl an Benutzer als auch an Terminals verliehen, ist die etwas merkwürdige Situation denkbar, daß ein Benutzer einen TAC zwar prinzipiell aufrufen darf, aber nicht von dem Terminal aus, an dem er gerade angemeldet ist (weil dieses Terminal zur Abteilung xyz gehört, die diesen TAC nie benutzen soll usw.). Es wird also das logische UND der Zugriffsrechte verlangt. Manche TP-Monitore gewährleisten auch Zugriffsrechte auf Programme; das ist nicht sehr sinnvoll, weil es dem Entwurfsprinzip der Programmunabhängigkeit an der Benutzerschnittstelle zuwiderläuft. Die Programme selbst können dagegen sehr wohl Inhaber von Rechten sein, nämlich dem Betriebssystem oder DB-System gegenüber. Welche Folgen das haben kann, wird erst in Kapitel 3 erläutert.

Nachdem die allgemeinen Bestandteile der Benutzerschnittstelle von Transaktionssystemen aufgezählt worden sind, ergibt sich die Frage, wie mit diesen Mitteln eine ganz bestimmte Anwendung erstellt werden kann. Selbst wenn die TACs meist durch die Umgebung direkt vorgegeben sind, bleiben doch immer noch sehr viele Möglichkeiten, sie mit Bildschirmmasken abzuwickeln. Auf den Unterschied zwischen TAC-Eingabe und Menütechnik wurde bereits kurz hingewiesen; das ist nur ein kleines Beispiel. Es gibt nur wenige Richtlinien zum *Dialogentwurf*, auf keinen Fall irgendwelche Algorithmen. Er stellt die erste Phase im Entwurf eines Transaktionssystems dar, vielleicht ist er auch deshalb mehr eine Frage des persönlichen Geschicks des Entwerfers (mehr ''Kunst'' als ''Wissenschaft''). Die Aufgabe muß jedoch sehr ernst genommen werden, denn die Bedeutung einer ''guten'' Benutzerschnittstelle für die Akzeptanz des Systems kann gar nicht hoch genug eingeschätzt werden [Fe76].

Ausgangspunkt wird sicher die Überlegung sein, welche Daten eingegeben werden müssen und welche auszugeben sind. In vielen Fällen werden sich weder die einen noch die anderen auf einer Maske unterbringen lassen; oft würde diese dann auch unübersichtlich. Dann werden Folgemasken benötigt, und nun wird bei Eingabedaten die Frage interessant, was bei Fehlern geschehen soll. Man kann mit der Prüfung warten, bis alle Daten beisammen sind, was vor allem dann sinnvoll ist, wenn es zahlreiche Zusammenhänge der Daten untereinander gibt. Dann muß im Fehlerfall allerdings die Eingabe aller Masken wiederholt werden. Alternativ könnte man auch nach jeder Maske einen Fehlerzyklus durchführen, also die Maske erneut ausgeben, in einer Meldungszeile auf den Fehler hinweisen, das fehlerhafte Feld hell anzeigen oder blinken lassen und die Schreibmarke direkt auf dieses Feld setzen. Natürlich können die zahlreichen Möglichkeiten hier nur angedeutet werden.

Wichtig ist es auch, dem Benutzer einen "Notausgang" anzubieten, wenn er eine falsche Eingabe so ohne weiteres gar nicht korrigieren kann. Ein Beispiel: Nach der Meldung "Kundennummer falsch" sollte es eine Möglichkeit geben, den Vorgang abzubrechen (oder zu unterbrechen) und in den TAC-Modus zurückzukehren, um einen Anfrage-Vorgang zu starten, der über den Kundennamen und die Kundenadresse die Kundennummer ermitteln kann. Anschließend kann der ursprüngliche Vorgang erneut gestartet (oder fortgesetzt) werden, und jetzt steht die richtige Kundennummer zur Verfügung. Auch das muß beim Entwurf der Dialogstruktur bereits berücksichtigt werden.

Das Entwurfsproblem sollte damit hinreichend deutlich geworden sein. Ob es zur Unterstützung dieser frühen Phase bereits Werkzeuge gibt (überhaupt geben kann), ist nicht bekannt. Die üblichen Werkzeuge setzen erst ein, wenn die Dialogstruktur schon festgelegt ist. Ein ad-hoc-Vorschlag, wie diese Struktur zumindest sichtbar gemacht werden kann, sieht die Benutzung von sog. *Maskenübergangsdiagrammen* vor. Diese enthalten nicht die vollständige Spezifikation der Schnittstelle, weil sie den Inhalt der einzelnen Masken nur unvollständig wiedergeben. Dennoch stellen sie ein Hilfsmittel für die Realisierung der Übergänge mit Hilfe von Programmen dar. Abb. 2.3 zeigt ein Beispiel für ein solches Maskenübergangsdiagramm.

Das Erdungssymbol $\perp$ bedeutet dabei, daß das Terminal mit der Ausgabe der darüberstehenden Maske wieder in den TAC-Modus zurückkehrt. Es sind drei TACs (TAC1, TAC2 und TAC3) dargestellt, die jeweils die Ausgabe einer eigenen Einstiegsmaske veranlassen. Falls ein Benutzer die Funktionen des Systems nicht kennt, kann er einen TAC HELP verwenden, der in einer Menü-Maske die übrigen TACs anzeigt und direkt wieder in den TAC-Modus übergeht, so daß der Benutzer einen der angezeigten TACs eingeben kann. Bei den Masken M2.1 und M3.1 ist eine Wiederholung vorgesehen für den Fall, daß der Benutzer ungültige Daten eingibt. Der Übergang von Maske M2.1 nach Maske M1.2 zeigt, wie Teilfolgen aus einem anderen Vorgang verwendet werden können. Ein Beispiel dafür wäre, wenn im Rahmen eines Vorgangs "Auftragsbearbeitung" auch die Funktion "Kundendaten ausgeben" ausgeführt werden könnte. Da die Kundennummer aus den Auftragsdaten bekannt ist, braucht sie nicht über die Eingangsmaske (M1.1) abgefragt zu werden. Es kann direkt die Maske mit den Kundendaten (M1.2) ausgegeben werden. Der Vorgang zu TAC3 zeigt noch, wie in zwei verschiedene Maskenfolgen verzweigt werden kann, von denen die eine wiederum eine Maskenwiederholung im Fehlerfall vorsieht. Man kann sich leicht vorstellen, wie umfangreich ein Maskenübergangsdiagramm bei realen Transaktionssystemen werden kann.

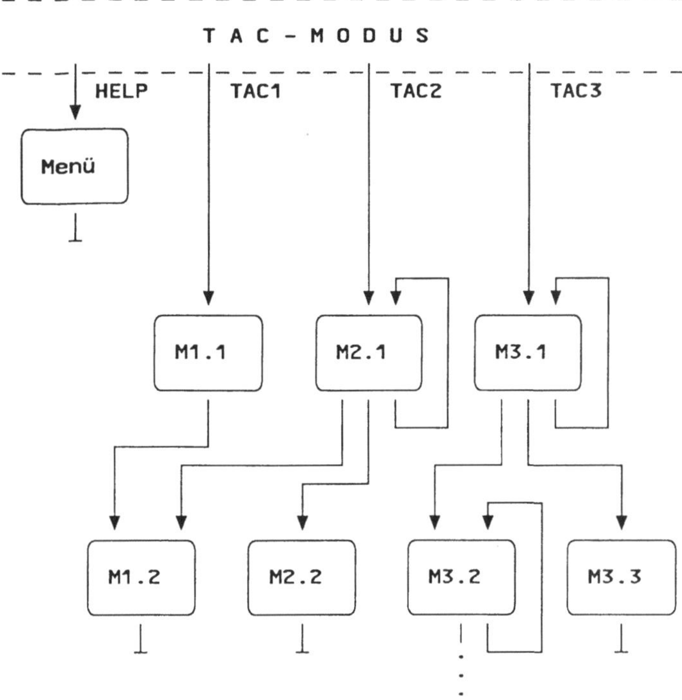

Abb. 2.3: Beispiel für ein Maskenübergangsdiagramm

Genaugenommen ist mit einem solchen Diagramm sogar schon festgelegt, welche Information von einem Dialogschritt auf den nächsten übertragen werden muß und wo eine Transaktion mehrere Dialogschritte überspannen muß. Als Beispiel dafür kann eine Hotelreservierung herangezogen werden: Wenn im ersten Dialogschritt eine Reihe von Zimmern angeboten wird, kann bei der Reservierung im zweiten Schritt die Meldung "Zimmer leider zwischenzeitlich vergeben" vorgesehen sein. Dann waren es zwei Transaktionen, und zwischen den beiden, während der Kunde sich sein Zimmer aussucht, sind die Reservierungsdaten allen anderen Benutzern des Systems zugänglich und somit auch von ihnen änderbar. Umfaßt dagegen eine einzige Transaktion beide Dialogschritte, so bleiben die Daten auch die ganze Zeit gesperrt, und ein Fall wie der beschriebene kann nicht vorkommen. Demzufolge braucht es auch die Meldung nicht zu geben. Im Fehlerfall wird dann allerdings über zwei Dialogschritte zurückgesetzt. Der Benutzer muß erneut nach freien Zimmern fragen und kann eine andere Information erhalten als beim ersten Mal. Dieser Fall sollte selten vorkommen. Mehr-Schritt-Transaktionen sind allerdings nicht ganz einfach zu realisieren, wie in Abschnitt 2.2

noch erläutert wird.

Letztlich spielt sogar das Schema der benutzten Datenbank eine Rolle beim Entwurf der Bildschirmmasken. Es müssen alle Daten erfragt werden, die beispielsweise zum Abspeichern eines Satzes in der Datenbank benötigt werden. Da kann es obligatorische Felder geben (Primärschlüssel) wie auch solche, für die ggf. Nullwerte eingetragen werden können. Natürlich sollte eigentlich umgekehrt das Datenbankschema davon abgeleitet werden, welche Vorgänge an den verschiedenen Arbeitsplätzen abgewickelt werden müssen. Es muß jedoch auch damit gerechnet werden, daß es bereits für Stapelanwendungen eine Datenbank gab und diese nun zusätzlich im Dialog genutzt werden soll. Ein wichtiges Werkzeug zur Verwaltung der komplexen Zusammenhänge zwischen Daten, Programmen und Bildschirmmasken könnte das Datenwörterbuch (Data Dictionary, s. z.B. [ALM82]) sein.

Wenn das Maskenübergangsdiagramm in Form einer Matrix dargestellt wird, in der jeder Maske genau eine Zeile und eine Spalte zugeordnet sind und jeder Eintrag einem Maskenübergang entspricht, ist bereits in diesem Entwurfsstadium eine maschinelle Verarbeitung und damit der Einsatz von Werkzeugen möglich. Natürlich ist die Spezifikation so nicht vollständig; da es von einer Maske aus mehrere Übergänge geben kann, müssen noch die Bedingungen angegeben werden, unter denen die jeweiligen Übergänge erfolgen. Ein ähnliches Verfahren benutzt das "Online-Steuerungssystem" (OSSY) der Firma Heyde & Partner [OSSY]. Es kann auf der Basis eines Übergangsdiagramms in Matrixform und natürlich aller fertigen Masken ohne die später zu erstellenden Programme die Dialoge am Bildschirm durchspielen (mit leeren Masken), so daß die zukünftigen Benutzer sich schon früh ein Bild von der Verhaltensweise des Systems machen und noch rechtzeitig Änderungswünsche vorbringen können.

Neben den genannten Maskenübergangsdiagrammen gibt es noch eine Reihe weiterer Hilfsmittel, um die Benutzerschnittstelle zu spezifizieren. Ähnlich sind die Übergangsdiagramme nach Parnas [Pa69] und die Interaktionsdiagramme nach Denert [De77, BMP82], stärker textorientiert dagegen die formalen Methoden von Studer [Stu84] oder Jacob [Ja83]. Dies alles sind aber Spezifikationsmethoden, die nach Abschluß des Entwurfsprozesses zur Darstellung des Ergebnisses verwendet werden können. Für den Entwurfsprozeß selbst gibt es, wie gesagt, keine Algorithmen. Die umfangreiche Literatur über Mensch-Maschine-Kommunikation spart nicht mit allgemeinen Ratschlägen und Hinweisen, die allerdings oft ziemlich "philosophisch" sind und wenig Unterstützung für den konkreten Entwurf bieten. Als Beispiel soll nur [KMO82] erwähnt werden.

2.1.2. Die Programmschnittstelle

Die Programmierung eines Transaktionssystems setzt die genaue Definition der Benutzerschnittstelle in einer der oben beschriebenen Weisen voraus. Weil sie so einfach sind, werden weiterhin die Maskenübergangsdiagramme verwendet. Eine vollständige Spezifikation ließe sich idealerweise direkt übersetzen, so daß überhaupt keine Programmierung mehr erforderlich wäre. (Die Spezifikation dürfte dann aber den Programmen im Umfang durchaus nahekommen). Derartige Systeme befinden sich zur Zeit erst im Entwicklungsstadium. Die Regel ist, daß Programme geschrieben werden müssen, zwar nur noch sehr selten in einer maschinennahen Programmiersprache (Assembler), meist aber doch in COBOL oder anderen höheren Programmiersprachen.

Seit einiger Zeit machen die sog. Programmiersprachen der Vierten Generation von sich reden, die etwas übertrieben auch als "Endbenutzersprachen" bezeichnet werden. Für sie gilt zunächst genau dasselbe Prinzip wie für die klassischen Programmiersprachen: sie bieten Funktionen zum Einlesen und Ausgeben von Bildschirmmasken sowie zum Zugriff auf Datenbanken und Dateien. Die Benutzung dieser Funktionen wird durch sehr mächtige syntaktische Konstrukte erleichtert, so daß nur das Allernotwendigste hingeschrieben werden muß, und die Programmierumgebung steht ebenfalls im Transaktionsbetrieb zur Verfügung, so daß nicht ständig zum Teilnehmerbetrieb gewechselt werden muß. Der ganze Aufwand für das Übersetzen, Binden und Laden der Programme wird dem Benutzer (und das ist hier der Programmierer) abgenommen. Leider bedeutet das in vielen Fällen, daß die Programme (Prozeduren) interpretiert werden, und das ist für Transaktionssysteme im Hochlastbetrieb sicherlich ungünstig.

Die anschließende Betrachtung folgt der historischen Entwicklung und betrachtet zunächst die Programmierung in klassischen Programmiersprachen, bevor sie sich ausführlicher dem Thema "Programmiersprachen der Vierten Generation" zuwendet. Viele Punkte gelten ohnehin für beide gemeinsam.

Vorausgesetzt wird, daß ein TP-Monitor zur Verfügung steht und somit zumindest ein gewisser Grad an Kommunikations- und Kontrollunabhängigkeit gewährleistet ist (vgl. Kapitel 1). Jedes Anwendungsprogramm bearbeitet also nur die Nachrichten eines Terminals (es muß nicht bei jedem Aufruf dasselbe sein) und braucht sich um die Besonderheiten des Gerätetyps nicht zu kümmern. Anwendungsprogramme dieser Art werden als "transaction-processing programs" [Mc77], "application subsystems" [Int77], "message-processing programs" oder *"Transaktionsprogramme"* [KDCS79] bezeichnet. Wegen der leicht aussprechbaren Abkürzung *TAP* soll im folgenden die letztgenannte Bezeichnung verwendet werden.

2.1.2.1. Die Zuordnung von Programmen zu Dialogschritten

Jeder Übergang zwischen zwei Masken eines Vorgangs muß durch ein TAP realisiert werden. Ein TAP kann aber auch mehrere dieser Übergänge nacheinander abwickeln, und umgekehrt kann ein Übergang durch die Hintereinanderausführung von mehreren TAPs implementiert werden. Geht man davon aus, daß im TAC-Modus kein Programm aktiv ist, so muß bei Eingabe eines TAC (Start eines Vorgangs) das aufzurufende Programm eindeutig feststellbar sein. Wenn der TP-Monitor als steuernde Instanz diesem Programm den aktuellen TAC mitteilt, kann es auch mehrere TACs (Vorgänge) bearbeiten und dem aktuellen TAC entsprechend intern verzweigen. Es besteht also eine n:1-Beziehung zwischen den TACs und den Programmen, mit denen der erste Dialogschritt eines Vorgangs beginnt.

Wenn es nur Ein-Schritt-Vorgänge gibt, ist die Aufgabe dieser Programme denkbar einfach: Sie erzeugen eine Ausgabenachricht, beenden sich, damit auch den Vorgang und geben die Kontrolle an den TP-Monitor zurück. Dieser versetzt mit dem Absenden der Nachricht das Terminal wieder in den TAC-Modus und erwartet die Eingabe des nächsten TAC. Es gab TP-Monitore, die zunächst überhaupt nur diese Möglichkeit vorsahen [Int77]. Der Wunsch der Anwender geht allerdings dahin, auch Mehr-Schritt-Vorgänge zu realisieren. Dazu wird den Programmen oft ein Systemaufruf angeboten, mit dem sie eine Nachricht auf das Terminal ausgeben und die nächste Eingabe einlesen können (WRITE-READ, auch ''Tandem-IO'' genannt). Auf diese Weise kann ein TAP einen ganzen Vorgang abwickeln; es wird dann auch *''Vorgangsprogramm''* oder *''Konversationsprogramm''* genannt (weil es eine ''Konversation'' mit dem Benutzer führt).

Diese TAPs haben in der speziellen Betriebsumgebung von Transaktionssystemen einen wichtigen Performance-Nachteil: Während die eigentliche Verarbeitung zur Abwicklung eines Dialogschritts, also die Ausführung von Programmcode meist nur Millisekunden dauert, beträgt die Wartezeit bei der Ausgabe zum Terminal und dem anschließenden Einlesen je nach dem zu durchlaufenden Netz Sekunden. Der Programmzustand muß dabei erhalten bleiben, damit anschließend fortgefahren werden kann. Damit er nicht zu lange Hauptspeicherplatz belegt, verwenden manche Systeme ein Roll-in/Roll-out-Verfahren. Sperren in der Datenbank bleiben ebenfalls erhalten und behindern ggf. parallele Benutzer. Wenn nicht das komplette Programm gesichert werden kann, hat der TP-Monitor auch keine Informationen über den Zustand der Programmvariablen beim letzten WRITE-READ-Aufruf, so daß im Fehlerfall immer nur auf den Anfang des Programms zurückgesetzt werden kann, und das heißt hier: auf den

Anfang des Vorgangs. Bei Vorgangsprogrammen ist deshalb meist der ganze Vorgang eine Transaktion und nicht der einzelne Dialogschritt.

Nun wurde bereits erwähnt, daß es die Möglichkeit gibt, TAPs in einem Vorgang hintereinander auszuführen, also zu verketten. Ein Programm beendet sich, sendet aber keine Nachricht an das Terminal, sondern stattdessen eine an seinen Nachfolger, der mit dieser Information den Dialog mit dem Benutzer fortsetzt. (Bei CICS gibt es dafür den Aufruf XCTL [CICS82]). Der Vorteil eines derartigen Mechanismus liegt in der Vermeidung von Redundanz: Wenn es Maskenfolgen gibt, die in mehreren Vorgängen vorkommen, brauchen sie nur einmal codiert zu werden (Abb. 2.4).

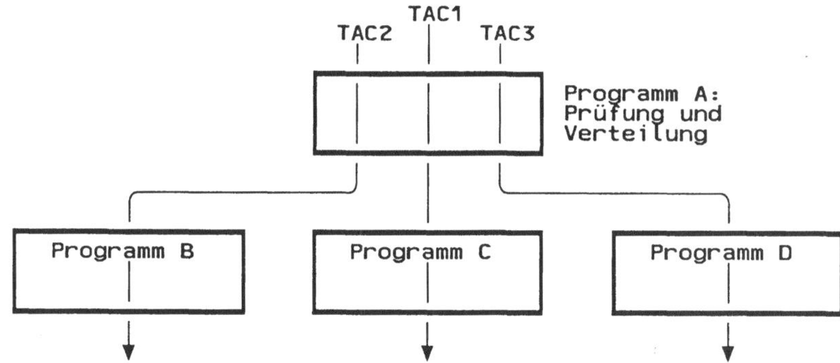

Abb. 2.4: Die Verkettung von Programmen zur Abwicklung eines Vorgangs

Die entscheidende Idee bei der Programmkonzeption von TP-Monitoren, die Mehr-Schritt-Vorgänge zuläßt, zugleich aber die geschilderten Nachteile vermeidet, bestand nun darin, diesen Programmwechsel fest mit der Terminal Ein /Ausgabe zu verknüpfen. Damit wurde ein neues "Programmier-Paradigma" geschaffen, daß sich deutlich von der bisherigen Stapelprogrammierung unterscheidet. Es ist sicherlich etwas schwieriger zu begreifen, gibt aber dem TP-Monitor viel mehr Möglichkeiten der Optimierung an die Hand. Der entscheidende Punkt dabei ist, daß sich das Programm mit dem Absenden der Ausgabenachricht beenden muß, also nur einen Dialogschritt ausführen darf, zugleich aber den Vorgang fortsetzen kann, indem es einen Nachfolger benennt, der die nächste Eingabe desselben Terminals bearbeiten soll.

Natürlich muß es dann auch möglich sein, Zwischenergebnisse zu übergeben, die der Nachfolger dabei benötigen wird. Dafür muß der TP-Monitor einen Speicherbereich zur Verfügung stellen, der getrennt vom Programm verwaltet wird. Er wird

"Dialoggedächtnis" oder "Vorgangsgedächtnis" genannt ("Kommunikationsbereich", KB bei KDCS [KDCS79]; "Scratch-Pad Area", SPA bei IMS [Mc77]; "Temporary Storage" bei CICS [CICS82] usw.). Nur dieser Speicherbereich bleibt belegt; das Programm mit allen seinen Variablen kann gelöscht werden. Mit seiner Beendigung ist auch das Ende der Transaktion verknüpft, so daß keine Sperren mehr auf Datenbereichen gehalten werden und der Zugriff für andere Benutzer möglich wird.

Abb. 2.5 stellt den Unterschied zwischen Konversationsprogrammen und verketteten Einzelschrittprogrammen noch einmal graphisch dar. Bisweilen werden auch die Bezeichnungen "Transaktionsprogramm" für ein Programm, das einen Ein-Schritt-Vorgang realisiert, "Dialogprogramm" für ein Konversationsprogramm und "Quasi-Dialogprogramm" für die verketteten TAPs verwendet. Auch die Hersteller von TP-Monitoren, die Konversationsprogramme unterstützen (und dafür aufwendige Implementierungsmechanismen wie Roll-in/Roll-out einbauen mußten), empfehlen übrigens ihren Anwendern, möglichst nur Einzelschrittprogramme zu schreiben (z.B. [CICS82], S. 53). Dies läßt sich durch Programmierdisziplin jedoch nur dann wirklich erreichen, wenn sich die Operation zum Aufruf des Folge-TAPs atomar mit dem Ende der Transaktion (einschl. Freigabe und Senden der Ausgabenachricht) verknüpfen läßt und das Folge-TAP erst dann geladen und aktiviert wird, wenn die nächste Eingabe vom Terminal vorliegt. Das ist natürlich bei allen TP-Monitoren der Fall, die die Einzelschrittprogrammierung zwingend vorschreiben (das sind DTMS 8100 [Wa79], PARS/ACP [Si77] und UTM [HV79]).

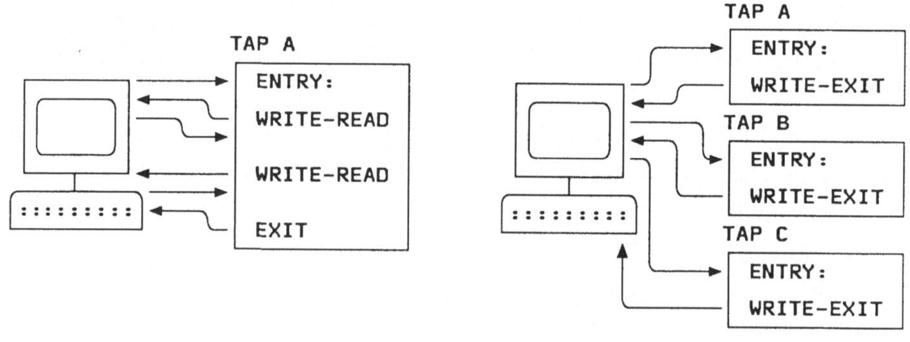

a) Konversationsprogramme   b) Dialogschrittprogramme

Abb. 2.5: Gegenüberstellung der beiden Programmierparadigmata in Transaktionssystemen

Die Vorteile der Einzelschrittprogrammierung sind so deutlich, daß sie zur Grundlage der weiteren Diskussion gemacht werden soll. Der einzige Nachteil liegt in der umständlicheren Programmierung; die Abwicklung eines Mehr-Schritt-Vorgangs zerfällt in mehrere Programmausführungen, zwischen denen explizit und implizit Schnittstellen verwaltet werden müssen. Einige Unbequemlichkeiten und "Störfaktoren" aus der Sicht der strukturierten Programmierung sind in [Zi85] aufgeführt. Man kann dies beim Entwurf jedoch auch wieder ausnutzen, um die Modularität und Mehrfachnutzung der einzelnen TAPs zu verstärken.

Die ersten Erfahrungen mit TP-Monitoren, die die Einzelschrittprogrammierung erzwangen, zeigten, daß eine Möglichkeit verlorengegangen war, die bei Konversationsprogrammen überhaupt keine Schwierigkeiten bereitet hatte: Sperren auf Datenbereichen auch über Terminal-E/A hinweg halten zu können. Gerade das sollte ja durch die Verknüpfung von Programmende, Transaktionsende und Terminal-E/A vermieden werden, um andere Benutzer während der langen E/A-Zeit nicht zu behindern. In Abschnitt 2.1 wurde aber schon einmal ein Beispiel genannt (Flug- oder Hotelreservierung), bei dem es wünschenswert schien, eine Transaktion über mehrere Dialogschritte hinweg offenzuhalten. Dadurch bleiben dann auch die gelesenen Datensätze gesperrt.

Diese Möglichkeit gibt es zunächst bei Einzelschrittprogrammierung nicht. Sie läßt sich aber durch eine zusätzliche Funktion realisieren: Beendigung des Programms mit Benennung des Nachfolgers und Ausgabe auf das Terminal, aber *ohne Beendigung der Transaktion* (HSCOPE, "hold scope" bei DTMS 8100 [Wa79], PEND KP, "program end keep" bei UTM [UTM85b]). Das ist ein kleiner Schritt zurück zu den Konversationsprogrammen. Der entscheidende Unterschied ist nur, daß hier zur Ausnahme wird, was dort noch die Regel war. Der Entwerfer muß sich explizit für das HSCOPE entscheiden und ist sich (hoffentlich) der Nachteile bewußt, die sich dadurch für die Parallelität auf den gemeinsamen Datenbeständen ergeben. Eine weitere Konsequenz ist, daß im Fehlerfall über mehrere Bildschirmausgaben hinweg zurückgesetzt wird. Es muß also etwas für ungültig erklärt werden, was der Benutzer bereits gesehen hat. Sein Gedächtnis läßt sich schließlich nicht zurücksetzen.

Für die folgende Diskussion soll vorausgesetzt werden, daß eine Operation wie HSCOPE zur Verfügung steht. Konversationsprogramme können damit zwar nicht geschrieben werden, denn der WRITE-READ-Befehl existiert nicht. Es lassen sich jedoch alle extern sichtbaren Verhaltensweisen nachbilden, die mit Konversationsprogrammen realisierbar sind.

Die Benennung eines Folge-TAPs kann über den Programmnamen erfolgen. Flexibler ist es jedoch, eine Indirektionsstufe einzuführen und nur die Funktion anzugeben, zu der in einer Tabelle das ausführende Programm verzeichnet ist. Dies ist genau der gleiche Mechanismus, der auch bei den TACs zu Beginn eines Vorgangs benutzt wird. Beides läßt sich zusammenfassen: Der Nachfolger wird ebenfalls über einen TAC ausgewählt, der im Gegensatz zu den schon bekannten (externen) TACs als *"interner TAC"* bezeichnet werden soll. Er ist für den Benutzer unsichtbar und darf von ihm auch nicht eingegeben werden. Allerdings kann zugelassen werden, daß ein und derselbe TAC sowohl intern zur Programmverkettung als auch extern zum Aufruf eines Vorgangs verwendet werden darf, nämlich dann, wenn ein selbständiger Vorgang auch noch Teil eines anderen Vorgangs sein kann. Der externe TAC hat dann eigentlich zwei Rollen: für den Benutzer identifiziert er den ganzen Vorgang, während er im TP-Monitor wie die internen TACs nur das auszuführende Programm für den ersten Dialogschritt bestimmt. Abb. 2.6 skizziert die beiden Sichten.

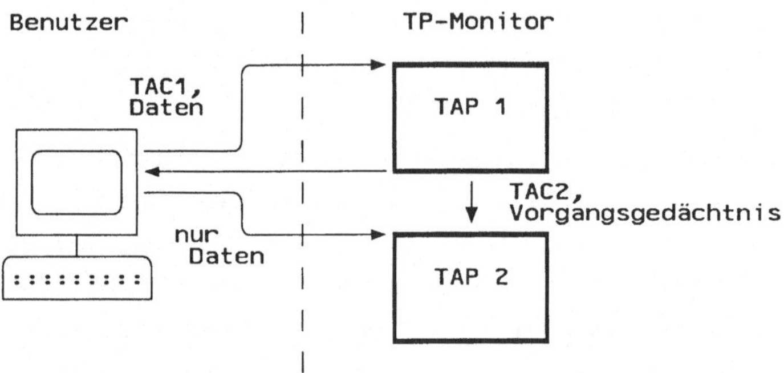

Abb. 2.6: Auswahl der Programme durch interne und externe TACs

Zwischen internen TACs und den Programmen besteht eine n:1-Beziehung: Ein Programm kann durchaus mehrere TACs bearbeiten. Das lohnt sich allerdings nur dann, wenn ein Großteil der Verarbeitung bei diesen TACs gleich ist. Gibt es dagegen für die verschiedenen TACs in einem Programm auch völlig verschiedene Code-Abschnitte, so werden diese immer mitaktiviert, obwohl nur einer der TACs zur Zeit bearbeitet wird.

Ein interessanter Fall liegt vor, wenn Programme einen ihrer eigenen TACs als Folge-TAC angeben und sich damit selbst zum Nachfolger im selben Vorgang bestimmen. Das kann vor allem dann sehr sinnvoll sein, wenn Fehler in den Eingabedaten aufgetreten waren und die Eingabe noch einmal wiederholt werden muß. Es hat aber auch generell den Vorteil, daß das Layout des Dialoggedächtnisses, also des zwischen beiden Ausführungen übergebenen Speicherbereichs, nur ''mit sich selbst'' abgesprochen werden muß. Die Wahrung einer konsistenten Übergabeschnittstelle ist dementsprechend einfach.

An dieser Stelle kann das Ausgangsproblem dieses Abschnittes wieder aufgegriffen werden, das von einer Spezifikation der Benutzerschnittstelle (in Form eines Maskenübergangsdiagramms) ausging: Wie viele Programme benötigt man? Welche Übergänge soll jedes einzelne davon realisieren? Es wäre möglich, wenngleich nicht sehr sinnvoll, nur ein einziges TAP zu erstellen, das sämtliche Übergänge durchführt. Das Gegenstück wäre die Programmierung eines eigenen TAP für fast jeden Übergang. ''Fast jeden'' deshalb, weil die Entscheidung zwischen Weiterarbeit und Eingabewiederholung im Fehlerfall natürlich nur in ein und demselben TAP getroffen werden kann. Das Optimum dürfte auf jeden Fall irgendwo in der Mitte liegen. Ein einfacher Ansatz sieht vor, alle Übergänge desselben Vorgangs von einem TAP ausführen zu lassen. Das hat den bereits erwähnten Vorteil, daß keine Abstimmung mit anderen TAPs über das Layout des Dialoggedächtnisses notwendig ist. Andererseits ist eigentlich kaum zu erwarten, daß in allen Dialogschritten gerade eines Vorgangs ähnliche Operationen durchzuführen sind.

Je mehr kleinere Programme es gibt, desto mehr Modularität kann erwartet werden und desto mehr Möglichkeiten zur Optimierung hat der TP-Monitor. Andererseits wächst aber auch die Zahl der Schnittstellen; es entsteht ein Verwaltungsproblem: Wie hängen die vielen kleinen Programme zusammen? Wie kann eine evtl. vorhandenes Programm in einem neuen Dialog genutzt werden? Wie selbständig sind eigentlich die Programme, die einen Dialogschritt in einem Vorgang realisieren, wie modular können sie überhaupt sein?

Hier tut sich erneut ein Problemkreis auf, in dem es wenig Regeln gibt, wie ein guter Programmentwurf auszusehen hätte. Es gibt kaum Veröffentlichungen zu diesem Thema. Die Fachrichtung Software Engineering hat sich um die spezielle Problematik der Transaktionsprogramme bislang wenig gekümmert. Eine bemerkenswerte Ausnahme ist der Artikel von Zincke [Zi85], in dem ein Algorithmus beschrieben wird, mit dem Konversationsprogramme, die als Ergebnis der strukturierten Programmierung entstehen, in Dialogschrittprogramme zerlegt werden können. Dies wird vom Autor selbst als Behelf empfunden. Angemessen wäre es, die Bildung von Dialogschritten schon früher in der Modularisierung des Gesamtsystems zu berücksichtigen und Konversationsprogramme gar nicht erst entstehen zu lassen. Entsprechende

Entwurfstechniken gibt es aber noch nicht. Die Zuordnung der Programme zu den Maskenübergängen ist zur Zeit (wie auch der Entwurf der Benutzerschnittstelle) mehr eine Kunst als eine Wissenschaft. Daß dabei aber zumindest eine Hilfestellung in der Verwaltung der vielfachen Abhängigkeiten zwischen den Programmen möglich sein sollte, wird in 2.1.3, wo es um die Schnittstelle für den Programmierer geht, noch einmal aufgegriffen.

2.1.2.2. Datenhaltung für Transaktionsprogramme

Die Transaktionsprogramme haben in der Regel die Aufgabe, Daten aus einem gemeinsamen Bestand verfügbar zu machen (Auskunftsfunktion), neue Daten in den Bestand aufzunehmen (Datenerfassung) oder auch Änderungen an bestehenden Daten vorzunehmen (Buchung, Reservierung, ...). Dieser Datenbestand kann in einer Datenbank abgelegt sein. Es läßt sich jedoch nicht von der Hand weisen, daß die Mächtigkeit der Zugriffsfunktionen und die umfangreiche Sicherung der Daten wie auch ihre Anwendungsneutralität mit einem gewissen Zusatzaufwand bezahlt werden müssen, den nicht jeder Anwender eines TP-Monitors in Kauf zu nehmen gewillt ist. Daher bieten TP-Monitore meist auch noch die Möglichkeit, auf normale Dateien zuzugreifen oder Speicherbereiche zu benutzen, die vollständig unter der Kontrolle des TP-Monitors stehen und meist sehr einfach strukturiert sind. Der Zusammenarbeit mit einem Datenbanksystem ist ein eigenes Kapitel gewidmet; hier sollen daher die beiden anderen Lösungen noch etwas näher betrachtet werden.

Die gewöhnlichen Betriebssystemdateien sind entweder als sog. Direktzugriffsdateien, als sequentielle Dateien oder als index-sequentielle bzw. indizierte Dateien ausgelegt. Entsprechend einfach sind die Zugriffsoperationen, sie lesen oder schreiben genau einen Satz einer solchen Datei. Von TAPs aus können sie jedoch nicht direkt verwendet werden, wie es in Stapelprogrammen der Fall ist, weil das Betriebssystem Dateien (als Ressourcen) dem Prozeß zuteilt und nicht dem TAP. Wenn also zwei TAPs im gleichen Prozeß ausgeführt werden, dürfen beide sich nicht beeinflussen im Zugriff auf eine Datei. Es müssen z.B. Sperren gehalten werden, die das isolierte Rücksetzen einer Transaktion im Fehlerfall ermöglichen (ohne das Rücksetzen anderer Transaktionen, die die von dieser Transaktion produzierten vorläufigen Ergebnisse schon benutzt haben).

Dazu kommt noch, daß die relativ lange E/A-Wartezeit genutzt werden kann, um die Verarbeitung eines anderen Vorgangs und die dazugehörige TAP-Ausführung weiter voranzubringen. Es wurde ja schon als wesentliches Merkmal der Implementierung von Transaktionssystemen genannt, daß mehrere Terminals von einem Prozeß bedient werden. Welche Techniken der zeitlich verzahnten oder überlappten Ausführung es dabei gibt, wird in Abschnitt 2.3 vorgestellt. Die Schlußfolgerung an dieser Stelle ist jedoch, daß alle *Dateioperationen über den TP-Monitor* ausgeführt werden sollten. Entweder maskiert er sich so, daß er anstelle des Betriebssystems erreicht wird (was schwierig sein dürfte, wenn SVCs im Spiel sind), oder es gibt völlig neue Operationen für den Dateizugriff (CALL ''MONITOR'' USING ... statt READ FILE).

Insbesondere wenn mehrere TAPs in einem Prozeß zeitlich verzahnt ausgeführt werden und sequentiell in derselben Datei lesen, muß durch den TP-Monitor gewährleistet werden, daß trotzdem jedes davon nacheinander alle Sätze erhält. Der TP-Monitor muß für das einzelne TAP die abstrakte Sicht auf die Dateien realisieren, für die dem Prozeß gegenüber das Betriebssystem zuständig ist. Er enthält dadurch, wie sich in 2.3 und Kapitel 3 noch zeigen wird, teilweise die Funktionen eines Datenbanksystems.

Das Deklarieren und Öffnen der Dateien erfolgt dann sinnvollerweise auch außerhalb der TAPs beim Generieren bzw. Hochfahren des TP-Monitors. Es braucht ja nur einmal pro Prozeß zu erfolgen und nicht bei jeder einzelnen TAP-Ausführung.

Um es den Programmierern noch einfacher zu machen, bieten viele TP-Monitore außerdem eigene *Speicherbereiche* an, die von ihnen selbst verwaltet werden und in ihrer Benutzung wie in ihrer Lebensdauer auf die Transaktionsverarbeitung zugeschnitten sind. Sie unterscheiden sich in den folgenden Punkten:

- Lebensdauer
  Hier ist das Spektrum sehr umfangreich; manche bleiben nur während einer Programmausführung erhalten, andere für die Dauer eines Dialogschritts, einer Transaktion, eines Vorgangs, einer Benutzer-Session, des Systemlaufs oder der Existenz des Systems (bis Neugenerierung).

- Speichermedium
  Die Bereiche werden entweder im Hauptspeicher oder auf Platte angelegt; das sollte eigentlich nur einen Unterschied in bezug auf die Kapazität und die Zugriffsgeschwindigkeit ausmachen, ist aber bei TP-Monitoren mit schwachen Recovery-Mechanismen manchmal auch sicherungsrelevant (flüchtiger / nichtflüchtiger Speicher).

- Benutzbarkeit

  Auf einen Speicherbereich zugreifen dürfen entweder nur einzelne Programmausführungen, nur die Programmläufe eines Benutzers oder eines Terminals, die Programmläufe aller Benutzer, doch davon manche nur lesend usw.

- Zuteilung

  Die Speicherbereiche können den Programmen automatisch zugeteilt werden oder nur auf explizite Anforderung (GET MEMORY o.ä.). Auch bei automatischer Zuteilung kann durch Parameter die Länge eingestellt werden, z.B. über einen Eintrag in der Programmtabelle.

- Strukturierung

  Die Speicherbereiche können (aus der Sicht des TP-Monitors) völlig unstrukturiert sein, also einen Block von n Bytes bilden, oder wie Dateien aus Sätzen bestehen, die durch einzelne Schreib- oder Leseaufrufe bearbeitet werden. Dabei wird nur der sequentielle oder direkte Zugriff (über die laufende Nummer des Satzes) unterstützt; komplexere Strukturen bleiben dem Datei- oder Datenbanksystem überlassen.

Ein Beispiel wurde bei der Einführung der Dialogschrittprogrammierung bereits erwähnt: das *Dialog- oder Vorgangsgedächtnis*. Es wird beim Start des Vorgangs eingerichtet und von allen Programmausführungen innerhalb dieses Vorgangs nacheinander gelesen und evtl. modifiziert. Über sein Layout müssen sich die Programme eines Vorgangs einigen, zumindest paarweise. Ein typisches Beispiel für die Nutzung des Vorgangsgedächtnisses ist die Aufbewahrung von Datenbank-Primärschlüsseln, um eine Position in der Datenbank zu markieren. Beim Blättern in einer Liste, die über mehrere Bildschirmmasken geht, kann dadurch der letzte Satz gekennzeichnet werden, der bereits ausgegeben wurde und von dem aus die Suche weitergehen kann.

Die Lebensdauer des Vorgangsgedächtnisses ist auf einen Vorgang beschränkt, es wird gelöscht, wenn das letzte Programm die Kontrolle an den TP-Monitor zurückgibt und das zugehörige Terminal damit wieder in den TAC-Modus versetzt. Das Vorgangsgedächtnis wird im Hauptspeicher eingerichtet und kann dort von den TAPs ohne explizite Leseoperation direkt adressiert werden. Das Ausschreiben auf eine Protokolldatei, das bei Transaktionsende zur Sicherung erforderlich ist, muß Sache des TP-Monitors sein.

Nur für die Dauer einer einzigen Programmausführung existieren die Speicherbereiche, die alle *Variablen des TAPs* aufnehmen sollen, damit die Ablaufinvarianz oder zumindest Wiederverwendbarkeit des Programmcodes gewährleistet ist. Der Rest des

Programms wird dann bei seiner Ausführung nur gelesen und nicht modifiziert (falls der Compiler nicht versteckte Variablen generiert hat; zu dieser Problematik s. 2.3). Ein vergleichbares Konzept wird bei blockorientierten höheren Programmiersprachen generell benutzt, bei COBOL muß es teilweise durch explizite Programmierung ersetzt werden (z.B. Übergabe des Bereichs als Parameter, Definition aller Variablen in der LINKAGE SECTION). Bei KDCS wird dieser Bereich als "Primärer Arbeitsbereich" bezeichnet [KDCS79].

Zur "Kompatiblen DC-Schnittstelle" (KDCS, s. 2.1.2.7) gehören neben den genannten Speicherbereichen im Hauptspeicher auch noch drei Bereiche auf Platte: der "lokale sekundäre Speicherbereich" (LSSB), der "globale sekundäre Speicherbereich" (GSSB) und der "terminal-spezifische Langzeitspeicher" (TLS). Alle drei werden über einen achtstelligen Namen angesprochen und müssen explizit gelesen (SGET, GDTA) und geschrieben (SPUT, PDTA) werden. Ihre Länge ist variabel und wird durch jede Schreiboperation neu festgesetzt. Sie haben aus der Sicht des TP-Monitors keinerlei innere Struktur, jede Lese- oder Schreiboperation betrifft den gesamten Bereich. Ein LSSB hat im Prinzip die gleiche Lebensdauer wie der KB (Vorgangsgedächtnis), er entsteht allerdings erst durch einen Schreibaufruf und kann schon vor dem Ende des Vorgangs mit einem speziellen Befehl gelöscht werden. Spätestens wenn das letzte Programm eines Vorgangs sich beendet, löscht der TP-Monitor auch den LSSB. Das Attribut "lokal" im Namen deutet darauf hin, daß nur die Programmläufe eines Vorgangs Zugriff auf einen Bereich dieses Typs haben. Das alles gilt im Prinzip auch für den KB; man kann den LSSB daher als eine Erweiterung des KB auf Platte betrachten.

Ein GSSB kann dagegen nur explizit gelöscht werden; er bleibt über das Vorgangsende hinaus erhalten und wird auch durch das Beenden und Neustarten des gesamten Transaktionssystems nicht beeinträchtigt. Dazu kommt noch, daß er auch von Programmläufen verschiedener Vorgänge gelesen und geändert werden darf. Natürlich muß der TP-Monitor für die Synchronisation paralleler Aktivitäten sorgen (z.B. durch Sperren) und das Rücksetzen im Fehlerfall ermöglichen. Das entspricht den Maßnahmen eines DBS für die Datenbankinhalte, nur sind die zu verwaltenden Strukturen sehr viel einfacher.

Zu jedem GSSB-Namen gibt es also stets nur genau ein Exemplar, zu einem LSSB-Namen dagegen so viele, wie es zur Zeit gerade laufende Vorgänge desselben Typs gibt. Ein TLS ist dagegen immer genau einem Terminal zugeordnet; ein Programmlauf bekommt also das Exemplar, das zu seinem rufenden Terminal gehört. Diese Speicherbereiche bleiben wie die GSSBs immer erhalten und können im Gegensatz zu diesen noch nicht einmal mit einem Befehl gelöscht werden. Sie können, wie gesagt, nur von den Programmläufen eines Terminals benutzt werden, dazu allerdings auch noch von allen asynchronen Programmläufen, und das macht wieder die volle Synchronisation wie bei den GSSBs notwendig. Man verwendet die TLS wohl hauptsächlich dafür, um die an einem bestimmten Terminal durchgeführte Arbeit zu protokollieren und später bei Abrechnungen zu verwenden.

Der Vollständigkeit halber soll auch noch die Benutzerprotokolldatei (User-Log) erwähnt werden, die in der KDCS vorgesehen ist. Es handelt sich um eine sequentielle Datei, die von den TAPs nur beschrieben werden kann (mit LPUT). Die Auswertung muß separat im Teilnehmer- oder Stapelbetrieb erfolgen. Wie der Name schon sagt, dient sie der anwendungsspezifischen Protokollierung. Sie wird von allen TAPs gemeinsam benutzt.

Dies alles waren nur Beispiele für Speicherbereiche, wie sie von TP-Monitoren ihren TAPs angeboten werden. Die Vielfalt, die es bei existierenden Systemen gibt, kann dadurch nur schwach angedeutet werden. Die KDCS wurde deshalb herangezogen, weil sie den Versuch darstellt, diese Vielfalt auf einen Nenner zu bringen. Sie führt eine Indirektion zwischen den Programmen und dem TP-Monitor ein und realisiert die genannten Bereiche jeweils mit den Mitteln des gerade benutzten TP-Monitors (der für die Programme nicht sichtbar wird). Der Grundgedanke ist dabei, daß man einen Speicher mit kurzer Lebensdauer natürlich immer auf einem mit längerer simulieren kann, analog einen terminalspezifischen etwa auf einem globalen (dessen Name unsichtbar für das Programm immer um die Terminalidentifikation ergänzt wird). Welche Typen von Speichern nun wirklich gebraucht werden, ist letztlich wohl Geschmacksache.

2.1.2.3. Der Transaktionsbegriff für den Programmierer

Der Begriff der Transaktion wird gerade im Zusammenhang mit Transaktionssystemen in sehr verschiedenen Bedeutungen gebraucht. In einer zusammenfassenden Darstellung des DB/DC-Systems IMS [Mc77] wird die Transaktion definiert als ''a message that is to be processed by a user-written application program''. An anderer Stelle wird als ''Transaktion'' das bezeichnet, was in diesem Buch Vorgang genannt wird. Es ist aber doch wohl sinnvoller, für TP-Monitore die sehr viel präzisere Begriffsbildung zu übernehmen, die sich bei den Datenbanksystemen durchgesetzt hat [Reu81, Gr81b, HR83b]. Das wurde in den vorherigen Abschnitten auch schon so gehalten; an dieser

Stelle ist eine ausführlichere Erörterung angebracht.

Eine Transaktion ist aus der Sicht eines Datenbanksystems die mächtigste (Macro-) Operation auf den Datenbeständen, die atomar auszuführen ist. Sie wird entweder vollständig ausgeführt oder gar nicht. Sie soll die Datenbank von einem konsistenten Zustand in einen anderen konsistenten Zustand überführen, wobei es natürlich allein in der Verantwortung des Anwenders liegt, über die Konsistenz (semantische Integrität) zu entscheiden. Ein sehr einfaches Beispiel: Wenn in einer Bibliotheksdatenbank ein Zähler geführt wird, wieviele Bücher insgesamt entliehen sind, dann gehört zur Transaktion ''Entleihung'' neben dem Eintragen des Vermerks im Datensatz des Buches auch noch die Erhöhung dieses Zählers. Erst wenn beides erfolgt ist, stimmen die Angaben in der DB wieder mit der Wirklichkeit überein, ist der Datenbestand also konsistent.

Nun wird kaum ein Datenbanksystem für jeden dieser Fälle eine einzelne Operation bereitstellen, die auf einen Schlag alle Änderungen durchführt. Oft genug muß ein Satz erst gelesen, im Programm modifiziert und zurückgeschrieben werden; bei SQL [Ch76, Ch80] ginge das immerhin schon mit einen UPDATE-Befehl. Aber wenn mindestens zwei Sätze geändert werden müssen, sind auch davon noch mehrere notwendig. Kennt das Datenbanksystem den Zusammenhang dieser Operationen nicht, so wird es immer auch einen Zustand zulassen, in dem nur eine davon ausgeführt ist. Deshalb gibt es die Möglichkeit, durch explizite Aufrufe an das DBS (''Begin of Transaction'' - BOT; ''End of Transaction'' - EOT) Folgen von Operationen zu einer Einheit zusammenzufassen (logische Klammerung). Das DBS muß die Mechanismen zur Realisierung von Transaktionen bereitstellen, und der Anwender bzw. Programmierer muß sie benutzen, um konsistente Übergänge zu definieren.

Damit Transaktionen dies auch im Mehrbenutzerbetrieb gewährleisten können, müssen sie folgende Eigenschaften haben [HR83b]:

- Atomarität

  Eine Transaktion wird entweder komplett ausgeführt oder gar nicht. Der Benutzer muß jederzeit feststellen können, ob sie noch läuft, gescheitert oder fertiggeworden ist.

- Konsistenz

  Eine abgeschlossene Transaktion hinterläßt die Datenbank per Definition in einem konsistenten Zustand. Mehr kann das DBS nicht gewährleisten. Fehlerhaft programmierte Transaktionen können nur dann erkannt werden, wenn sie für das DBS erkennbare Fehler machen, also entweder gegen die Regeln des Datenmodells, des DB-Schemas oder gegen explizite Integritätsbedingungen verstoßen.

– Isolation

Die Auswirkungen einer Transaktion auf den Datenbestand müssen anderen Benutzern so lange verborgen bleiben, bis sicher ist, daß die Transaktion zu einem erfolgreichen Ende kommen kann. Andernfalls wäre das Zurücksetzen nicht mehr möglich, weil andere schon die Ergebnisse benutzt haben und ebenfalls zurückgesetzt werden müßten; dies würde sich rekursiv fortsetzen. Die Techniken zur Gewährleistung von Isolation werden unter dem Begriff ''Synchronisation'' zusammengefaßt [GLPT76, Pei86].

– Beständigkeit

Die Auswirkungen einer Transaktion, die ihr Ende erreicht hat, müssen jeden Fehlerfall überstehen. Wenn das System dem Benutzer bestätigt hat, daß es die Transaktion ausgeführt hat, dann muß das auch gültig bleiben, wenn anschließend ein Systemzusammenbruch auftritt. Die Auswirkungen können dann nur noch durch andere Transaktionen wieder geändert werden.

Die Übertragung dieser Anforderungen auf die Transaktionsprogramme kann direkt erfolgen: Der TP-Monitor muß für alle Auswirkungen dieselbe Sicherung durchführen, wie sie ein DBS für die Inhalte der Datenbank garantiert. Dazu zählt natürlich auch die Sicherung der Speicherbereiche und der normalen Dateien. Hier dupliziert der TP-Monitor im wesentlichen die Funktionen eines DBS und nutzt dabei bestenfalls noch die Besonderheiten dieser Datenbestände aus, um die Protokoll- und Wiederherstellungsverfahren zu optimieren. Die Frage der Funktionsredundanz zwischen DBS und TP-Monitor wird in Kapitel 3 noch einmal aufgeworfen.

Zusätzlich hat der TP-Monitor aber auch noch ganz spezielle Sicherungen durchzuführen:

– Protokollierung der Nachrichten
– Verzögerung des Sendens der Ausgabenachricht bis EOT
– Verzögerung des Sendens freilaufender Nachrichten (zum Start
  synchroner Vorgänge) bis EOT
– Verzögerung des Schreibens auf die Benutzerprotokolldatei bis EOT

Normalerweise braucht sich der Programmierer eines TAP um diese Fragen nicht zu kümmern (es sei denn, der TP-Monitor unterstützt primär die Vorgangsprogrammierung und bietet zusätzlich die Möglichkeit an, Zwischensicherungspunkte zu setzen, die eine Transaktion abschließen und die nächste beginnen [CICS80]). Die Transaktion beginnt automatisch mit dem Start eines TAP und endet mit dem

Rücksprung zum TP-Monitor. Deshalb gibt es normalerweise auch keine Aufrufe wie "Begin of Transaction" (BOT) und "End of Transaction" (EOT); sie werden nicht benötigt. Es sollte aber, wie in 2.1.2.1 dargestellt, die Möglichkeit geben, eine Transaktion auch über das Ende des Dialogschritts hinaus offen zu halten. Diese Option muß der Programmierer beim Rücksprung zum TP-Monitor explizit angeben.

Dann muß für das Folgeprogramm im nächsten Dialogschritt erkennbar sein (z.B. am TAC oder am Inhalt des Vorgangsgedächtnisses), daß die Transaktion noch offen ist, denn das bedeutet auch, daß die Datenbank und/oder Dateien noch "geöffnet" und die aktuellen Lesepositionen (Currencies) noch definiert sind. Dies ist Teil der Schnittstelle zwischen den beiden aufeinanderfolgenden TAPs.

Noch zwei Aufrufe gehören zum Transaktionskonzept: das Zurücksetzen der Transaktion und das vorzeitige Aufheben der Sperren. Die KDCS bietet nur das Zurücksetzen als Option des Rücksprungs (PEND ER, "Program END with ERror [KDCS79]). Alle Änderungen der Transaktion verschwinden, nur die Ausgabenachricht wird an das Terminal gesendet, weil angenommen wird, daß das TAP, wenn es schon selbst bemerkt hat, daß eine erfolgreiche Ausführung der Transaktion nicht mehr möglich ist, auch eine entsprechende Meldung an den Benutzer ausgeben kann, die etwas aussagekräftiger ist als eine Systemmeldung. (Bei einem vom System veranlaßten PEND ER wird ebenso konsequent die Ausgabenachricht an den Benutzer verworfen). Da dies eine Option des Rücksprungs ist, erhält das Programm anschließend die Kontrolle nicht mehr zurück.

Genau das kann aber in bestimmten Situationen sinnvoll sein, wenn das TAP unter Ausnutzung von Anwendungswissen die Lage noch retten und zumindest eine schwächere Transaktion erfolgreich abschließen kann. Aus diesem Grund wurde beim UTM über die KDCS hinausgehend der Befehl RSET ("Reset") geschaffen, mit dem ein TAP die Transaktion zurücksetzen kann, ohne die Kontrolle zu verlieren [UTM85c]. Für CICS stellt der Aufruf SYNCPOINT ROLLBACK etwas Entsprechendes dar [CICS80]. Danach kann das TAP reparieren, was noch zu reparieren ist, und den Stand der Dinge anschließend dem Benutzer mitteilen.

Der zweite Aufruf wurde ebenfalls in UTM realisiert und geht wie RSET über die KDCS hinaus: UNLK ("Unlock") gibt alle Sperren auf GSSBs und TLS' frei. Damit kann der Programmierer den Boden der Transaktionssicherung verlassen, denn das Prinzip der Isolation ist natürlich durchbrochen. Andere Transaktionen können die Ergebnisse lesen, bevor die laufende Transaktion erfolgreich abgeschlossen wurde. Bei ihrem Zurücksetzen werden diese Ergebnisse ungültig, und die anderen haben ein "Phantom" gesehen. Natürlich können bei Einsatz dieses Befehls Wartesituationen früher aufgehoben werden, so daß sich der Durchsatz des Systems auf Kosten der Sicherheit potentiell ėrhöht.

Damit sind alle Aspekte der Transaktionssicherung aus der Sicht des Programmierers aufgezählt, die allein den TP-Monitor betreffen. In Kapitel 3 wird dieses Thema noch einmal aufgerollt, wenn es um die Kopplung mit einem Datenbanksystem geht und die beiden Transaktionsbegriffe auf einen Nenner zu bringen sind. In Abschnitt 2.3.4 wird vorher noch auf die Probleme eingegangen, die sich für den TP-Monitor bei der Realisierung der Sicherung ergeben.

2.1.2.4. Der Aufbau des einzelnen TAP

Nach diesen Fragen, die stets auch die Aufgabenverteilung zwischen den TAPs betrafen, soll nun das einzelne TAP betrachtet werden. Es realisiert eine atomare Funktion, wie sie in Abb. 2.7 dargestellt ist.

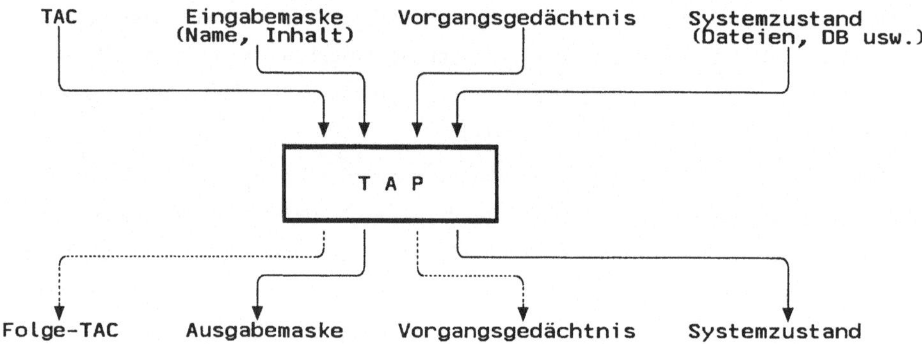

Abb. 2.7: Die durch das einzelne TAP realisierte Funktion

Es war bereits davon die Rede, daß der TAC nur dann als Parameter zu betrachten ist, wenn ein TAP verschiedene TACs bearbeiten kann (n:1-Beziehung). Bei manchen TP-Monitoren ist das nicht der Fall, dort gibt es zu jedem TAP nur genau einen TAC (1:1-Beziehung), der dann eher als Funktionsname (oder Teil des Funktionsnamens) denn als Parameter zu sehen ist. Ähnlich verhält es sich mit der Eingabemaske: Es gibt Systeme, bei denen sie quasi die Rolle des TACs übernimmt: Wenn Maske x gelesen wurde, muß Funktion y ausgeführt werden. Das kann jedoch dazu führen, daß ein und dieselbe Maske redundant unter zwei Namen geführt werden muß, weil sie in verschiedenen Vorgängen verwendet wird. Deshalb wird das Programm meist nur über den TAC ausgewählt, und der TP-Monitor teilt ihm anschließend mit, welche Bildschirmmaske gelesen wurde. Bei KDCS, UTM und anderen wird keine feste Zuordnung zwischen Masken und Programmen vorgenommen. Das Programm macht aufgrund des TAC Annahmen darüber, welche Masken überhaupt in Frage kommen. Es muß aber auch damit rechnen, daß durch einen Fehler einmal ein gültiger TAC mit einer unsinnigen Maske verknüpft werden kann, und dies entsprechend abfangen (vermutlich mit PEND ER).

Erst wenn der Maskenname verifiziert ist, kann die Interpretation der eingelesenen Daten sinnvoll durchgeführt werden. Der Maskenname legt eindeutig fest, welche Felder überhaupt in der Maske enthalten sind, welche Länge sie jeweils haben und von welchem Typ ihr Inhalt ist. Die Systeme zur Generierung von Masken (SDF, IFG, s. Abschnitt 2.1.3) erzeugen meist auch sog. Adressierungshilfen, die die Struktur der Maskendaten (der Nachrichten) in der Syntax der Programmiersprache als Gruppenfeld oder Record darstellen und die als COPY- oder INCLUDE-Elemente in den Quellcode des TAPs eingefügt werden können. Dadurch vereinfacht sich der Zugriff auf den Maskeninhalt.

Manche TP-Monitore bieten auch Operationen an, um auf die einzelnen Felder der Maske nacheinander zuzugreifen. Die Felder müssen dazu einzeln identifizierbar sein (COSMOS [pdv82]). Das hat den Vorteil, daß die Reihenfolge der Felder in der Maske verändert werden darf, ohne daß das Programm davon betroffen ist. (Dies kann man allerdings auch anders erreichen; im nächsten Abschnitt über das Konzept des virtuellen Terminals wird darauf ausführlich eingegangen).

Die Struktur des Vorgangsgedächtnisses schließlich ist allein Sache der Programme, die an einem Vorgang beteiligt sind. Hier gibt es praktisch keine Kontrolle durch den TP-Monitor, es sei denn, daß er die Länge überwacht und verhindert, daß über das derzeitige Ende hinaus gelesen wird. Die unterschiedliche Interpretation des Speicherbereichs stellt eine gravierende Fehlerquelle dar, so daß den Programmierern nur geraten werden kann, besonders bei umfangreichen und komplexen Strukturen im Vorgangsgedächtnis selbst COPY- oder INCLUDE-Elemente zu definieren, die zumindest nach einer Neuübersetzung der beteiligten Programme die konsistente Interpretation gewährleisten.

Nach Abschluß der Verarbeitung ruft das TAP entweder ohne Ausgabe auf das Terminal ein anderes TAP auf, oder es gibt die Kontrolle mit Ausgabe auf das

Terminal an den TP-Monitor zurück. Im ersten Fall kann eine Ausgabenachricht formuliert werden, die dann beim Folgeprogramm so ankommt und gelesen wird wie eine Eingabe vom Terminal. Natürlich kann genauso auch das Vorgangsgedächtnis zur Übergabe von Information dienen. Die Transaktion wird nicht abgeschlossen, da ja auch der Dialogschritt noch nicht beendet ist.

Im zweiten Fall - Rücksprung zum TP-Monitor - kann entweder die Fortsetzung des Vorgangs in einem weiteren Dialogschritt verlangt werden oder das Ende des Vorgangs. Nur bei einer Fortsetzung ist die Angabe des Folge-TACs und die Hinterlegung von Werten im Vorgangsgedächtnis sinnvoll. Dies ist in Abb. 2.7 durch die gestrichelten Linien angedeutet. Die Ausgabenachricht ist obligatorisch, ohne sie wüßte der Benutzer nicht, ob und wie er weiterarbeiten kann. Eine Minimalinformation der Art "Bitte nächsten TAC eingeben" ist wohl immer möglich, wenn auch nicht sehr benutzerfreundlich.

An dieser Stelle scheint es sinnvoll zu sein, die verschiedenen Modi bei der Beendigung eines TAPs noch einmal zusammenzufassen (Tab. 2.1).

Ende des Dia- logschritts	Angabe eines Folge-TACs	Ende der TA	Operation bei UTM	Operation bei CICS
ja	ja	ja	PEND RE	RETURN TRANSID
ja	nein	ja	PEND FI	RETURN
nein	ja	nein	PEND PR	XCTL
ja	ja	nein	PEND KP	keine
ja	nein	ja	PEND ER	keine

Tabelle 2.1: Die verschiedenen Möglichkeiten der TAP-Beendigung

Bei CICS ist mit der Programmbeendigung stets auch das Ende der Transaktion erzwungen, denn es besteht ja die Möglichkeit der Konversationsprogrammierung. Wenn eine Transaktion also über mehrere Dialogschritte gehen soll, müssen diese von demselben Programmlauf abgewickelt werden, der zwischendurch mit SEND und RECEIVE bzw. CONVERSE Terminal-E/A ausführt. Einen Rücksprung mit gleichzeitigem Zurücksetzen der Transaktion gibt es bei CICS ebenfalls nicht, dafür steht die separate Operation SYNCPOINT ROLLBACK zur Verfügung [CICS80].

TAPs werden üblicherweise als Unterprogramme des TP-Monitors codiert. Ihre Parameter können Speicherbereiche, Kontrollblöcke mit Umgebungsinformation (Datum, Uhrzeit, Name des rufenden Terminals, aktueller TAC usw.) und auch Nachrichten sein. Bei einigen TP-Monitoren müssen diese anschließend angefordert werden.

Da die Prozedurschnittstelle sprachabhängig ist, unterstützen TP-Monitore nicht von vorneherein jede Programmiersprache, sie müssen vielmehr darauf eingerichtet sein. COBOL, Assembler, PL/1 und FORTRAN sind meistens vorgesehen. Die einzelnen Aufrufe an den TP-Monitor können auf verschiedene Arten in diese Wirtssprachen eingebettet werden. Zum einen kann die Sprache um spezielle Schlüsselworte und Befehle ergänzt werden, die ein erweiterter Übersetzer akzeptiert oder die durch einen Vorübersetzer (Precompiler, Makroprozessor) in die normalen Ausdrücke und Anweisungen der Wirtssprache umgesetzt werden. Die erste Lösung bietet mehr Optimierungsmöglichkeiten, während die zweite eine höhere Unabhängigkeit vom Compiler und seinem Hersteller gewährleistet. Schließlich gibt es auch noch die Möglichkeit, die TP-Aufrufe direkt in der Wirtsprache als Aufrufe externer Prozeduren ("CALL TP") zu codieren, allerdings mit umfangreichen Parameterbereichen. Gruppenbildung und sorgfältige Namensgebung können dabei die Schreibarbeit wesentlich erleichtern.

Wie im Zusammenhang mit den verschiedenen Speicherbereichen bereits angedeutet wurde, ist der Programmierer leider in starkem Maße davon betroffen, wie der TP-Monitor die Programme verwaltet. So sollte er alle Variablen in Arbeitsbereichen ablegen, die vom Programm getrennt sind. Das ist noch relativ harmlos, weil die Variablen dann z.B. bei COBOL nicht in der WORKING-STORAGE SECTION, sondern in der LINKAGE SECTION angelegt werden, ansonsten aber genau gleich behandelt werden können. Wesentlich aufwendiger ist es dagegen, wenn bei jedem Aufruf an den TP-Monitor explizit berücksichtigt werden muß, daß während der Bearbeitung dieses Aufrufs ein anderer Vorgang aktiviert werden könnte, der dieselbe Kopie des TAP-Codes ausführt, nur an anderer Stelle. Task/Master [TSI80] ist ein extremes Beispiel dafür, wie solche Maßnahmen die gesamte Programmstruktur prägen können.

Obwohl die Mehrfachverwendbarkeit von Programmcode in Abschnitt 2.3.2 in ihrer Bedeutung für die Effizienz hervorgehoben wird, sollen hier die zahlreichen Techniken der Programmierung, mit denen serielle oder abschnittweise Wiederverwendbarkeit und Ablaufinvarianz erreicht werden können, nicht ausgebreitet werden. Es ist nicht einzusehen, warum der Programmierer eines TAPs auch noch damit belastet werden sollte. Daß das zur Zeit noch der Fall ist, bei Assembler sowieso, aber auch noch bei vielen "höheren" Programmiersprachen mit alten, stapelverarbeitungsorientierten Compilern, ist bedauerlich. Es gibt schon zahlreiche Beispiele für neuere Konzepte, etwa den speziellen TEBOL-Compiler für Environ/1 [Cin77] oder Screen-COBOL von Tandem [Tan82a], die den Programmierer völlig von solchen Fragen isolieren, und es besteht kein Zweifel, daß diesen Ansätzen die Zukunft gehört.

Noch bevor die sog. Programmiersprachen der Vierten Generation, die in Abschnitt 2.1.3 erörtert werden, zum Einsatz kamen, gab es einige Vorschläge zu speziellen Programmiersprachen für Transaktionssysteme (bzw. Echtzeitsysteme). In [Wi76] werden CORAL 66, RTL/2, BCPL, TPL2, MARY und PASCAL (?) genannt. Sie wurden alle in den sechziger Jahren entwickelt und orientieren sich an den damals gängigen Sprachen wie ALGOL 60, FORTRAN, COBOL oder auch ALGOL 68. Ihre Eignung für die Programme von Echtzeitsystemen wurde vor allem aus ihrer Fähigkeit, effizienten Code zu erzeugen, abgeleitet. Eingesetzt wurden sie oft nur von den Institutionen, die sie auch entwickelt hatten, ein breiter kommerzieller Durchbruch ist ihnen nicht gelungen. (Wenn man einmal von PASCAL absieht, das aber in dieser Reihe ohnehin nichts zu suchen hat).

2.1.2.5. Das Konzept des Virtuellen Terminals

Die Aufgabe eines TAPs besteht darin, eine Nachricht vom Terminal in Empfang zu nehmen, diese unter Zugriff auf Datenbestände zu verarbeiten, eine Antwort an das Terminal zu erzeugen und mit dem Rücksprung zum Kontrollsystem (dem TP-Monitor) das Absenden der Antwort zu veranlassen. Es wurde bereits erwähnt, daß es zu den wesentlichen Eigenschaften eines TP-Monitors gehört, den Programmen gegenüber Geräteunabhängigkeit zu gewährleisten, damit auf keinen Fall Programme mit gleicher Funktion für verschiedene Terminaltypen erstellt werden müssen. Das TAP soll stattdessen ein "virtuelles Terminal" bedienen, dessen abstrakte Eigenschaften durch externe Routinen auf die speziellen Eigenschaften des jeweils rufenden Terminals abgebildet werden ("Mapping Support").

Dies ist nicht zwangsläufig mit dem Einsatz eines TP-Monitors verknüpft, sondern mit gleichem Erfolg für Programme einsetzbar, die im Teilnehmerbetrieb ablaufen und ihren Dialog mit dem Benutzer über Bildschirmmasken abwickeln wollen. Deshalb brauchen die Programmpakete zur Nachrichtenbehandlung (z.B. Basic Mapping Support bei CICS, Format Handling System bei UTM) auch nicht fester Bestandteil des TP-Monitors zu sein. Sie müssen nur als separate Systeme von den TAPs aus oder vom TP-Monitor aus benutzbar sein. Bisweilen sind sie dennoch deren Bestandteil, weil der Bedarf zum ersten Mal mit den TP-Monitoren auftrat: Gerade Bildschirmmasken sind für die parametrischen Benutzer von Transaktionssystemen (Laien!) sehr viel wichtiger als für die Benutzer des Teilnehmerbetriebs, bei denen man ohnehin eine gewisse Anpassung an die Modalitäten des EDV-Betriebs erwarten kann.

Das Spektrum der verschiedenen Terminaltypen ist beträchlilch, so daß die folgende erste grobe Klassifikation sicher Gefahr läuft, einige Typen noch nicht zu berücksichtigen. Die Unterscheidung zwischen Geräten mit zeichenweiser Übertragung (DEC VT 100) und solchen mit blockweiser (IBM 3270) wird hier deshalb nicht getroffen, weil die zeichenorientierten Geräte für die Transaktionsverarbeitung nur dann Bedeutung haben, wenn irgendeine Instanz (ein Vorrechner oder das Betriebssystem) eine Pufferung vornimmt, die dem restlichen System gegenüber die blockorientierte Ein-/Ausgabe simuliert. Im folgenden wird also stets blockorientierte Eingabe vorausgesetzt, so daß die Verarbeitung durch das Anwendungsprogramm erst dann beginnen kann, wenn der Benutzer eine ENTER-, RETURN- oder DÜ-Taste drückt. Alle Tastendrücke vorher werden ''lokal'' bearbeitet; im Terminal, im Vorrechner oder in der Kommunikationssoftware des BS. Dann sind die folgenden Terminaltypen zu unterscheiden [Hä79b]:

- logisches Zeilenterminal (z.B. Fernschreiber)
- logisches Seitenterminal (Bildschirm)
- logisches Formatterminal
- graphisches Terminal

Diese Unterscheidung betrifft zunächst einmal die Ausgabe, wirkt sich aber auch auf die Eingabe aus. Beim logischen *Zeilenterminal* ist das Ausgabemedium für das Programm eine fiktive Papierrolle beliebiger Breite und unendlicher Länge. Eine Ausgabenachricht besteht also aus Zeilen fester oder variabler Länge, die ggf. von einer vorgeschalteten Instanz ''gefaltet'' und so der tatsächlichen Papierbreite angepaßt werden. Die Ausgabe kann ebenso auf einen Bildschirm erfolgen, wobei dem Benutzer die Möglichkeit gegeben werden muß, die Flut der auf ihn eindringenden Information zwischendurch anzuhalten (''Hold-Screen''- oder ''Noscroll''-Taste). Selbst wenn solche Sichtgeräte mehr als einen Bildschirminhalt lokal speichern können, gibt es für die Kapazität dieser Speicher eine Obergrenze, wie die Papierrolle sie (im Prinzip) nicht kennt, und diese Obergrenze möchte man in den Programmen gerade nicht berücksichtigen müssen. Abb. 2.8 zeigt ein Beispiel dafür, wie die vom Programm ausgegebene Struktur aus Zeilen variabler Länge (mit vorangestelltem Längenfeld) vom Abbildungssystem für ein bestimmtes Terminal aufbereitet werden kann.

In diesem Beispiel wird angenommen, daß das Ausgabegerät mit den Steuerzeichen CR (Carriage Return, Wagenrücklauf), LF (Line Feed, Zeilenvorschub) und FF (Form Feed, Seitenvorschub) arbeitet, die vom Abbildungssystem nach den Zeilen eingefügt

Datenstruktur im Programm:

| 10 | AAAAAAAAAA | 25 | BBBBBBBBBBBBBBBBBBBBBBBB | 05 | CCCCC | 32 | DDD ... |

↑ erste Zeile
Längenfeld

Aufbau der Nachricht nach der Abbildung (CR = Carriage Return, LF = Line Feed, FF = Form Feed):

| AAAAAAAAAA | CR | LF | BBBBBBBBBBBBBBBBBBBB | CR | LF | BBBBB | CR | LF | C |

| CCCC | CR | FF | DDDDDD ... |

auf dem Papier oder Bildschirm erscheint:

```
AAAAAAAAAA
BBBBBBBBBBBBBBBBBBBB
BBBBB
CCCCC
```

```
DDDD ...
```

Abb. 2.8: Beispiel für die Ausgabe auf ein logisches Zeilenterminal

werden müssen. Außerdem soll die Darstellungsbreite auf 20 Zeichen begrenzt sein, so daß die zweite Zeile geteilt werden muß. Es kann auch noch die Blattlänge (hier: vier Zeilen) berücksichtigt werden, damit nicht auf den Falz gedruckt wird.

Bei Eingabe sollte dem Programm ganz analog eine Zeichenfolge übergeben werden, in der die einzelnen Zeilen erkennbar sind. Ob das Programm die einzelnen Zeilen mit Bedeutung versieht oder zu einer einzigen Zeichenkette konkateniert, ist allein seine Angelegenheit. Das Lesen der Eingabe entspricht dann weitgehend dem Einlesen von einer sequentiellen Datei, für das es in allen Programmiersprachen geeignete Befehle gibt. Die Datendarstellung in einer Zeile kann auf drei Arten erfolgen: Formatiert mit fester Spalteneinteilung (FORTRAN, PL/1 EDIT), variable Länge mit Trennzeichen (PASCAL, PL/1 LIST) oder mit Schlüsselwörtern in der Form ''Feldname=Wert'' (PL/1 DATA). Ein solcher Eingabemodus war bei Intercomm noch ausdrücklich vorgesehen [Int77]. Er hat den Vorteil, daß man ihn auch noch auf einem Fernschreiber benutzen kann, obwohl das sicher nicht das ideale Terminal für ein Transaktionssystem ist. Die Deutsche Bundesbahn nutzte ein ähnliches Verfahren bis vor kurzem noch für die Platzreservierung.

Ein logisches *Seitenterminal* unterscheidet sich nur insoweit vom Zeilenterminal, als das Programm bei ihm in der Ausgabenachricht zu einer Zeilenstruktur auch noch eine übergeordnete Seitenstruktur festlegen kann. Diese muß nicht mit der physischen Seitenstruktur des Geräts übereinstimmen; eine logische Seite wird u.U. in mehreren physischen Seiten ausgegeben. Auf dem Papier stellt das kein Problem dar. Auf einem Bildschirm wird es vom Benutzer aber sicher als unangenehm empfunden, wenn er zwei Arten des Blätterns in diesen Seiten unterscheiden muß, nämlich "logisches" und "physisches". Für die Eingabe verhält sich das Seitenterminal wie ein Zeilenterminal.

Sowohl beim Zeilen- als auch beim Seitenterminal ist das Programm zwar von den elementaren Beschränkungen des physischen Ausgabemediums isoliert, es muß jedoch noch einen Großteil der Datendarstellung selbst durchführen: Seiten- und Tabellenköpfe, Umrandungen, Linien, Ausrichtung, Formatierung usw. Alle Änderungen in diesem Bereich wirken sich also in den Programmen aus. Außerdem sind bei diesen beiden Terminaltypen Ausgabe und Eingabe völlig unabhängig voneinander. Nach einer Ausgabe ist jede beliebige Eingabe möglich, und nur eine (längliche) Beschreibung in der vorhergehenden Ausgabe kann dem Benutzer Hinweise darauf geben, was er im folgenden einzugeben hat. Die meisten modernen Sichtstationen sind dagegen schon für den sog. *Formatbetrieb* ausgelegt, der in der Einleitung (Kapitel 1) bereits als die den Transaktionssystemen adäquate Form der Ein-/Ausgabe dargestellt wurde. Dabei wird die volle Fläche des Bildschirms genutzt und zunächst mit einer Maske gefüllt, die eine Aufteilung in Felder vornimmt. Man unterscheidet im wesentlichen drei Arten von Feldern:

– Textfelder

   Sie enthalten erläuternden Text, der bei der Interpretation der einzugebenden oder angezeigten Daten hilft oder Hinweise zum weiteren Vorgehen gibt ("Zum Weiterblättern drücken Sie bitte die PF1-Taste"). Die Textfelder sind konstant, sie können weder vom Programm noch vom Benutzer geändert werden und sind deshalb auch Bestandteil der Maske. Das Programm ruft die Maske über ihren Namen ab und gibt damit automatisch auch diese Textfelder aus. Das Terminal sollte das Überschreiben dieser Felder verhindern, indem es die Tastatur sperrt oder die Schreibmarke gar nicht auf solche Felder positioniert.

– Ausgabefelder

   Dies sind Felder, die vom Programm mit Werten versorgt, aber vom Benutzer nicht überschrieben werden können. Sie enthalten also eine Auskunft für den Benutzer und sollten wie die Textfelder schreibgeschützt sein.

— Eingabefelder

Das sind nun schließlich die Bereiche auf dem Bildschirm, in die der Benutzer etwas schreiben darf. Sie können wie die Ausgabefelder vom Programm mit Inhalten versorgt werden, die dann einen Vorschlag oder Default-Wert darstellen (u.U. aber auch die fehlerhafte Eingabe vom letzten Mal mit der Bitte um Korrektur!). Bei manchen Systemen wird noch zwischen normalen alphanumerischen und rein numerischen Eingabefeldern unterschieden. Das lohnt sich dann, wenn das Terminal bei numerischen Feldern die Alpha-Tastatur sperren und so falsche Eingabe "vor Ort" verhindern kann.

Zu jedem Feld kann eine ganze Reihe von Darstellungsattributen definiert werden: Helligkeit (dunkel/halbhell/hell), Schrifttyp (normal/kursiv), Blinken (an/aus), heute oft auch schon Farbe usw. Der Wert dieser Attribute kann bei der Definition der Maske festgelegt werden und/oder beim Ausgeben durch das Programm. Ob eine Darstellung entsprechend dem Attributwert überhaupt möglich ist, hängt natürlich wieder von den physischen Eigenschaften des Terminals ab, auf dem die Maske dann schließlich erscheinen soll.

Die Bildschirmmaske unterstützt den Benutzer also ganz erheblich bei der Eingabe, weil er ein leeres oder mit Vorschlägen gefülltes Formular benutzen kann, statt "freien" Text zu formulieren. Für den Programmierer darf das aber nicht bedeuten, daß er nun viel komplexere Ausgabenachrichten zu erstellen hat (womöglich mit ESCAPE-Sequenzen), mit denen er die Hardware-Eigenschaften des Terminals ausnutzt. Das würde der gewünschten Geräteunabhängigkeit sehr zuwiderlaufen. Es muß also in den TAPs eine abstraktere Beschreibung der Formate geben, die von einer Systemkomponente (wie bei den Zeilen- und Seitenterminals) auf die speziellen Eigenschaften der physischen Terminals abgebildet wird.

Eine Möglichkeit besteht darin, die Masken im Programm selbst feldweise zu definieren. Dabei werden die Attribute jedes Feldes in einer allgemeinen Syntax festgelegt, die keinen Bezug auf ein spezielles Terminal nimmt. Abb. 2.9 zeigt eine solche Maskendefinition in einem Programm für den TP-Monitor PATHWAY [Tan82a, S. 8-1 ff.]. Die TAPs werden bei PATHWAY in einem COBOL-Dialekt (SCREEN-COBOL) geschrieben, der in der DATA DIVISION noch eine SCREEN SECTION vorsieht. Dort werden zu jeden Feld der Name, unter dem es im Programm angesprochen werden kann (FILLER bei Textfeldern), die Zeilen- und Spaltenposition (AT zeile, spalte) sowie Typ, Inhalt und ggf. Wertebereich angegeben. Die FROM-, TO- und USING-Klauseln assoziieren Variablen aus anderen SECTIONs der DATA DIVISION mit Feldern, die dann bei Ausgabe der Maske automatisch mit dem Inhalt der Variablen gefüllt werden (FROM), bei Eingabe in diese Variablen geschrieben werden (TO) oder beides (USING). Der Stern in der Spaltenangabe bezeichnet die aktuelle Position; dadurch kann die Lage eines Feldes relativ bestimmt werden (*+10). Die MUST-BE-Klausel legt den Wertebereich eines Feldes fest. Eine Zeilenposition "@" nimmt Bezug auf die Zeilenposition der Datengruppe; dies erleichtert ggf. das Verschieben einer ganzen Gruppe auf dem Schirm. Die Fehlermeldungszeile 24 steht dem Abbildungsmodul zur Verfügung, sie wird also automatisch gefüllt, wenn z.B. ein Wertebereich überschritten wird. Das Programm kann sie ebenfalls nutzen.

Bei dieser Art der Maskendefinition ist man sicherlich von den speziellen Eigenschaften der physischen Terminals unabhängig. Das Programm geht von einem virtuellen Bildschirm mit 24 Zeilen zu je 80 Spalten aus und definiert auf diesem die Lage und die Darstellungsattribute der Felder. Selbst wenn die Geräte nicht in der Lage sind, frei auf dem Bildschirm zu positionieren, kann der Abbildungsmodul immer noch so viele Leerzeichen in die Ausgabenachricht generieren, daß die Ausgabe eines Feldes an der richtigen Stelle erfolgt. Das ist zwar nicht sehr effizient, bei bestimmten Terminaltypen aber eben unvermeidlich.

Auch bei TP-Monitoren, die die Definition der Masken separat vom TAP erwarten, ist das Layout manchmal noch in den Programmen sichtbar. Ein Beispiel dafür ist DATACOM/DC [ADR80]. Der Programmbereich, in den die Maske eingelesen werden soll, enthält FILLER-Elemente für alle Zwischenräume (Leerfelder) auf der Maske, deren Länge durch das Layout vorgegeben ist. Dadurch spart man sich die absoluten oder relativen Positionierungen auf Zeilen und Spalten, die jedoch implizit vorgegeben sind. (Intern werden sie auch wieder erzeugt, wenn ein Terminal sie verarbeiten kann; das verkürzt die zum Terminal gesendeten Nachrichten und reduziert so die Belastung des Netzes). Es ist direkt das Format der Nachricht für ein "dummes" Terminal, das keine Bildschirm-Positionierungsbefehle kennt.

Noch etwas gerätunabhängiger sind die TP Monitore, die ihren TAPs nur noch die Folge der Felder, die vom Benutzer überhaupt geändert werden können, übergeben. Wo diese Felder auf dem Bildschirm angesiedelt sind, bleibt dem Programm verborgen. Eine Maske wie die in Abb. 2.9 dargestellte würde sich einem TAP unter KDCS [KDCS79] nur noch als eine COBOL-Gruppe darstellen (Abb. 2.10). Damit derselbe Bereich sowohl bei Ausgabe als auch bei Eingabe einer Maske verwendet werden kann, sind stets auch die reinen Ausgabefelder enthalten, obwohl sie beim Einlesen keine Werte (oder nur die vorher vom Programm ausgegebenen) enthalten können. Dies ist nicht zwingend der Fall, man kann sich auch getrennte Bereiche vorstellen. Wichtig ist bei dieser Sicht auf das Terminal, daß keinerlei Information über das

```
  ┌─────────────────────────────────────────────────────────────────────┐
  │              BEISPIEL EINER SCREEN-COBOL-MASKE                        │
  │                                                                       │
  │  ABTEILUNG : MKT             PASSWORT :                               │
  │                                                                       │
  │  NAME  : ___________________________________                         │
  │  ADR   : _____________________                                       │
  │                                                                       │
  │  MONAT : FEBRUAR      TAG : 15   JAHR : 82                            │
  │                                                                       │
  │  ANTWORT -                                                            │
  │                                                                       │
  │                                                                       │
  │                                                                       │
  │  F1 - EINGABE PASSWORT          F5  - ANTWORT BLINKEN                 │
  │  F2 - EINGABE DATEN             F6  - RUECKS. ANTWORT ATTR.           │
  │  F3 - LOESCHEN EINGABE          F7  - RUECKS. ANTWORT DATEN           │
  │  F4 - RUECKSETZEN BILDSCHIRM    F16 - PROGRAMM BEENDEN                │
  │                                                                       │
  └─────────────────────────────────────────────────────────────────────┘
```

a) Layout der Bildschirmmaske

```
SCREEN SECTION.
01 EXAMPLE-SCREEN BASE SIZE 24, 80.
   03 FILLER       AT 1, 17 VALUE "BEISPIEL EINER SCREEN-COBOL-MASKE".
   03 FILLER       AT 3, 1  VALUE "ABTEILUNG :".
   03 DEPT-HEADER AT 3, 13 PIC X(3) FROM DEPT-HEADER OF WS.
   03 FILLER       AT 3, * + 10 VALUE "PASSWORT :".
   03 PASSWORD     AT 3, * + 2  PIC X(3) LENGTH 1 THRU 3, HIDDEN,
             UPSHIFT INPUT, MUST BE "AAA", "X", TO PASSWORD OF WS.
   03 DATA-IN.
      05 FILLER       AT 5, 1  VALUE "NAME :".
      05 NAME-IN      AT 5, 8  PIC X(30) LENGTH 1 THRU 30
                      TO NAME-IN OF ENTRY-MSG, FILL "_".
      05 FILLER       AT 6, 1  VALUE "ADR :".
      05 ADDR-IN      AT 6, 8  PIC X(20) LENGTH 1 THRU 20
                      TO ADDR-IN OF ENTRY-MSG, FILL "_".
      05 DATE-GRP     AT 8, 1.
         07 FILLER    AT @, 1  VALUE "MONAT :".
         07 MONTH-IN AT @, * + 2  PIC A(10) LENGTH 1 THRU 10
                MUST BE "JANUAR", "FEBRUAR" USING MONTH-IN OF
                ENTRY-MSG, UPSHIFT INPUT, VALUE "FEBRUAR".
         07 FILLER    AT @, * + 4 VALUE "TAG :".
         07 DAY-IN    AT @, * + 2 PIC Z9 LENGTH 1 THRU 2, VALUE "15"
                MUST BE 1 THRU 31, USING DAY-IN OF ENTRY-MSG.
         07 FILLER    AT @, * + 4 VALUE "JAHR :".
         07 YEAR-IN   AT @, * + 2 PIC Z9 MUST BE 79, 82, 85 THRU 88
                USING YEAR-IN OF ENTRY-MSG, VALUE "82".
   03 FILLER          AT 10, 1 VALUE "ANTWORT -".
   03 SERVER-RECORD   AT 10, * + 2  PIC X(64)
                      FROM SERVER-RECORD OF ENTRY-REPLY.
   03 FILLER          AT 18, 1 VALUE
      "F1 - EINGABE PASSWORT          F5  - ANTWORT BLINKEN".
   03 FILLER          AT 19, 1 VALUE
      "F2 - EINGABE DATEN             F6  - RUECKS. ANTWORT ATTR.".
   03 FILLER          AT 20, 1 VALUE
      "F3 - LOESCHEN EINGABE          F7  - RUECKS. ANTWORT DATEN".
   03 FILLER          AT 21, 1 VALUE
      "F4 - RUECKSETZEN BILDSCHIRM    F16 - PROGRAMM BEENDEN".
   03 ERROR-MSG       AT 24, 2 PIC X(76)  ADVISORY
                      FROM ERROR-MSG OF WS.
```

b) Ausschnitt des SCREEN-COBOL-Programms zur Verarbeitung dieser Maske

Abb. 2.9: Beispiel für die Definition einer Maske im Programm [Tan82a]

Bildschirmlayout mehr verfügbar ist. An die Stelle des virtuellen Terminals tritt, überspitzt ausgedrückt, ein Nachrichten-Port.

```
     03   EXAMPLE-SCREEN-MSG.
          COPY ....
C         05   DEPT-HEADER              PIC X(3).
C         05   PASSWORD                 PIC X(3).
C         05   DATA-IN.
C              07   NAME-IN             PIC A(30).
C              07   ADDR-IN             PIC X(20).
C              07   DATE-GRP.
C                   09   MONTH-IN       PIC A(10).
C                   09   DAY-IN         PIC Z9.
C                   09   YEAR-IN        PIC Z9.
C         05   SERVER-RECORD            PIC X(64).
C         05   ERROR-MSG                PIC X(76).
```

Abb. 2.10: Beispiel eines Nachrichtenformats (nur Ein- und Ausgabefelder einer Maske)

Nun ist es allerdings meist so, daß der Programmierer die Masken zu einem TAP genau kennt, sie stellen ja auch mit den enthaltenen Texten einen wichtigen Bestandteil der Spezifikation dar. Die Frage ist also, inwieweit trotz des Nachrichtenformats, trotz der Reduktion auf die Netto-Information die Kenntnis des Maskenaufbaus in die Programme eingearbeitet ist. Bei einigen Systemen (z.B. UTM [UTM85b]) müssen Anzahl und Reihenfolge der Felder mit denen der Maske übereinstimmen, während bei anderen durch die Zwischenschaltung einer Abstraktionsstufe beides ohne Auswirkung auf das Programm geändert werden darf (so beim ''Basic Mapping Support'' von CICS [CICS80]). Das beeinflußt die Programmierung noch nicht gravierend, sondern hat nur Konsequenzen in bezug auf die Änderungshäufigkeit. Dann gibt es aber speziell für Ausgabemasken die Möglichkeit, die Darstellungsattribute der Felder zu ändern, also z.B. die Felder blinken zu lassen, in denen eine fehlerhafte Eingabe festgestellt wurde. Dadurch wird Semantik mit den Darstellungsattributen verknüpft, die in den Abbildungsmoduln nicht bekannt sein kann. Deshalb kann bei einem Terminal, das kein Blinken durchführen kann, auch nur grob eine andere Maßnahme zur Hervorhebung eingesetzt werden (etwa Hellsteuerung). An dieser Schnittstelle könnte noch mehr für die Geräteunabhängigkeit getan werden (z.B. indem das Programm nur noch ''Hervorhebung'' verlangt und nicht mehr ''Blinken'').

Mit der nachrichtenorientierten Terminal-Ein-/Ausgabe ist für die TAPs eigentlich schon mehr erreicht als nur Geräteunabhängigkeit. Sie verwenden nur noch die Netto-

Information selbst und sind völlig abgekoppelt von allen Fragen, die mit der Präsentation dieser Information zusammenhängen und sie für den Benutzer lesbar, verständlich und auch beantwortbar machen. Dafür könnte man den Begriff der *Darstellungsunabhängigkeit* oder -abstraktion einführen. Die Darstellung ist im einfachen Fall die Maske, deren Beschreibung getrennt vom Programm erstellt wird und deren Name beim Eingeben vom TP-Monitor an das Programm, beim Ausgeben umgekehrt vom Programm an den TP-Monitor übergeben wird. Aus der Sicht des Programms ist dieser Name nicht mehr als die Bezeichnung einer Satzart; er entscheidet über die Aufteilung einer Nachricht in einzelne Felder (Beispiel s. Abb. 2.10). Aus der Sicht des TP-Monitors bzw. der Nachrichtenabbildung dient der Name zum Abruf der Maske.

Die Verwendung der Nachrichtenschnittstelle durch die TAPs läßt aber auch noch sehr viel mächtigere Darstellungsmittel zu, die außerhalb der TAPs an den Namen der Satzstruktur bzw. der Maske geknüpft werden können. Über die Definition der Maske hinaus, wie sie heute üblich ist, sind Vor- und Nachbereitungen der Nachrichten möglich und sinnvoll, wie sie bereits 1977 mit der "Data Transformation Language" (DTL) für DMS 1100 und TIP von Sperry Univac entwickelt wurde [IF78]. In der DTL kann zu jeder Maske ein kleines "Programm" geschrieben werden, das auf dem Eingabe-String Prüfungen und Transformationen vornimmt. Die Prüfungen können sich auf ein einzelnes Feld beziehen (Wertebereich) oder auf mehrere Felder. Die Transformationen betreffen neben der Reihenfolge der Felder auch z.B. Codierungen, für die Tabellen definiert werden können. Es ist auch eine Umsetzung in das interne Format (bei numerischen Werten) möglich.

Ein ähnliches und etwas moderneres Konzept ist in [Bas85] beschrieben. Auch dabei werden Verarbeitung und Präsentation streng getrennt mit dem Ziel, daß der Benutzer bzw. der Fachadministrator das Layout auf dem Bildschirm selbst ändern kann, wenn er es für nötig hält, ohne daß die Programme davon betroffen sind. Natürlich können das nicht beliebige Änderungen sein; wenn Felder hinzugefügt werden, wird wohl auch deren Verarbeitung angestrebt. Es bleiben jedoch relativ viele Möglichkeiten übrig. Zu jedem Eingabefeld können definiert werden: 1. der Typ, 2. der Wertebereich, 3. ein Boolescher Ausdruck, in dem alle anderen Feldnamen auftreten dürfen, und 4. eine Fehlermeldung, die ausgegeben wird, wenn die Auswertung des Ausdrucks "falsch" ergibt. Das Programm kann also (wie auch bei der DTL) stets von "richtigen" Eingabedaten ausgehen; seine Aufgabe ändert sich insofern, als es die lokalen Prüfungen auf den Eingabedaten weglassen kann. Prüfungen, die den Zugriff auf die zentralen Datenbestände verlangen, müssen natürlich nach wie vor vom

Programm ausgeführt werden (eine syntaktisch richtige Kundennummer kann in der Datenbank völlig unbekannt sein).

Weiter ist es mit dem Karlsruhe Screen-Based Application System (den Namen erhielt es, weil Bass ein Forschungssemester in der Kernforschungsanlage Karlsruhe verbrachte) möglich, Teilmasken zu definieren und Beziehungen zwischen ihnen festzulegen, die das Blättern auf dem Bildschirm und sogar eine Selektion der darzustellenden Information ohne Inanspruchnahme des Programms zulassen. In dem Beispiel, das in [Bas85] verwendet wird, liefert das Programm die Datensätze aller Angestellten, sortiert nach Abteilungen. Der Name der Abteilung und die Summe der Gehälter ihrer Angestellten sind in einer Teilmaske enthalten, die Namen der Angestellten und ihr individuelles Gehalt (evtl. auch noch weitere Information) in einer anderen. Dem Maskenverwaltungssystem ist die 1:n-Beziehung zwischen den beiden Teilmasken bekannt, die Abteilungsmaske wird nur einmal ausgegeben, und zwar vor allen Angestelltenmasken, die zu dieser Abteilung gehören. Die Ausgabe der Masken in dieser Reihenfolge kann sogar noch an Bedingungen geknüpft werden, die über Boolesche Variablen realisiert werden. Der Benutzer kann die Ausgabe mit einer Menü-Maske beginnen, in der er fragt, ob eine detaillierte Auflistung aller Angestellten oder nur die summarische Information über alle Abteilungen gewünscht wird. Die Auswahl bewirkt das Setzen der entsprechenden Booleschen Variable, die anschließend das Ausgeben der Angestelltenteilmaske nach der Abteilungsteilmaske zuläßt oder unterdrückt.

Dahinter steht, wie gesagt, das sehr wichtige Prinzip, möglichst alle Fragen der Präsentation aus den Anwendungsprogrammen herauszulösen und nur die Verarbeitung (mit Zugriff auf Datenbanken etc.) übrigzulassen. Dieser Ansatz wird zunehmende Bedeutung gewinnen, weil sich die Darstellungskapazität der Terminals weiter vergrößern wird (Stichwort: Graphik). Das TAP eines Reservierungssystems liefert die freien Plätze in kompakter, tabellarischer Form an die Präsentationskomponente, die sie dann je nach Terminaltyp graphisch oder tabellarisch darstellt. Eine graphische Darstellung wäre z.B. bei der Reservierung von Sitzen im Flugzeug oder im Theater sehr hilfreich. Leider gibt es dafür noch zu wenig syntaktische Unterstützung; die Trennung in Verarbeitung und Präsentation ist weitgehend dem Gefühl des Entwerfers überlassen. Auch bei TP-Monitoren, die noch keine eigene Sprache bei der Maskendefinition wie die DTL oder das Karlsruher System zulassen, könnte man problemlos das Mittel der Programmverkettung einsetzen, um diese Trennung zu realisieren. Ein ganz wesentlicher Gesichtspunkt dabei ist auch, daß die reine Verarbeitungsleistung eines TAP in gleicher Weise menschlichen Benutzern (mit Aufbereitung) wie anderen

Rechnern in offenen Netzen (ohne Aufbereitung) zur Verfügung stehen könnte. Auf diesen Aspekt wird im letzten Kapitel noch einmal eingegangen.

2.1.2.6. Asynchrone Programme und freilaufende Nachrichten

Für die TAP-Erstellung wurde bisher der synchrone Fall der Terminal-Ein-/Ausgabe zugrundegelegt. Man spricht auch vom ''strengen'' Dialog: Während das Programm ausgeführt wird, wartet das rufende Terminal auf die Antwort. Bei verschiedenen Geräten ist dann sogar die Tastatur blockiert. Nur dann ist es sinnvoll, von einem Dialogschritt zu sprechen; die dabei verstreichende Zeit ist die sog. Antwortzeit des Systems. Während der Benutzer die Antwort liest, weitere Daten einträgt und schließlich die Maske wieder absendet, ist kein Programm aktiv (oder es wartet synchron, wenn Konversationsprogramme benutzt werden). Dafür wird manchmal der Begriff der ''Anti-Transaktion'' gebraucht, hier müßte man genauer vom ''Anti-Dialogschritt'' sprechen. Geläufiger ist die Bezeichnung ''Denkzeit'' für die dabei verstreichende Zeitspanne. Bei strengem Dialog wechseln sich Antwortzeit und Denkzeit also ab.

Bei der Diskussion der Benutzerschnittstelle (in 2.1.1) war bereits von asynchronen Vorgängen die Rede, bei denen kein strenger Dialog mit dem Benutzer mehr stattfindet und bei dem die Begriffe Dialogschritt und Antwortzeit etwas schwieriger werden. Auch innerhalb des Systems und möglicherweise unsichtbar für den Benutzer können asynchrone Vorgänge gestartet werden, indem ein TAP eine Nachricht absendet, die nicht an das rufende Terminal adressiert ist (Default), sondern einen TAC enthält, der als asynchron gekennzeichnet ist. Die Ausführung läuft dann im Hintergrund ab, sie kann eine (asynchrone) Ausgabenachricht an jedes beliebige Terminal senden, sie muß es aber nicht. Solche Programme sollten alle Haushaltungs- und Aufräumungsarbeiten übernehmen, die nicht so zeitkritisch sind und deshalb die Antwortzeit im strengen Dialog nicht vergrößern sollten. Ein typisches Beispiel ist die Nachbestellung von Artikeln, wenn die Warenausgangstransaktion den Lagerbestand unter einen gewissen Schwellenwert reduziert hat.

Die Programmschnittstelle solch asynchroner TAPs gleicht im Prinzip der synchroner TAPs. Sie nehmen ebenfalls eine Nachricht in Empfang und können auch wieder eine Nachricht absenden, entweder an ein weiteres asynchrones Programm oder an ein Terminal. Bei KDCS wurden diese Operationen von denen des strengen Dialogs auch syntaktisch abgesetzt; statt mit MGET (Message Get) muß die Eingabenachricht mit FGET (Free Message Get?) gelesen werden [KDCS79]. Der TP-Monitor kann dadurch prüfen, ob das Programm sich auch der Tatsache "bewußt" ist, daß es asynchron abläuft. Natürlich dürfen Asynchronprogramme auch kein MPUT absetzen, sondern nur FPUTs. Es ist bei KDCS auch möglich, ein und dasselbe Programm einmal synchron auszuführen und einmal asynchron. Nur der TAC muß eindeutig mit dem Attribut synchron oder asynchron behaftet sein, das Programm fragt ihn ab und verzweigt intern entsprechend. Man sollte von dieser Möglichkeit allerdings nur selten Gebrauch machen, weil sie die Überschaubarkeit im Zusammenspiel der TAPs reduziert.

Jede asynchrone Programmausführung definiert einen eigenen Vorgang. Eine Programmverkettung ist nur wieder über freilaufende Nachrichten möglich, und das bedeutet einen weiteren asynchronen Vorgang. PEND PA bzw. PR (s. oben Tab. 2.1) ist dagegen in Asynchronprogrammen nicht zugelassen.

Einen Sonderfall der asynchronen Verarbeitung stellen zeitgesteuerte Vorgänge dar. Sie werden nicht durch das Eintreffen einer Nachricht ausgelöst, sondern zu einem vorgegebenen Zeitpunkt gestartet. Eine solche Möglichkeit ist in der KDCS, so wie sie genormt wurde, noch nicht vorgesehen [DIN84b], es gibt jedoch schon entsprechende Erweiterungsvorschläge [JMW86]. In einem neuen Kommando DPUT wird zusammen mit einer Nachricht auch der Zeitpunkt festgelegt (absolut oder relativ), zu dem der asynchrone Vorgang starten soll. Einen solchen Mechanismus gibt es bei vielen TP-Monitoren; bei CICS etwa steht dafür das START-Kommando zur Verfügung [CICS80].

2.1.2.7. Kompatible Schnittstellen

Es war schon sehr häufig von der "Kompatiblen Datenkommunikations-Schnittstelle" (KDCS) die Rede; in diesem Abschnitt soll dargelegt werden, welche Motivation zu ihrer Entwicklung geführt hat und welche Erfahrungen mit ihr gemacht wurden [Kli82]. Die Initiative ging von einer großen Anwendergemeinschaft aus, den öffentlichen Verwaltungen des Bundes und der Länder in der Bundesrepublik Deutschland. Für sie stellte sich das Problem, daß die Aufgaben zwar in allen Bundesländern ähnlich oder sogar (durch Gesetz vorgeschrieben) gleich waren, in den Landesrechenzentralen jedoch Anlagen verschiedener Hersteller installiert waren, so daß die

Software-Systeme oft mehrfach entwickelt werden mußten.

Ein ähnliches Problem ergibt sich für Software-Häuser, die Standard-Software entwickeln und in verschiedenen Betriebssystem-Umgebungen zum Ablauf bringen wollen. Und auch für einen einzelnen Anwender sind systemneutrale Schnittstellen dann von sehr großer Bedeutung, wenn er den Hersteller wechseln möchte, ohne seine selbsterstellte Software in größem Umfang ändern oder neuschreiben zu müssen. In allen diesen Fällen bietet es sich an, eine Abstraktionsschicht zwischen die Anwendungsprogramme und die Systemsoftware zu legen, die allein vom Wechsel der Hardware- und Betriebssystem-Umgebung betroffen wäre.

Beim Bundesministerium des Innern ist der sog. Kooperationsausschuß ADV angesiedelt, der es sich u.a. zur Aufgabe gemacht hatte, eine solche Abstraktionsschicht zu entwerfen, die den Programmen kompatible Schnittstellen bietet. Dazu wurde bezüglich der TP-Monitore die KDCS definiert, deren Operationen durch Schnittstellen-Umsetzer auf die Operationen eines bestimmten TP-Monitors abgebildet werden. Programme, die nur die KDCS benutzen, können dann unter allen TP-Monitoren ablaufen, für die es einen solchen Schnittstellen-Umsetzer gibt. Da Siemens den TP-Monitor UTM für das Betriebssystem BS2000 erst relativ spät entwickelt hat, konnten sie die KDCS, die schon hinreichend präzise definiert war, direkt als Programmschnittstelle verwenden. Für UTM ist also kein Umsetzer nötig.

Natürlich reicht die Verwendung der KDCS allein noch nicht aus, um die Anwendungsprogramme portabel zu machen. Die erste Voraussetzung ist, daß die Programmiersprache selbst hinreichend standardisiert ist. In dieser Richtung gibt es jedoch schon seit langem Bestrebungen, die so weit fortgeschritten sind, daß dieser Punkt als gelöst betrachtet werden kann. Was aber ebenfalls die Einführung kompatibler Schnittstellen notwendig machte, waren die verschiedenen Methoden des Datei- und Datenbankzugriffs. Für normale Dateien wurde die ''Kompatible Systemdatei-Schnittstelle'' (KSDS) geschaffen, für Datenbanken die ''Kompatible Datenbank-Schnittstelle'' (KDBS). Die letztere wurde noch aufgeteilt in die ''Kompatible lineare Datenbank-Schnittstelle'' (KLDS), die vom Funktionsumfang mit der KSDS identisch ist, jedoch auf ein Datenbanksystem aufgesetzt wird, und die ''Kompatible komplexe Datenbank-Schnittstelle'' (KKDS), die auch hierarchische Strukturen kennt und entsprechende Operationen zum Navigieren enthält. Aus der heutigen Sicht wäre es wahrscheinlich besser gewesen, die Trennung zwischen Dateien und Datenbanken auf dieser abstrakten Ebene aufzugeben und nur nach eine ''Kompatible Daten-Schnittstelle'' (KDS) einzuführen, die dann evtl. Funktionsgruppen unterscheiden könnte (linear - komplex wie bei der KDBS).

Die K-Schnittstellen, wie sie auch kurz genannt werden, sind inzwischen sehr genau festgelegt und in Broschüren beschrieben [KSDS79, KDBS79, KDCS79]. KDCS wurde auch als DIN-Norm 66 265 verabschiedet [DIN84b], KLDS als DIN-Norm 66 263 [DIN84a]. Die Normung von KDBS läuft zur Zeit noch. Es liegen schon zahlreiche Ergänzungsvorschläge vor, so z.B. die Einführung des PEND KP, wie er bei UTM schon realisiert ist, aber noch nicht zur KDCS gehört, die in den einschlägigen Ausschüssen und Gremien beraten werden.

Als Vorteile haben sich im praktischen Einsatz neben der Portabilität der Anwendungssoftware vor allem eine leichtere Erlernbarkeit und die Möglichkeit der gemeinsamen Systementwicklung an verschiedenen Standorten auf verschiedenen Anlagen herausgestellt [Pä82]. Als nachteilig erweist sich dagegen, daß die K-Schnittstellen nur die Programmierung betreffen. Alle Generierungstabellen, Dateideklarationen, Datenbank-Schemata und Bildschirmmasken außerhalb der Programme müssen nach wie vor in jedem System neu erstellt werden, und der damit verbundene Aufwand ist, wie sich in Abschnitt 2.3 noch zeigen wird, nicht gering. Auch gibt es keinerlei Richtlinien für die gemeinsamen Einsatz von KDCS und einer der Datenschnittstellen, obwohl sich dabei eine Reihe von wichtigen Fragestellungen ergibt (Kapitel 3). Zu diesem Punkt gibt es zahlreiche Ergänzungswünsche an die Schnittstellen in ihrer jetzigen Form.

Trotz guter Erfahrungen im harten Einsatz mit vielen verschiedenen Basissystemen [Pä82] läßt die Akzeptanz bei einigen Anwendern noch zu wünschen übrig, weil oft die Schwierigkeiten schon groß genug sind, mit dem TP-Monitor allein fertigzuwerden, und keinerlei Bedarf besteht, sich durch die Installation eines Umsetzers zusätzliche Komplexität aufzuhalsen. Das Funktionieren des eigenen Rechenzentrums hat allemal Vorrang vor der Zusammenarbeit mit anderen. Auch weit weniger rationale Gründe spielen oft eine Rolle, so die emotionale Bindung an einen bestimmten Hersteller.

Immer wieder wird auch der Performance Verlust durch die zusätzliche Abbildungsschicht herausgestellt. Dem widerspricht Pätzold in [Pä82] allerdings vehement, und für KDCS ist die Argumentation auch plausibel. Für KDBS stimmt sie allerdings nur insoweit, als durch den Einsatz des Umsetzers nicht zusätzliche DB-Zugriffe generiert werden, und das ist bei Datenbanksystemen, die nicht nach dem hierarchischen Datenmodell organisiert sind, des öfteren der Fall. Daß der Zusatzaufwand bei IMS weniger als 3% beträgt, ist durchaus möglich, doch wie er bei anderen DBS ausfällt, ist bei [Pä82] nicht erwähnt. Dennoch bleibt die Frage, ob es sich lohnt, Millisekunden einzusparen, wenn dafür an anderer Stelle Mannmonate für Wartungs- und Umstellungsaufgaben geopfert werden müssen. Die Chancen für die Durchsetzung kompatibler

Schnittstellen sind eigentlich recht gut.

Da die KDCS immerhin so etwas wie die Quintessenz aus den Programmschnittstellen zahlreicher TP-Monitore darstellt und ihr Entwurf sicherlich eine beachtliche Abstraktionsleistung war, ist sie in diesem Buch bisher schon mehrfach angeführt worden. Sie wird auch im folgenden als Beispiel oder "Prototyp" einer Programmschnittstelle von TP-Monitoren dienen.

2.1.3. Die Programmiererschnittstelle

Unter dem Begriff der Programmiererschnittstelle sollen alle Vorrichtungen zusammengefaßt werden, die mit dem Erstellen von TAPs zusammenhängen, also Editoren, Bibliotheksverwaltung, Übersetzer, Binder, Lader, Testwerkzeuge usw. Bei verschiedenen TP-Monitoren ist das überhaupt nicht vorgesehen; man ist hier allein auf die Hilfsmittel des Teilnehmerbetriebs angewiesen. Andere bieten eine vollständige Entwicklungsumgebung, die in etwa über die gleiche TAC-Schnittstelle zugänglich ist wie nachher das fertige Transaktionssystem. Das letztere gilt vor allem für die sog. Programmiersprachen der Vierten Generation.

Daß TP-Monitore überhaupt mit Werkzeugen für die Programmentwicklung ausgestattet wurden, hatte damit zu tun, daß sie auch unter Stapel-Betriebssystem ablaufen sollten, die in dieser Hinsicht sehr wenig zu bieten hatten. Die nächste Generation von Betriebssystemen verfügte dagegen meist schon über zahlreiche Dialogwerkzeuge wie Editoren, die dann in den TP-Monitoren nicht mehr notwendig waren. Erst mit dem neuen Ansatz der Endbenutzerprogrammierung und dem Einsatz spezieller Werkzeuge für den Transaktionsbetrieb hat sich wieder eine umgekehrte Tendenz ergeben. Eine gute Übersicht liefert der Artikel von Rowe [Ro85], dessen Gliederung hier übernommen werden soll.

Danach gibt es fünf Klassen von Werkzeugen für die Entwicklung von Transaktionssystemen:

- höhere Programmiersprachen (high-level programming languages)
- Maskendefinitionssysteme
- Anwendungsgeneratoren
- Programmentwicklungswerkzeuge
- integrierte Entwicklungsumgebungen

Als entscheidende Merkmale der höheren Programmiersprachen in bezug auf den Transaktionsbetrieb werden Konstrukte für den *Datenbankzugriff* und die *Bildschirm-Ein-/Ausgabe* angesehen. Sie können durch CALL-Schnittstelle, Präprozessor-Anweisungen oder Spracherweiterungen verfügbar gemacht werden. Die sicherste Lösung stellen die Spracherweiterungen bzw. ganz neue Sprachen dar (Vierte Generation als Beispiel), die allerdings zum einen neu implementiert und zum anderen gelernt werden müssen.

Für die *Maskendefinition* kommen drei Verfahren in Frage: die sprachliche Beschreibung (Text), die Definition im Dialog (Frage und Antwort) und die Definition auf einen Bildschirm nach dem WYSIWYG-Prinzip (''what-you-see-is-what-you-get''). Die sprachliche Beschreibung erfolgte bei den ersten Systemen noch mit Hilfe von Assembler-Makros. Das in 2.1.2.5 vorgestellte Verfahren von Tandem bedient sich bereits COBOL-ähnlicher Sprachmittel. Ein wesentlicher Vorteil dieses Ansatzes ist potentiell die Portabilität; ein Text zur Maskendefinition kann sehr viel einfacher auf ein anderes System übertragen werden als ein Modul. Nützen kann er dort natürlich nur dann etwas, wenn ein vergleichbares Übersetzungs- und Generierungssystem zur Verfügung steht. Die gleiche Argumentation gilt auch für die Frage-Antwort-Systeme - Rowe führt als Beispiel den Interactive Application Generator (IAG) von Oracle an -, die ja nur eine Unterstützung bei der Erstellung der Textdefinition von Masken bieten.

Eine andere Qualität haben die *Maskeneditoren*, die es inzwischen zu fast jedem System gibt: Screen Definition Facility (SDF) von IBM für BMS, Interactive Format Generator (IFG) von Siemens für FHS usw. Sie erlauben es, eine Maske auf dem Bildschirm so zu ''zeichnen'', wie sie später beim Einsatz auch aussehen soll. Der große Vorteil dabei ist, daß man das Bild der Maske sofort vor Augen hat und direkt verändern kann, ohne daß zwischendurch ein langwieriger Übersetzungs- und Ausführungsvorgang stattfinden muß. Die Effektivität ist deutlich größer als bei den beiden anderen Verfahren.

Portabilität ist mit diesen Werkzeugen aber meist schwieriger zu erreichen als mit den textorientierten Ansätzen. Es wäre deshalb zu überlegen, ob man beide insoweit miteinander kombinieren könnte, daß zum einen der Editor auf Wunsch auch eine sprachliche Definition der Maske erzeugen kann, die man ggf. auf ein anderes System transferieren könnte. Umgekehrt wäre es sinnvoll, wenn ein Editor auch eine sprachliche Beschreibung einlesen und der weiteren Bearbeitung im Dialog zugänglich machen könnte. Die sprachliche Darstellung hätte dann die Funktion eines systemunabhängigen Austauschformats (vergleichbar der IGES für graphische Information [IGES83]). Ob es eine solche Kombination von sprachlicher Definition und Editor schon gibt, ist nicht bekannt.

Was von Rowe in [Ro85] nicht ausreichend gewürdigt wird, sind die verschiedenen Möglichkeiten der *Vorverarbeitung der Datenfelder* in den Masken, wie sie in 2.1.2.5 dargestellt wurden. Alle diese Prüfungen und Transformationen, die die DTL oder das Karlsruher System vorsehen, werden sinnvollerweise mit der Maskendefinition verknüpft und müssen in der sprachlichen Beschreibung oder dem Editor ausdrücklich berücksichtigt werden. [Bas85] sieht so etwas auch vor.

Der Begriff des *Anwendungsgenerators* ist bei Rowe sehr weit gefaßt. Wesentlich für das Verständnis ist, daß eine Spezifikation in einer nicht-prozeduralen Sprache erfolgt, aus der direkt die ganze Anwendung oder ein Teil davon erzeugt werden kann. Typische Beispiele sind Listengeneratoren. Sie können als Teil einer höheren Programmiersprache realisiert sein (z.B. COBOL), durch Übersetzung in eine höhere Programmiersprache oder als eigenständige Sprache. Es muß in jedem Fall eine Einbindung in die übrige Entwicklungsumgebung erfolgen. Insbesondere im dritten Fall muß gewährleistet sein, daß ein Aufruf der separat erstellten Moduln aus dem Rest des Systems erfolgen kann.

Nun besteht auch schon bei den Anwendungsgeneratoren, die zu einer konventionellen Entwicklungsumgebung gehören, ein gravierender Unterschied etwa zwischen dem COBOL-Report-Generator und einem Programmgenerator wie DELTA [Cla82a]. Der Report-Generator stellt tatsächlich eine nicht-prozedurale Definition eines sehr eingeschränkten Teilgebiets dar, während beim Programmgenerator stets der prozedurale Code sichtbar (und manipulierbar) bleibt, der als Ausgabe erzeugt und anschließend vom normalen Compiler weiterverarbeitet wird. Noch größer werden die Unterschiede, wenn das weite Feld der Programmiersprachen der Vierten Generation betreten wird. Zuvor soll jedoch der Entwicklungsprozeß mit den soweit beschriebenen konventionellen Werkzeugen dargestellt werden.

Nur wenige TP-Monitore bieten eine Entwicklungsumgebung an ihrer Benutzerschnittstelle an; ein Beispiel ist COM-PLETE [COM]. Der übliche Weg ist inzwischen der, daß die Teilnehmerschnittstelle des BS zur Programmentwicklung genutzt wird, für Stapelprogramme wie auch für TAPs. Abb. 2.11 stellt die Schritte bei der Erstellung von TAPs übersichtsartig dar (vgl. 2.1.2.1).

Es können dabei genau die beiden Werkzeuge benutzt werden, die bisher vorgestellt worden sind: Eine höhere Programmiersprache (mit speziellen Befehlen für die Bildschirm-Ein-/Ausgabe und den Datenbankzugriff) und ein Maskendefinitionssystem. Die Maskendefinition erzeugt einerseits einen Modul, der vom TP-Monitor zur Laufzeit geladen wird und alle Informationen zum Aufbau der Maske enthält. Es kann sich

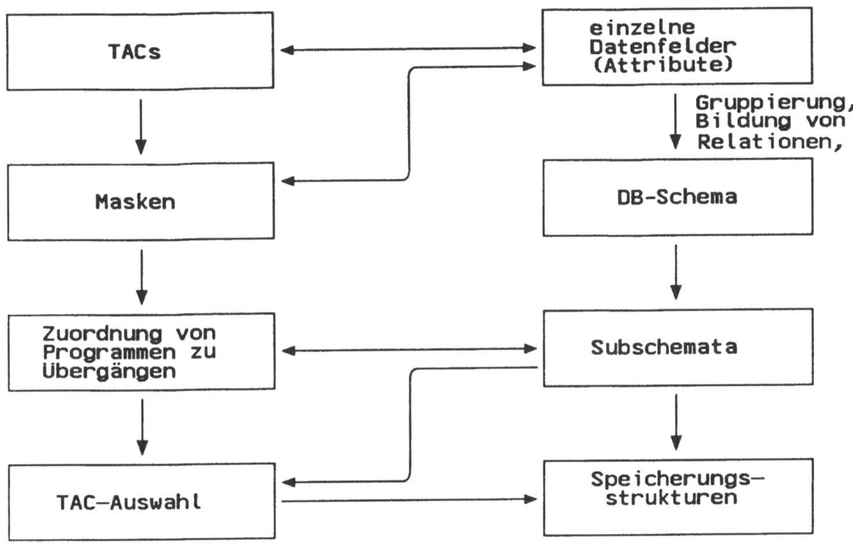

Abb. 2.11: Die Schritte bei der TAP-Erstellung und die Gegenüberstellung des Datenentwurfs (am Beispiel der Datenbank)

um einen ausführbaren Modul handeln oder um einen reinen Datenmodul. Andererseits wird eine Satzstruktur in der gewünschten Programmiersprache erzeugt, die genau das Format der vom TAP eingelesenen bzw. ausgegebenen Nachricht beschreibt und in das zu erstellende Programm einkopiert werden sollte (in COBOL mit COPY, in PL/1 mit %INCLUDE usw.). Dieses Programm wird mit dem normalen Editor erstellt, übersetzt und ebenfalls in einer Modulbibliothek abgelegt. Das Zusammenspiel der Werkzeuge ist in Abb. 2.12 veranschaulicht.

In dieser Entwicklungsumgebung können zahlreiche weitere Werkzeuge unterstützend eingesetzt werden. Speziell die Komplexität der Dialogschrittprogrammierung sollte dadurch überschaubarer gemacht werden. Ein *Verwaltungssystem* könnte die Maskenübergänge, die Zuordnung von TAPs zu diesen Übergängen und die Struktur der Vorgangsgedächtnisse bereithalten, um daraus bei Bedarf die Spezifikation eines einzelnen TAPs (entsprechend Abb. 2.7) abzuleiten oder sogar einen Programmrahmen zu generieren. Insbesondere die Mehrfachverwendung eines TAPs in verschiedenen Vorgängen sollte dadurch leichter kontrollierbar sein. Wenn schließlich

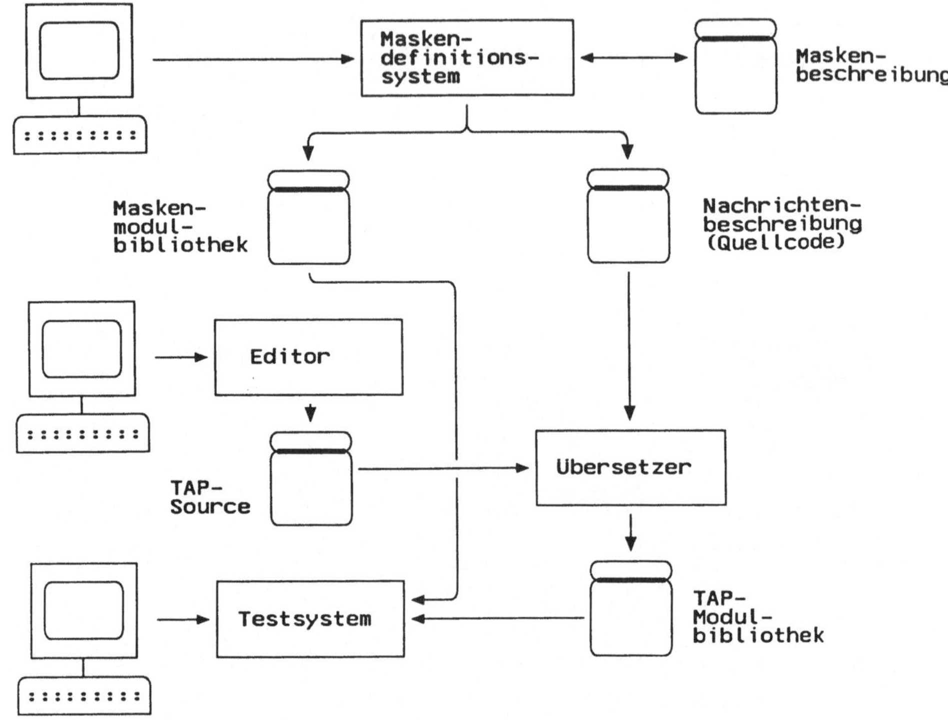

Abb. 2.12: Die konventionelle Entwicklungsumgebung für TAPs

auch noch die Beziehungen zwischen den Datenfeldern in den Nachrichten und den Speicherbereichen verwaltet werden, ist dies bereits ein großer Schritt in Richtung auf ein Data-Dictionary-System [ALM82]. Die Zahl der wechselseitigen Abhängigkeiten zwischen den Programmen ist so groß, daß die Unterstützung durch geeignete Werkzeuge geradezu notwendig ist, um frühzeitig Fehler zu erkennen.

Natürlich ist es auch dann noch erforderlich, die erzeugten TAPs zu testen. Dazu muß entweder das Transaktionssystem generiert werden (das ist Aufgabe der Administration, s. 2.1.4), oder es ist eine spezielle *Testumgebung* bereitzustellen, die mit weniger Aufwand konfiguriert wird und zugleich mehr Information über die Testläufe aufzeichnen kann. Bei manchen Systemen werden die TAPs dazu im Batch ausgeführt, sie lesen die Eingabenachrichten aus einer Datei (z.B. SHADOW II [SHAD]). Andere simulieren die Ablaufumgebung im Teilnehmerbetrieb, so daß der

Programmierer mit seinem Terminal (als einzigem) so arbeiten kann, wie es bei laufendem System die vielen Endbenutzer tun, zugleich aber alle Ausgabe-, Trace- und Dump-Möglichkeiten des Teilnehmerbetriebs zur Verfügung hat (z.B. UTM-T [UTM85a]). Wenn TP-Monitore das dynamische Hinzufügen von TAPs im laufenden Betrieb gestatten, kann auch ein schon existierendes System zum Testen genutzt werden. Das ist sehr realistisch, aber auch sehr gefährlich, weil das TAP evtl. noch Fehler enthält und Dateien des Produktionssystems zerstört. In solch einem Fall muß der TP-Monitor für strikte Isolierung sorgen können, z.B. indem er die neuen TAPs in einen separaten Adreßraum legt und die Zugriffe auf die Dateien und Datenbanken nur simuliert [CICS82].

Wenn beim Test ein Fehler aufgetreten ist, muß er zuerst lokalisiert (symbolische Dumps sind selten!) und dann korrigiert werden. Dazu muß die Testumgebung verlassen werden, und der Programmierer beginnt erneut mit dem Editieren des TAP-Quellcodes oder sogar mit der Änderung von Masken. Auf jeden Fall ist dieser Zyklus recht langwierig, und es kommt noch hinzu, daß der Programmierer die anfallenden Dateien (Quellcode, Bibliotheken usw.) selbst verwalten muß. Programmgeneratoren wie DELTA ändern daran prinzipiell nichts, sie erleichtern nur die Erstellung und evtl. auch die Korrektur des Quellcodes. Die Schritte bleiben jedoch die gleichen, es kommt sogar noch der Generatorlauf hinzu.

Ein wesentlicher Aspekt der sog. *Programmiersprachen der Vierten Generation* ist die Verkürzung dieses Entwicklungszyklusses. Editieren, ggf. Übersetzen und Ausführen eines TAPs finden in derselben Umgebung statt, sind also Funktionen eines erweiterten Transaktionssystems. Die Masken werden nur über ihre Namen angesprochen, die Bibliotheksverwaltung übernimmt der TP-Monitor (bzw. ein herstellereigenes TAP). Das gleiche gilt für die Programme. Der Entwicklungsprozeß wird selbst über Masken und Menüs geleitet. Die Ausführung der Programme erfolgt interpretativ, was in der Testphase den entscheidenden Vorteil hat, daß alle Fehler direkt auf den Quellcode bezogen werden können (symbolisches "Debugging"). Für die Performance ist die Interpretation allerdings von Nachteil; deshalb bieten manche Systeme auch die Übersetzung für den Produktionseinsatz an (NATURAL, [NAT85]).

Dies ist die eine Entwicklungslinie, die zu den Sprachen der Vierten Generation geführt hat. Die andere geht von den *Datenbank-Abfragesprachen* (Query Languages) aus [Bol85]. Waren zunächst die Programmschnittstellen für den DB-Zugriff noch grundverschieden von diesen Abfragesprachen, so ist spätestens mit SEQUEL bzw. SQL [Ch76, Ch80] der Versuch einer einheitlichen Gestaltung unternommen worden. Wenn mächtige deskriptive Zugriffsoperationen zur Verfügung stehen, reduzieren sich, überspitzt ausgedrückt, manche Transaktionsprogramme auf eine einzige Abfrage mit der entsprechenden Maskenverarbeitung drumherum. Statt also erst ein TAP zu schreiben, kann man die Abfrage auch direkt in dem Query-System stellen, das die Präsentation der Ergebnisse in tabellarischer Form mit der Möglichkeit des Blätterns ja ohnehin schon beherrscht. Der nächste Schritt besteht darin, solche Abfragen unter einem Namen abzuspeichern, wenn sie wiederholt gebraucht werden, evtl. mit Platzhaltern für die aktuellen Parameter. Dann könnte die Eingabe dieser Parameter auch noch durch selbstdefinierte Masken erfolgen, so daß schließlich die gleiche Benutzerschnittstelle wie bei einem Transaktionssystem vorliegt. Dieser Weg wurde mit SQL eingeschlagen, mit DRIVE-SESAM und DRIVE-UDS von Siemens [Web86b] und auch mit Tandems ENFORM [Tan]. Eine systematische Behandlung ist in [Gr81b] zu finden.

Rowe fordert schon für die Anwendungsgeneratoren, daß sie eine nicht-prozedurale Spezifikation der Anwendung unterstützen sollen. Das gilt immerhin für den Report Generator von COBOL, aber bei weitem nicht für alles, was unter dem Etikett "Sprache der vierten Generation" angeboten wird. Cincom legt bei seinem Produkt MANTIS sogar Wert auf die Feststellung, daß es "prozedurale Mächtigkeit" [Am85, Cin81] besitzt. Viele Sprachen enthalten Kontrollstrukturen wie Verzweigungen und Schleifen, oft mit mächtigen nicht-prozeduralen Konstrukten durchsetzt ("AT BREAK OF" zum Gruppenwechsel bei NATURAL [NAT85]). Entscheidend für die Benutzbarkeit dürfte aber eher sein, ob hinreichend mächtige Operationen angeboten werden, die die Beschränkung des Anwendungsgebietes (eben auf Transaktionssysteme) ausnutzen, um Programmieraufwand zu sparen. Der richtigen Wahl von Default-Werten kommt dabei große Bedeutung zu.

Eine umfassende Darstellung von Sprachen der Vierten Generation hat James Martin in [Ma83, MLA84] vorgenommen. Er führt auch eine lange Liste der inzwischen auf dem Markt erhältlichen Systeme auf. Die Merkmale der Sprachen sind dabei so weit gefaßt, daß sogar APL in der Liste auftaucht. Kaum ein System wird allerdings sämtliche Funktionen bereitstellen, die Martin für wünschenswert hält (S. 36):

- einfache DB-Abfragen
- einfache DB-Abfragen und -Änderungen
- komplexe DB-Abfragen
- komplexe DB-Abfragen und -Änderungen
- schnelle Erzeugung einer Datenbank
- intelligente DB-Operationen (Integritätsbedingungen, Trigger)
- Erzeugung von Datenerfassungsmasken (mit Gültigkeitsprüfungen)

- Erzeugung von Änderungsmasken (mit Gültigkeitsprüfungen)
- eine prozedurale Sprache
- Tabellenkalkulation (Spreadsheet manipulation)
- Mehrdimensionale Matrixmanipulation
- Listenerzeugung
- Erzeugung von Grafiken
- Manipulation von Grafiken
- Entscheidungsunterstützung für "Was-wenn"-Fragen
- Werkzeuge für mathematische Analyse
- Werkzeuge für Finanzanalyse
- andere Werkzeuge zur Entscheidungsunterstützung
- Textverarbeitung
- Elektronische Post

Die zweite Hälfte dieser Liste enthält praktisch nur Funktionen, die erst mit dem Einsatz von persönlichen Computern (PCs) und Arbeitsplatzrechnern starke Verbreitung fanden. Für die "klassische" Transaktionsverarbeitung sind nur die erste Hälfte (einschl. der "prozeduralen Sprache") und die Listenerzeugung von Bedeutung.

Nun wird natürlich jeder Hersteller sein wie auch immer geartetes Entwicklungswerkzeug unter dem gewinnträchtigen Titel "Sprache der Vierten Generation" anbieten. Um hier die Spreu vom Weizen zu trennen, schlägt Martin folgende Mindestanforderungen vor (S. 37):

- Benutzerfreundlichkeit
- Ein nicht-professioneller Programmierer kann damit arbeiten
- Die Benutzung eines DBS ist direkt möglich
- Prozeduraler Code braucht um eine Größenordnung weniger Instruktionen
  als COBOL
- Nicht-prozeduraler Code wird benutzt, wo immer möglich
- Wo möglich, werden intelligente Vermutungen angestellt über das, was
  der Benutzer haben will (Default-Werte)
- Das System ist für den Dialogbetrieb entworfen
- Es erzwingt oder unterstützt strukturierten Code
- Es ist einfach, den Code anderer zu verstehen und zu warten
- EDV-Laien können einen Subset der Sprache in zwei Tagen lernen
- Fehlerentdeckung und -beseitigung ("debugging") ist einfach
- Ergebnisse liegen um eine Größenordnung schneller vor als bei
  Verwendung von COBOL oder PL/1

Über die Wirksamkeit dieser Kriterien läßt sich im Einzelfall sicher streiten; "Benutzerfreundlichkeit" etwa ist objektiv kaum meßbar, und mit der Lesbarkeit und Wartbarkeit hapert es, wenn die zu lösende Aufgabenstellung ein bißchen komplexer wird, bei praktisch allen Systemen. Dennoch vermittelt die Liste der Forderungen einen recht genauen Begriff davon, was Sprachen der Vierten Generation leisten sollen.

An die Programmierung durch den Endbenutzer selbst ist bei den meisten Systemen bisher allerdings nicht zu denken; der Verkaufserfolg beruht vor allem auf der Produktivitätssteigerung bei den Programmierern, die bisher mit COBOL o.ä. arbeiteten. Neben der schwachen Performance bei rein interpretativen Systemen trat vor allem ein Problem auf: Da die TAPs (oder wie immer man sie nun nennen will) sehr schnell erstellt werden konnten, gab es nach einer Weile so viele davon, daß niemand mehr den Überblick hatte und zahlreiche Redundanzen entstanden. Die Unterstützung durch ein Data Dictionary [ALM82] sollte also unbedingt noch in den Anforderungskatalog aufgenommen werden. Für NATURAL wurde mit PREDICT [NAT85] bereits eine sehr weitreichende Zusammenarbeit realisiert.

Wohl um die Einfachheit der Programmschnittstelle zu wahren, sind die TAPs aller Sprachen der Vierten Generation Konversationsprogramme. Es gibt überall den WRITE-READ-Befehl zur Terminal-Ein-/Ausgabe. Das kann zu einem weiteren Performance-Verlust in Systemen mit hoher Parallelität führen. Die Lösung kann um der Benutzerfreundlichkeit willen aber nicht darin bestehen, nun auch in diesen Sprachen die Dialogschrittprogramme vorzuschreiben. Stattdessen sollte ein Compiler die Zerlegung der Konversationsprogramme vornehmen. Versuche in diese Richtung werden zur Zeit gerade unternommen [Zi85]. Martin beklagt in diesem Zusammenhang das mangelnde Interesse der Informatik im wissenschaftlichen Bereich an derartigen Sprachen. Führende Experten der USA auf dem Gebiet der Programmiersprachen kannten nicht eine einzige der Sprachen der Vierten Generation. Von anderer Seite wurde denn auch schon der Vorwurf erhoben, daß die Entwerfer dieser Sprachen alle Fehler noch einmal machen, die in den konventionellen Programmiersprachen in den letzten zwanzig Jahren mühsam erkannt und beseitigt worden sind, insbesondere was Einfachheit, Strukturierung und Fehleranfälligkeit angeht. Ein systematischer Sprachentwurf, der sehr mächtige Operatoren mit der Möglichkeit ihrer effizienten Übersetzung (speziell die Zerlegung in Dialogschrittprogramme) vereinte, hätte sicher Aussicht auf Erfolg.

Zur Zeit hat Rowes Aussage noch Gültigkeit, daß die Sprachen der Vierten Generation vor allem in Systemen mit geringem Lastaufkommen eingesetzt werden, während in Hochleistungssystemen oft sogar noch in Assembler (!) programmiert wird. Rowe sieht hier die Möglichkeit, daß die Werkzeuge in den nächsten fünf Jahren auch in diesem Bereich an Bedeutung gewinnen werden, was vor allem von der Lösung der genannten Performance-Probleme abhängt. Die Effizienz bei der Programmierung und Wartung der Anwendungen wird dann sicherlich für eine breite Akzeptanz sorgen.

2.1.4. Die Administrationsschnittstelle

Die dritte und letzte Funktionsgruppe für den Anwender eines TP-Monitors umfaßt alle Einrichtungen, die zur Generierung und zum Betrieb eines Transaktionssystems notwendig sind. Sie hängen zum großen Teil von der Betriebssystemumgebung und dem Implementierungskonzept des TP-Monitors ab, die erst in den beiden folgenden Abschnitten erläutert werden. Deshalb kann die Darstellung hier nur unvollständig sein. Die wichtigsten Aufgaben der Administration sind:

- Systemgenerierung

- Definition von Zugriffsrechten, Aktivierung von Schutzmechanismen

- Änderung der Konfiguration im laufenden Betrieb (neue Terminals, Benutzer, Programme usw.)

- Aktivierung von Sicherungsmechanismen (Nachrichtenprotokoll, Sperren auf Dateien, Logging)

- Fehlerbehandlung (Bereitstellen von Diagnoseinformation, Wiederanlauf mit Warmstart, ggf. manuelle Reparatur, Deaktivieren fehlerhafter Programme)

- Definition von Zeitschranken (Erkennung von Endlosschleifen, Deadlocks usw.)

- Abrechnung, Statusinformationen, Statistiken, Messungen, Performance

- Anpassung an Lastsituationen (Tuning), Einstellen der Systemparameter (z.B. Prioritäten)

In der Systemdefinition wird die gesamte Konfiguration festgelegt und in einer Tabelle, mit Makros oder nach anderen syntaktischen Regeln aufgeschrieben. Dabei werden die logischen Namen innerhalb des Systems an die Namen auf Betriebssystemebene gebunden. Dies gilt für die Terminals und ggf. die Leitungen, wobei die "realen" Terminals wiederum durch logische Namen benannt sein können, die das Basiskommunikationssystem auf die physischen Geräte abbildet. Weiter werden TACs definiert und ggf. mit Masken und Programmen in Modulbibliotheken verknüpft. Zu jedem Benutzer sind der Name und das Paßwort anzugeben. Betriebssystemdateien, die von den TAPs aus benutzt werden sollen, müssen mit den entsprechenden Einrichtungen des Datenverwaltungssystems angelegt und dem TP-Monitor gegenüber definiert werden (FILE- oder DD-Anweisungen in der Kommandosprache). Der Anschluß an ein Datenbankverwaltungssystem (DBVS) muß ggf. hergestellt werden, was das Einbinden eines Verbindungsmoduls oder des gesamten DBVS bedeuten kann (s. Kapitel 3). Schließlich sind auch noch die internen Datenbereiche des TP-Monitors anzulegen und zu dimensionieren (maximale Größe etc.).

Wie die *Vergabe der Zugriffsrechte* zu erfolgen hat, hängt stark davon ab, welche Unterstützung der TP-Monitor in dieser Frage bieten kann. Es wurde zunächst als völlig ausreichend angesehen [Fe76], wenn er sog. Exits anbietet, die bei jeder Anmeldung eines Benutzer angesprungen werden und an die ein Anwender beliebige selbstgeschriebene Routinen hängen kann, die die Paßwortprüfung und dergl. vornehmen. Die Menge der TACs, die ein Benutzer aufrufen darf, kann dadurch allein noch nicht eingeschränkt werden, weil die Prüfung nur einmal bei der Anmeldung stattfindet. Natürlich kann man diese Abfrage des Benutzernamens auch in den Programmen selbst durchführen; das macht diese allerdings sehr wartungsintensiv.

Stattdessen gibt es z.B. bei DATACOM/DC [ADR80] weitere Exits, die beim Einlesen einer Maske benutzt werden (und dabei den TAC ersetzen sollen, denn sie haben das auszuführende Programm zu bestimmen). Diese Technik hat den Vorteil, daß der Anwender größte Freiheit bei der Gestaltung seiner Schutzvorkehrungen hat. Andererseits ist er aber auch gezwungen, sie in der aufwendigen Form von eigenen (Assembler-) Routinen und Tabellen zu realisieren. Bequemer ist es, die Zugriffsrechte der Benutzer auf Terminals, TACs, ggf. auch Programme, Dateien und Datenbanken in einer eigenen Syntax definieren zu können und die Überprüfung zur Laufzeit allein dem System zu überlassen.

Bei den Konfigurationsparametern, den Zugriffsrechten und den übrigen definitorischen Angaben, die noch folgen, stellt sich die Frage, zu welchem Zeitpunkt sie festgelegt werden müssen:

- bei der Generierung des Systems,
- beim Hochfahren oder
- zu beliebigen Zeiten auch während der Laufzeit.

Interessant ist vor allem, was auch noch während der Laufzeit angegeben oder geändert werden darf: Hinzufügen neuer Terminals, neuer Benutzer, neuer Programme usw. Ob die Systeme das zulassen, wird sehr stark durch die gewählte Implementierungstechnik bestimmt. Im Vorgriff auf Abschnitt 2.3 darf als Beispiel erwähnt werden, daß das Einbringen neuer Programme besonders dort auf Schwierigkeiten stößt, wo die TAPs statisch in den virtuellen Adreßraum des TP-Prozesses gebunden werden. Einfacher ist es dagegen bei allen Systemen, schon vorhandene Elemente nur zu aktivieren oder zu deaktivieren.

Ein Beispiel dafür bilden die ganzen *Sicherungsmaßnahmen* zur Vorbeugung für den Fehlerfall. Typischerweise kann die Protokollierung der Eingabe- und Ausgabenachrichten aktiviert werden (falls sie nicht obligatorisch ist). Ausgabenachrichten müssen auf jeden Fall gesichert werden, wenn man ihre Wiederholbarkeit nach einem Fehler gewährleisten will. Systeme mit einem ausgereiften Transaktionskonzept wie CICS oder UTM zeichnen sie deshalb in jedem Fall auf. Die Eingabenachrichten benötigt man nur für den Wiederanlauf einer Transaktion nach einem Systemfehler. Wenn man generell die Wiederholung der letzten Eingabe vom Benutzer verlangt, ist sie nicht erforderlich.

Die Sicherung der Dateien durch die Aufzeichnung von Before- und After-Images geänderter Sätze muß bei vielen Systemen ebenfalls explizit eingeschaltet werden. (Die Zeiten, in denen der Programmierer selbst die Information auf bestimmte Dateien schreiben mußte, sind hoffentlich vorbei). Dies geschieht oft dateibezogen, ''wichtige'' Dateien werden gesichert, ''unwichtige'' nicht. Es ist eine schwierige Aufgabe für den Administrator, hier zwischen dem Sicherheitsbedürfnis einerseits und dem Wunsch nach hoher Performance abzuwiegen. In Systemen mit einem Transaktionskonzept hat er diese Entscheidung (erfreulicherweise) nicht; der Hersteller muß allerdings sehr viel mehr in die effiziente Abwicklung des Logging investieren, damit der Overhead nicht zu groß wird.

Mit welchen Fehlern der Administrator rechnen und welchen Zustand er anschließend für den Benutzer oder das Programm wiederherstellen muß, ist in den vorangegangenen Abschnitten schon aufgezählt worden. Tabelle 2.2 faßt die Fälle noch einmal zusammen und ergänzt sie um die Maßnahmen, die der Administrator jeweils durchzuführen hat [MW86]. Vorausgesetzt ist dabei, daß die oben genannten Sicherungsmechanismen in ausreichendem Maße eingesetzt waren.

Was dem Benutzer gegenüber als Systemfehler erscheint, zerfällt aus der Sicht des Systems in zwei verschiedene Fälle. Bei einer Verklemmung (Deadlock) muß nur eine der beteiligten Transaktionen zurückgesetzt werden. Sie enthielt selbst keinen Fehler, so daß eine spätere Wiederholung durchaus Erfolg haben kann. Der TP-Monitor versucht dies entweder automatisch oder informiert das TAP, das dann zum Anfang springt und von vorne beginnt. Bei einem Systemausfall dagegen wird durch den

- 80 -

Administrator ein Wiederanlauf veranlaßt, in dessen Verlauf die offenen Transaktionen zurückgesetzt werden. Wurden die Eingabenachrichten aufgezeichnet, können die Transaktionen anschließend erneut gestartet werden. Andernfalls muß der Benutzer seine letzte Eingabe wiederholen.

<table>
<tr>
<td>Benutzer</td>
<td>Bedie-
nungs-
fehler</td>
<td colspan="2">Systemfehler

(evtl. unbemerkt)</td>
<td colspan="2">Anwendungsfehler</td>
</tr>
<tr>
<td>Programm</td>
<td rowspan="3">explizite
Behand-
lung</td>
<td>Wieder-
holen</td>
<td colspan="2"></td>
<td>ABORT-
Aufruf</td>
</tr>
<tr>
<td>TP-Monitor</td>
<td>Deadlock

Rücksetzen
Restart</td>
<td>System-
fehler
Rücksetzen</td>
<td>Exception

Rücksetzen</td>
<td>Rücksetzen</td>
</tr>
<tr>
<td>Admini-
stration</td>
<td></td>
<td>Restart</td>
<td colspan="2">Diagnoseinformation,
ganz oder teilsweise
deaktivieren</td>
</tr>
</table>

Tabelle 2.2: Fehlerfälle in einem Transaktionssystem und ihre Behandlung auf den verschiedenen Ebenen

Auch bei den Anwendungsfehlern gibt es zwei Fälle. Das TAP kann durch einen Aufruf an den TP-Monitor selbst "die Notbremse ziehen" und vom TP-Monitor das Zurücksetzen der Transaktion verlangen. Das ist nicht zu verwechseln mit der Behandlung eines Eingabefehlers, die ja auch keine Änderungen in den Datenbeständen hinterlassen, aber noch eine aussagekräftige Nachricht an den Benutzer senden sollte. Der ABORT-Aufruf ist nur für den Fall gedacht, daß das Programm "nicht mehr weiter weiß", also für "unmögliche" Situationen, die durch eine Plausibilitätsprüfung o.ä. erkannt wurden. Es kann noch eine Ausgabenachricht erzeugt werden, aus der hervorgehen muß, daß eine Wiederholung des gescheiterten Vorgangs nicht sinnvoll ist. Zusätzlich sollte der TP-Monitor den Administrator informieren, daß ein Fehler vorliegt, der eine Korrektur durch den Programmierer verlangt.

Ein ähnlicher Fall tritt ein, wenn das Programm eine Division durch Null ausführen oder geschützte Bereiche des Adreßraums überschreiben will ("exception" oder "machine check" genannt). Der TP-Monitor definiert dem Betriebssystem gegenüber spezielle Unterprogramme, die in einem solchen Fall aufgerufen werden sollen (mit einem SPIE- oder STIXT-SVC). Diese Routinen müssen die gleichen Aktionen veranlassen wie beim ABORT-Aufruf des Programms. Auch hier wird also die Administration informiert, und ihre Aufgabe besteht wiederum darin, die nötige Diagnoseinformation zu erstellen (sofern das System das nicht automatisch tut) und auszuwerten. Es muß eine Korrektur des betroffenen Programms veranlaßt werden; bis sie vorliegt, sind die TACs dieses Programms für alle Benutzer zu sperren. Der TP-Monitor sollte dafür angemessene Mechanismen bereitstellen.

Die *Definition von Zeitschranken* ist eine weitere, nicht ganz einfache Aufgabe für den Systemadministrator. Es kann Zeitschranken für die folgenden Abläufe geben:

- Warten auf die nächste Eingabe vom Terminal innerhalb eines Vorgangs

- Warten auf die nächste Eingabe vom Terminal innerhalb einer Transaktion
  (in beiden Fällen sind Ressourcen belegt, während einer Transaktion natürlich erheblich mehr, und der Benutzer darf zwischendurch nicht einfach eine Kaffeepause einlegen)

- Warten auf die Freigabe einer Ressource durch eine andere Transaktion
  (dies wird zur unscharfen Deadlock-Erkennung zwischen TP-Monitor und DBS genutzt, vgl. Kapitel 3)

- Ausführung von Programmcode zwischen zwei Aufrufen an den TP-Monitor
  (zur Erkennung von Endlosschleifen)

Die Wahl der jeweiligen Zeitschranke erfordert Fingerspitzengefühl, weil ein zu großer Wert bewirkt, daß unerwünschte Situationen gar nicht oder erst sehr spät erkannt werden, ein zu kleiner aber mit der Gefahr verbunden ist, bei Überlast auch ''normale'' Situationen als unzulässig einzuschätzen. Was die Zeitschranke für die Programmausführung angeht, so weist Feltham [Fe76] noch darauf hin, daß Endlosschleifen von den meisten Systemen dann nicht erkannt werden, wenn sie Aufrufe an den TP-Monitor enthalten, weil die Zeitschranke dann jeweils neu gesetzt wird. Die Verwaltung sehr vieler Zeitgeber, wie sie im Zusammenhang mit einem Transaktionssystem gefordert ist, kann manchen Betriebssystemen übrigens einige Schwierigkeiten machen (Abschnitt 2.2).

Zu den wichtigen Hilfsmitteln des Systemverwalters zählen weiterhin alle Einrichtungen, die im weitesten Sinne *Auskunft über das Systemverhalten* liefern. Sie dienen zum einen dazu, eine Abrechnung (Accounting) vorzunehmen, bei der die Benutzer gemäß ihrem Ressourcenbedarf belastet werden. Man hätte also gern eine genaue Auflistung, welche TACs jeder Benutzer wie oft aufgerufen hat, wieviel Rechenzeit er dabei verbrauchte, wieviele Plattenzugriffe damit verbunden waren usw. Zum anderen dienen die Auskunftsfunktionen dazu, ständig die Leistung des Systems zu überprüfen und ggf. Engpässe zu erkennen. Das beginnt mit einfachen Statusinformationen, die den augenblicklichen Systemzustand wiedergeben (Zahl der Benutzer, Zahl der aktiven Programme, Auslastung des Hauptspeichers usw.), und führt über die nachträgliche Auswertung der Protokolldateien (Log) schließlich zu umfangreichen Aufzeichnungen im laufenden Betrieb (Traces), die in detaillierten Auswertungen und Statistiken ein genaues Bild der System-Performance vermitteln. Bei Systemen wie CICS, die sehr weit verbreitet sind, gibt es entsprechende Zusatz-Software sogar von unabhängigen Software-Häusern. Die Frage der Performance-Untersuchung wird, unter einem etwas anderen Blickwinkel, in Kapitel 4 noch einmal aufgegriffen.

Schließlich muß es für den Administrator auch noch die Möglichkeiten geben zu reagieren, wenn er mit Hilfe der genannten Werkzeuge Engpässe im System erkennt. Durch *Einstellung von Systemparametern* soll eine Anpassung an die aktuelle Lastsituation erreicht werden (Tuning). Was hier getan werden kann, hängt wiederum stark vom Implementierungskonzept des TP-Monitors ab. So kann die Zahl der Prozesse verändert werden, die die Terminals bedienen, oder die Zahl der Tasks innerhalb der Prozesse (s. Abschnitt 2.3). Im laufenden Betrieb ist vor allem die Einstellung der Prioritäten von Bedeutung, die an Tasks, Programme oder TACs geknüpft sein können und die über die interne Verarbeitungsreihenfolge entscheiden. Als mittelfristig sind die Maßnahmen anzusehen, die zwischen zwei System-Sessions ohne Änderung der Anwendung durchgeführt werden können: Verlagerung von Dateien auf andere Platten und die Variation von Parametern, die nur beim Hochfahren angegeben werden können. Langfristig kann auch der Entwurf der Programme betroffen sein.

Mit der Diskussion der Administrationsschnittstelle wird die Untersuchung der Funktionen eines TP-Monitors für den Anwender (Benutzer, Programmierer und Administrator) abgeschlossen. Damit sollte hinreichend genau dargestellt worden sein, welche Leistungen ein solches System zu erbringen hat. Bevor die verschiedenen Techniken ausgebreitet werden können, wie ein TP-Monitor realisiert wird, der diesen Anforderungen genügt, sind im folgenden Abschnitt die Voraussetzungen zu klären, von denen dabei in herkömmlichen Betriebssystemumgebungen auszugehen ist.

2.2. Der Funktionsumfang von Betriebssystemen im Hinblick auf Transaktionsverarbeitung

Es gibt *DB/DC-Betriebssysteme*, die die in den vorangegangenen Abschnitten beschriebenen Funktionen oder zumindest Teile davon realisieren und direkt auf der Hardware aufsetzen. Das "Advanced Control Program" (ACP) der IBM, das neuerdings unter der Bezeichnung "Transaction Processing Facility" (TPF) vertrieben wird, ist ein Beispiel dafür [Si77]. Ein damit realisiertes Transaktionssystem belegt die Rechenanlage exklusiv bzw. benötigt eine eigene Rechenanlage; ein Aufwand, der nur bei sehr großen Anwendungen gerechtfertigt ist (ACP wurde für Flugreservierungssysteme im weltweiten Verbund entwickelt). Im Normalfall laufen das DB/DC-System und die Anwendungsprogramme auf einer Anlage unter einem Betriebssystem, das auch noch eine ganze Reihe von Stapelprogrammen abwickeln und oft auch noch die Entwicklungsumgebung für die Programmierer zur Verfügung stellen muß. Es soll in diesem Abschnitt die Frage untersucht werden, welche Merkmale dieser allgemeinen Betriebssysteme für die Realisierung und den Betrieb von Transaktionssystemen von Bedeutung sind [HM86a, Kap. 3].

Für eine bestimmte Rechenanlage stehen meist nicht viele Betriebssysteme zur Auswahl, bei der Großrechnerserie von IBM immerhin drei (DOS, OS/MVS und VM), von denen es allerdings noch Untergruppen gibt. Bei Siemens stirbt das BS1000 langsam aus, so daß nur noch das BS2000 übrigbleibt. Viele TP-Monitore stammen noch aus der Zeit, als die meisten dieser BS auf den Stapelbetrieb ausgerichtet waren. Der Zwang zur Aufwärtskompatibilität hat dazu geführt, daß einige Konzepte aus dieser Zeit bis heute überdauert haben. Natürlich sind alle BS inzwischen auch dialogorientiert und bieten eine sog. Time-Sharing- oder Teilnehmerschnittstelle an. Sie ist vor allem für den Programmierer gedacht, der ein virtuelles Rechensystem exklusiv zur Verfügung hat, in dem er Programme ausführen und Dateien anlegen, bearbeiten und löschen kann.

Der Benutzer eines Transaktionssystems benötigt aber keineswegs eine virtuelle Rechenmaschine, um seine wenigen Funktionen auszuführen, und er möchte auch nicht den Umgang damit lernen müssen. Von Dateien, Programmen und Betriebssystemkommandos will er gar nichts wissen. Nun kann man bei einigen Systemen nach der Anmeldung eines Benutzers im Teilnehmerbetrieb automatisch eine *Login-Prozedur* ablaufen lassen, die alle notwendigen Zuweisungen und Programmaufrufe enthält, so daß der Benutzer anschließend direkt die Schnittstelle eines Transaktionssystems erhält. Funktional macht das für ihn keinen Unterschied.

Daß das dennoch nicht so gemacht wird und neben dem Teilnehmerbetrieb noch der *Teilhaberbetrieb* existiert, liegt an der unzureichenden Effizienz dieses Ansatzes. Für den Teilnehmerbetrieb die virtuelle Rechenmaschine zu realisieren, ist verhältnismäßig teuer. Wenn dann im Transaktionsbetrieb durch den Benutzer nur ein Bruchteil dieser Funktionen genutzt wird, ist der Rest vergeudet. Zugleich gelingt es auch auf den größten Anlagen nicht, mehrere Hundert oder gar mehrere Tausend Benutzer im Teilnehmerbetrieb zu bedienen, wiederum wegen des damit verbundenen Aufwands.

Das zentrale Konzept der Betriebssysteme zur Realisierung der virtuellen Maschinen ist im Teilnehmerbetrieb wie im Stapelbetrieb der *Prozeß.* Selbst wenn es keine durch Tabellengrößen vorgegebene Obergrenze für die Zahl der Prozesse im System gibt, so stellt sich doch sehr schnell eine praktische Obergrenze ein, die deutlich unter der Zahl der Terminals liegt, die auch schon an mittelgroße Transaktionssysteme angeschlossen werden sollen. Die Lösung kann also nur darin bestehen, mehrere Terminals von einem Prozeß bedienen zu lassen, im Extremfall alle von einem einzigen. Diese generelle Einbettungsentscheidung, die bei allen TP-Monitoren zu finden ist, umfaßt im Detail noch sehr viele Varianten, die von den speziellen Merkmalen des zugrundeliegenden Betriebssystems abhängen. Neben dem Prozeßkonzept selbst zählen dazu alle Fragen des prozeßinternen Ressourcen-Scheduling, die Funktionen des Basiskommunikationssystems, die den Austausch von Nachrichten zwischen den Prozessen und den Terminals ermöglichen, sowie alle Mittel zur Prozeßkommunikation und -synchronisation.

Im Mittelpunkt der Untersuchung stehen dabei eher die tatsächlich in der Praxis verbreiteten Betriebssysteme wie MVS [AJ73, MVS80] und BS2000 [Sie83], nicht so sehr experimentelle oder geplante Systeme. Nur wenn bei diesen deutlich andere Methoden abzusehen sind, die eine neue Grundlage für die Realisierung von TP-Monitoren schaffen, wird kurz darauf eingegangen.

2.2.1. Das Prozeßkonzept

Es wurde bereits erwähnt, daß der Prozeß für den Benutzer im Teilnehmerbetrieb eine virtuelle (sequentielle) Maschine realisiert, die exklusiv zur Verfügung steht und auf der Programme ausgeführt werden können. Aus der Sicht des Betriebssystems ist der Prozeß eine Ablauf- und Schutzeinheit, man kann auch sagen, die Einheit der Zuteilung von Ressourcen (Rechenzeit, Speicherplatz) und die Einheit der Isolation

[We78]. Zu einem Prozeß gehören ein Adreßraum mit Segment- und Seitentabellen, Prozeßkontrollblöcke und so etwas wie ein Prozeßzustandswort, und diese Informationen sind beim Deaktivieren eines Prozesses sicherzustellen und beim Reaktivieren in die entsprechenden Hardware-Register zurückzuladen. Ein Maß für die Kosten eines Prozesses ist deshalb neben dem Speicherbedarf für die Verwaltungsdaten die Anzahl der Maschineninstruktionen, die bei einem Prozeßwechsel verbraucht wird. Bei den üblichen kommerziellen Betriebssystemen liegt sie in der Größenordnung von 5000 und mehr. Tandems GUARDIAN [Bar81] soll schon mit 500 auskommen und das Embos von ELXSI gar mit 10-20 [Ol85]. Neben dem Sichern der komplexen Ablaufumgebung muß darin auch noch das Schreiben von Abrechnungsdaten enthalten sein sowie die Auswahl des nächsten zu aktivierenden Prozesses (Scheduling-Entscheidung), die je nach der dabei verfolgten Strategie durchaus aufwendig sein kann.

Es kommt bei keinem der marktgängigen BS in Frage, 1000 oder mehr solcher Prozesse gleichzeitig zu verwalten. Genausowenig ist es vorstellbar, Prozesse nur für die Dauer eines Dialogschritts zu erzeugen und anschließend wieder zu vernichten, weil es ebenfalls sehr aufwendig ist, die genannten Verwaltungsblöcke einzurichten und wieder zu löschen. Die grundsätzliche Entscheidung bei Transaktionssystemen liegt, wie bereits erwähnt, darin, mehrere Terminals von einem Prozeß bedienen zu lassen. Im ersten Ansatz bietet es sich dabei an, die sehr langen E/A-Zeiten der Terminalkommunikation mit einem Benutzer (im Sekundenbereich) zur Bearbeitung der Eingaben anderer Benutzer zu verwenden. Durch die Dialogschrittprogrammierung wird diese Vorgehensweise unterstützt, da das Programm beendet und die Ressourcen bis auf das notwendige Minimum (das Dialoggedächtnis) freigegeben werden. Die Durchführung eines Dialogschritts liegt eher im Millisekundenbereich, so daß eine ganze Reihe weiterer Benutzer bedient werden kann, bevor sich der erste Benutzer wieder mit einer Eingabe meldet.

Aber auch während der Bearbeitung eines Dialogschritts treten für den Prozeß noch Wartezeiten auf, wenn er eine E/A-Operation oder einen DB-Zugriff ausführt bzw. eine Fehlseitenbedingung auslöst oder seine Zeitscheibe verliert. Diese Zeiten lassen sich für die Fortführung der Transaktionsverarbeitung auf zwei Arten nutzen. Erstens kann man mehrere Prozesse einsetzen, so daß während der Wartezeiten ein anderer TP-Prozeß aktiviert werden kann. Zweitens kann der TP-Monitor die Datei- und DB-Zugriffe auch asynchron vom BS ausführen lassen und währenddessen mit der Bearbeitung der nächsten Eingabe beginnen. Dann spricht man vom *prozeßinternen Multi-Tasking* (Was unter einem ''Task'' verstehen ist, wird in Abschnitt 2.3 erklärt). Der TP-Monitor hat nun selbst die Aufgabe, verschiedene Ablaufumgebungen zu verwalten und zwischen ihnen umzuschalten wie ein Betriebssystem zweiter Stufe. Um die Duplizierung von Betriebssystemfunktionen zu vermeiden, wurde bei den IBM-Systemen der OS/360-Familie schon sehr früh die Möglichkeit vorgesehen, solche ''Tasks'' innerhalb eines Adreßraums (einer ''Region'') vom BS selbst verwalten zu lassen [Wi66]. Dieses ''OS-Subtasking'' hat den Vorteil, daß es nicht nur bei Datei- und DB-Zugriffen, sondern auch bei Fehlseitenbedingungen einen anderen Task desselben Prozesses aktivieren kann, der die Zeitscheibe weiter nutzen kann. Allerdings ist das OS-Subtasking dann auch wieder vergleichsweise aufwendig, so daß sich die Hersteller verschiedener TP-Monitore trotzdem entschieden haben, ein eigenes und vom BS unabhängiges Multi-Tasking zu implementieren.

2.2.2. Das Basiskommunikationssystem

Das Basiskommunikationssystem (BKS) ist die Komponente des Betriebssystems, die die elementaren Mechanismen für den Nachrichtenaustausch zwischen Terminals und Prozessen bereitstellt. In einigen Systemen wird es auch ''Terminal-Zugriffsmethode'' genannt. Oft stehen mehrere BKS mit unterschiedlichem Funktions-umfang zur Auswahl: BTAM, QTAM, TCAM und VTAM bei IBM [Cy78, S. 91 ff], DCAM und BCAM im BS2000 von Siemens. Es gehört auch zur Aufgabe dieser BKS, den Teilnehmerbetrieb zu unterstützen. Dazu wird die Anmeldung des Benutzers bearbeitet und die Erzeugung eines Prozesses veranlaßt, der diesem Benutzer bis zum Abmelden zugeordnet bleibt. Der Nachrichtenaustausch ist bei dieser *1:1-Beziehung* natürlich unkompliziert (vgl. Abb. 2.13 a).

Bei Transaktionssystemen ist dagegen aus den genannten Gründen eine n:1- oder n:m-Beziehung zu realisieren. Die TP-Prozesse werden i.a. nicht durch das BKS gestartet, sondern durch Administrationsanweisungen (Hochfahren des TP-Monitors mit seinen Anwendungsprogrammen von der Konsole aus oder in einem Benutzerprozeß). Sie melden sich dann beim BKS an und stehen damit einer Menge von Terminals zur Verfügung. Wenn es nur einen einzigen TP-Prozeß gibt, ist die Aufgabe für das BKS immer noch relativ anspruchslos: Alle Nachrichten von den Terminals werden zu diesem Prozeß geleitet, und die Antworten müssen vom Prozeß an das richtige Terminal adressiert sein.

Wenn es dagegen mehrere (gleichwertige) TP-Prozesse gibt, sollte das BKS schon etwas mehr leisten können. Unterstützt es nur die *statische n:1-Zuordnung*, so müssen sich die TP-Prozesse den Terminal-Pool gleichmäßig in disjunkte Teilmengen aufteilen (Abb. 2.13 b), obwohl das etwas unflexibel ist gegenüber Schwankungen in der Lastverteilung. Zudem muß jeder TP-Prozeß alle Funktionen (TACs) abwickeln können (wenn man das Konzept mehrerer Prozesse nicht noch mit Fragen der Zugriffskontrolle vermischen will, was die dynamische Lastkontrolle noch stärker behindert). Die Nachrichtenverteilung bleibt für das BKS so einfach wie im Ein-Prozeß-Fall, und für die Organisation innerhalb der einzelnen Prozesse kann ausgenutzt werden, daß alle aufeinanderfolgenden Eingaben eines Terminals stets vom selben Prozeß bearbeitet werden.

Sehr viel flexibler ist es dagegen, wenn das BKS eine *dynamische n:m-Zuordnung* unterstützt. Eine Eingabe kann dann an jeden TP-Prozeß weitergeleitet werden, unabhängig davon, welcher Prozeß zuvor die letzte Eingabe desselben Terminals bearbeitet hatte (Abb. 2.13 c). Das BKS kann für eine dynamische Lastbalancierung sorgen, die um so aufwendiger gestaltet werden kann, je mehr über die Verarbeitung in den einzelnen Prozessen und über ihre aktuelle Belastung bekannt ist. Schon die einfachste Methode, die Prozesse zyklisch mit Eingabenachrichten zu versorgen, ist flexibler als die statische Zuordnung. Darüber hinaus kann sich das BKS aber auch merken, wie viele Nachrichten zur Zeit gerade in einem Prozeß "stecken", und neue Nachrichten an die weniger belasteten schicken.

Ein spezieller Fall tritt ein, wenn ein TP-Prozeß immer nur eine Nachricht zur Zeit bearbeiten kann ("Single-Tasking", vgl. 2.3). Das BKS unterschiedet dann nur zwischen "freien" und "belegten" Prozessen. Ob die Wartesituation im BKS vor den TP-Prozessen entsteht oder in den TP-Prozessen selbst, hängt wieder von den Möglichkeiten des BKS und der gewählten Implementierung im TP-Monitor ab.

Die dynamische Zuordnung bringt ein Problem mit sich, das bisher noch nicht angesprochen wurde. Wenn jede Nachricht auf jeden Prozeß verteilt werden kann, wechselt die Ausführung eines Vorgangs u.U. mit jedem Dialogschritt den Prozeß. Die Zwischenergebnisse im Vorgangsgedächtnis (s. 2.1.2.2) müssen dabei von einem Prozeß zum anderen transferiert werden. Daß das BKS dies bei der Nachrichtenverteilung auch noch berücksichtigt und Nachrichten innerhalb eines Vorgangs nur zu dem Prozeß schickt, bei dem die Dialogdaten schon vorliegen, wäre wohl etwas zu viel verlangt; es würde die Schnittstelle zwischen TP-Monitor und BKS auch stark belasten. Also sind geeignete Mittel der Kommunikation zwischen Prozessen einzusetzen, um den Transfer der Dialogdaten zu ermöglichen.

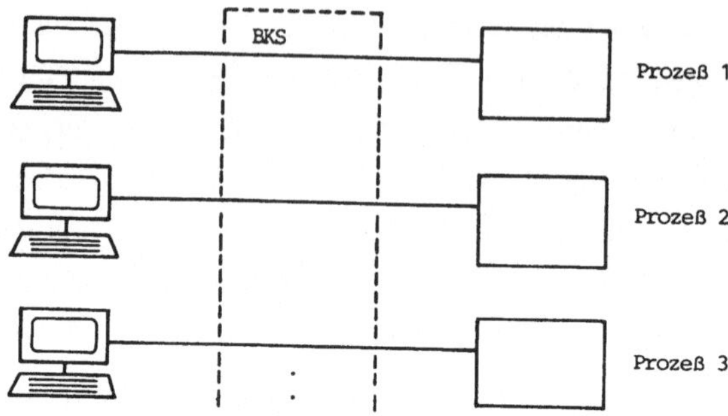

a) Teilnehmerbetrieb

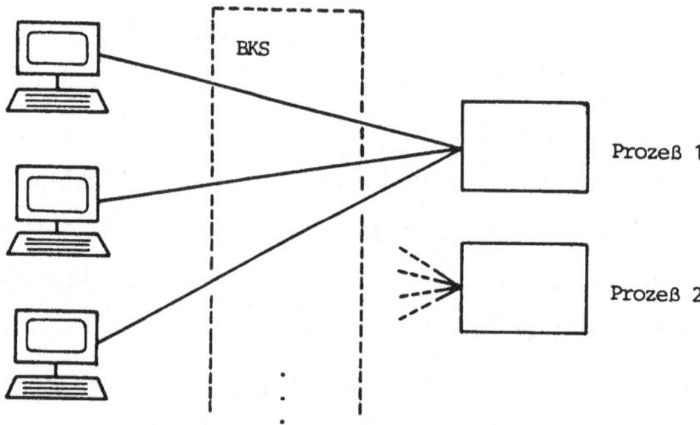

b) Teilhaberbetrieb mit fester n:1-Zuordnung

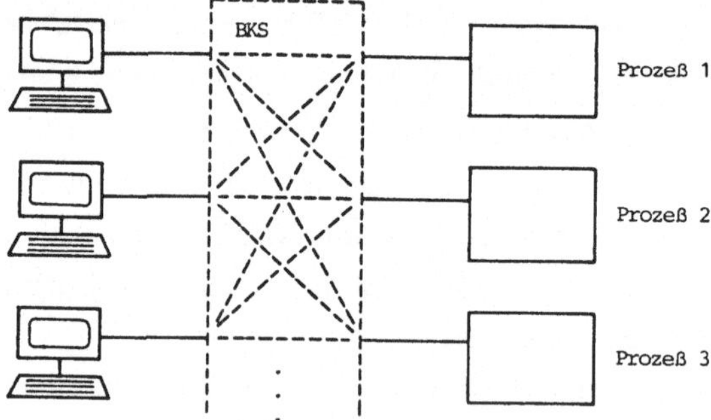

c) Teilhaberbetrieb mit dynamischer n:m-Zuordnung

Abb. 2.13: Die Rolle des Basiskommunikationssystems (BKS) bei der Zuordnung von Terminals und Prozessen

2.2.3. Kooperation zwischen Prozessen

Die Trennung konkurrierender Benutzer war eine Grundidee bei der Einführung von Prozessen. Wenn jedoch, wie bei Transaktionssystemen, eine Gruppe von Prozessen eine gemeinsame Dienstleistung erbringen soll, muß diese Trennung in kontrollierter Weise durchlässig gemacht werden. Dazu gehören die gemeinsame Benutzung von Ressourcen (''Sharing''), der Transfer von Zugriffsrechten wie auch die verschiedenen Techniken der Prozeßkommunikation [Ha76, Sp85]. Die letzteren werden benötigt, um das im vorigen Abschnitt angesprochene Problem zu lösen: Transport von Zwischenergebnissen von einem Prozeß zum anderen. Das kann in Form von Nachrichten geschehen, die dann zweimal kopiert werden müssen (''move-mode''): Zuerst vom Benutzeradreßraum des sendenden Prozesses in den geschützten Abschnitt des Betriebssystems, der als einzelne physische Kopie in jedem Adreßraum vorhanden ist, und dann, nach einem Prozeßwechsel, von dort in den Benutzeradreßraum des empfangenden Prozesses.

Das zweifache Kopieren ist für große Datenblöcke zu aufwendig. Es kann vermieden werden, wenn das Betriebssystem die Überlappung von Benutzeradreßräumen zuläßt. Dann können Abschnitte des virtuellen Adreßraums von mehreren Prozessen gemeinsam benutzt werden. In MVS wird dies als ''Common Service Area'' bezeichnet [Sch73], im BS2000 als ''Common Memory Pool'' [Sie82a]. Alle beteiligten Prozesse können diese Bereiche sowohl lesen als auch modifizieren. Deshalb müssen sie ihre Zugriffe synchronisieren, z.B. über ein Semaphor. Datenblöcke, die ein Prozeß in einem gemeinsamen Bereich anlegt, sind ohne Kopiervorgang in jedem anderen beteiligten Prozeß verfügbar. Um korrekt zugreifen zu können, muß nur die Adresse des Blocks bekannt sein (''locate-mode'').

Außer für die Prozeßkommunikation lassen sich gemeinsame Speicherabschnitte auch zur Verminderung von Redundanz einsetzen. In der Diskussion der Funktionen eines BKS wurde stets vorausgesetzt, daß eine Eingabenachricht potentiell von jedem Prozeß verarbeitet werden kann. Das impliziert, daß in jedem Prozeß alle TAPs der Anwendung ausführbar sind. Aus globaler Sicht kann dann der Fall eintreten, daß von einem häufig aufgerufenen TAP in jedem Adreßraum eine Kopie liegt. Diese hohe Redundanz läßt sich mit Hilfe der gemeinsamen Speicherabschnitte vermeiden. Wird das Programm in einen solchen Abschnitt gelegt, braucht für alle Prozesse zusammen nur noch eine einzige Kopie des Programms zur Verfügung zu stehen.

Problemlos ist das jedoch nur, wenn dieses Programm ablaufinvariant (reentrant) ist, also durch die Ausführung nicht verändert wird (s. 2.3.2). Andernfalls wäre eine

Synchronisation der Prozesse erforderlich, die den Gewinn zum Teil wieder aufwiegen würde. Mit ablaufinvariantem Code sind die Vorteile dieses Verfahrens dagegen so groß, daß es schon sehr früh beim Entwurf von Betriebssystemen berücksichtigt wurde. Oft gab es die schreibgeschützten gemeinsamen Bereiche schon, bevor die modifizierbaren (mit den dazugehörenden Synchronisationsmechanismen) eingeführt wurden. Deshalb gibt es in einigen Betriebssystemen bis heute zwei verschiedene Typen von gemeinsamen Speicherabschnitten: schreibgeschützt und modifizierbar (in MVS Link Pack Area und Common Service Area, im BS2000 Klasse-4-Speicher und Common Memory Pool).

2.2.4. Auftragsbeziehungen zwischen Prozessen

Bisher bezogen sich die Mechanismen zur Prozeßkommunikation stets auf die Zusammenarbeit gleichgewichtiger Prozesse. Daneben gibt es aber auch noch die nicht minder wichtige Auftragsbeziehung zwischen Prozessen. Es gibt mehrere Gründe, warum Teilfunktionen in andere Prozesse gelegt werden und nicht als Unterprogramme im selben Adreßraum verfügbar sind: Koordinierter Zugriff auch für andere Prozesse, Schutz zentraler Ressourcen wie z.B. einer Datenbank, Transparenz der Verteilung auf verschiedene Rechner usw. Der Preis, der für diese Vorteile zu zahlen ist, ist relativ hoch. Wo der Unterprogrammaufruf im selben Adreßraum vielleicht zehn bis hundert Instruktionen kostet, sind mit einem prozeßübergreifenden Auftrag immer zwei Prozeßwechsel verbunden, die allein schon mehrere tausend Instruktionen ausmachen.

Bei einer n:m-Beziehung zwischen Auftraggeber- und Auftragnehmer-Prozessen läßt sich die mittlere Zahl von Prozeßwechseln pro Auftrag durch Optimierung deutlich unter zwei drücken: Der Auftraggeber legt die Auftragsdaten im gemeinsamen Speicher ab und begibt sich, wenn er die Ausführung synchron abwarten will, in einen Wartezustand. Damit löst er einen Prozeßwechsel aus, den es ohne den Auftrag nicht gegeben hätte. Der Auftragnehmer kommt sofort oder nach weiteren Prozeßwechseln an die Reihe und holt den Auftrag aus dem Speicher ab. Wenn zur Bearbeitung auch E/A-Operationen gehören oder eine Fehlseitenbedingung auftritt, enthält sie ebenfalls Prozeßwechsel, durch die einer von den übrigen Auftraggebern die Kontrolle erhalten und einen weiteren Auftrag zusammenstellen kann. Nach der Abarbeitung des ersten Auftrags deaktiviert sich der Auftragnehmer dann nicht, sondern liest den nächsten Auftrag aus der Warteschlange im gemeinsamen Speicher und vermeidet so den zweiten Prozeßwechsel, der allein durch die Auftragsbeziehung veranlaßt wäre. Nur wenn keine weiteren Aufträge vorliegen, begibt sich auch der Auftragnehmer in den Wartezustand.

Bei einem asynchronen Absenden des Auftrags könnte auch noch der erste Prozeßwechsel vermieden werden. Der Auftraggeber macht dann einfach weiter und gibt die Kontrolle erst ab, wenn er seine Zeitscheibe verliert o.ä. Wenn keine weitere Arbeit mehr vorliegt, schaut er im gemeinsamen Speicher nach, ob der Auftrag schon erledigt ist. Das setzt natürlich eine entsprechende Organisation der Arbeit im Auftraggeber voraus (z.B. ein prozeßinternes Multi-Tasking), die dem Programmierer nach Möglichkeit nicht zugemutet werden, sondern Aufgabe des TP-Monitors sein sollte. Selbst wenn es auf diese Weise gelingt, Prozeßwechsel ganz zu vermeiden, die nur durch die Auftragsbeziehung veranlaßt werden, sind in der Bearbeitungszeit eines Auftrags jedoch zwangsläufig immer mindestens zwei Prozeßwechsel enthalten. Die Kontrolle muß schließlich einmal zum Auftragnehmer wandern und zurückkommen.

Auftraggeber und Auftragnehmer müssen sich beim Zugriff auf den gemeinsamen Bereich synchronisieren. Sie müssen sich aber auch gegenseitig reaktivieren ("wecken") können, wenn der eine auf den anderen wartet. Hat sich ein Auftragnehmer deaktiviert, weil keine Aufträge mehr vorlagen, so muß der nächste Auftraggeber das beim Absenden seines Auftrags erkennen können und einen Weckaufruf veranlassen. Dafür müßte das BS Funktionen wie WAIT und SIGNAL anbieten, die Hoare in seinem Monitor-Konzept vorgeschlagen hat [Hoa74]. Mit ihnen könnte die Auftragsbeziehung wie in Abb. 2.14 dargestellt realisiert werden.

Auftraggeber (Requestor) i:	Auftragnehmer (Server) k:
schreib Auftrag in gemeins. Speicher;	WAIT (server); REPEAT
IF mind. ein Server wartet	Auftrag ausführen;
THEN SIGNAL (server);	SIGNAL (requestori);
WAIT (requestori);	UNTIL kein weiterer Auftrag;

Abb. 2.14: Die Realisierung einer Auftragsbeziehung mit gemeinsamem Speicher und den Operationen WAIT und SIGNAL

In MVS wird das SIGNAL durch das Starten eines "Service Request Blocks" (SRB) mit dem Makro SCHEDULE realisiert. Ein SRB ist wie ein Prozeß eine

Ablaufeinheit ("dispatchable unit"), die allerdings mit sehr hoher Priorität abläuft und in einem fremden Adreßraum (dem des zu weckenden Prozesses) eine Routine ausführt [Can84]. Damit muß es möglich sein, diesen Prozeß wieder aus dem Wartezustand herauszuholen, in den er sich durch Aufruf des WAIT-Makros begeben hat. Im BS2000 von Siemens wird der gleiche Effekt durch das P1-Eventing erreicht. Mit dem Makroaufruf SOLSIG ("solicit signal") begibt sich ein Prozeß in Wartestellung, aus der er bei einem POSSIG-Aufruf ("posit signal") eines anderen Prozesses wieder herauskommt [Sie82a].

Mit diesen Operationen wird zugleich eine Synchronisation der Zugriffe auf den gemeinsamen Speicher erreicht. Wenn es für jeden Auftraggeber eine feste Box gibt, in der er die Aufträge ablegt und in der dann auch die Ergebnisse stehen, ist sichergestellt, daß der Auftraggeber immer schreiben kann, wenn er nicht wartet, und umgekehrt der Auftragnehmer, wenn er einen Auftrag bearbeitet. Nur die Auftragnehmer müssen sich untereinander synchronisieren, wenn sie aufgeweckt werden und die Boxen nach dem neuen Auftrag absuchen.

Wenn innerhalb eines Prozesses mehrere Auftraggeber verwaltet werden können, so daß es sinnvoll ist, die Aufträge asynchron ausführen zu lassen, kann auch noch der erste Prozeßwechsel (WAIT (requestori)), der allein auf den Auftrag zurückzuführen ist, vermieden werden. Der Prozeß arbeitet dann einfach weiter und fragt später die entsprechende Box ab, ob dort schon ein Ergebnis vorliegt. Dann müssen sich allerdings auch die Auftraggeber- und Auftragnehmerprozesse beim Zugriff auf den gemeinsamen Speicher synchronisieren. Diese Synchronisation im Kleinen umfaßt jeweils nur kurze Codestücke mit wenigen Instruktionen und ohne E/A-Operationen. Sie sollte deshalb mit einfacheren Mitteln realisiert werden als mit WAIT und SIGNAL. Die Maschine bietet dafür in der Regel Instruktionen wie "Test and Set" an, und bei gesetzter Sperre kann entweder aktiv gewartet werden ("busy wait" oder "spin lock") mit ständigem Abfragen in einer Schleife oder es kann der Prozessor kurzfristig freigegeben werden, damit der Besitzer der Sperre, also der Prozeß, der den gemeinsamen Bereich gerade liest oder ändert, die Kontrolle erhalten und die Sperre freigeben kann. Im BS2000 gibt es dafür einen SVC "VPASS(0)", der genau diese Wirkung hat; der Prozeß bleibt rechenbereit und gibt nur kurz den Prozessor zugunsten wartender Prozesse auf. Ob es in MVS oder anderen Betriebssystemen ähnliche Aufrufe gibt, konnte aus der verfügbaren Literatur nicht eindeutig ermittelt werden.

Die Kosten für die Test-and-Set-Operation und ggf. das anschließende Warten sind relativ gering, sie eignen sich aber nur für Sperren, die sehr kurz gehalten werden. Die Ereignissteuerung zwischen den Prozessen mit WAIT und SIGNAL ist zumindest in einigen Implementierungen recht aufwendig. Im BS2000 entfällt nach Aussagen von Siemens ein erheblicher Teil der für einen Prozeßwechsel benötigten Instruktionen genau auf diese Verwaltung der Ereignisse.

Um Prozeßwechsel wie auch den Zusatzaufwand für das Deaktivieren und Wecken über Ereignisse zu vermeiden und dennoch die Trennung in verschiedene Adreßräume aufrechtzuerhalten, wurde in MVS (mit Unterstützung durch die Hardware) ein neues Konzept verwirklicht: die *Cross Memory Services* (CMS oder XMS [Can84]). Sie bestehen aus zwei Teilen, dem Hardware-Konzept des "Dual Address Space" (DAS) und der eigentlichen CMS-Software im MVS. Für DAS wurden in der Architektur des Systems /370 neue Kontrollregister geschaffen, die es ermöglichen, zu einem Prozeß gleichzeitig zwei virtuelle Adreßräume zu verwalten (mit allen Segment- und Seitentabellen, die für die dynamische Adreßumsetzung erforderlich sind). Mittels eines neuen Befehls können die Operandenzugriffe der Maschineninstruktionen zwischen den beiden Adreßräumen hin- und hergeschaltet werden. Die Befehle selbst werden allerdings wahllos aus einem der beiden Adreßräume geholt, der Code muß deshalb in beiden identisch sein. Zusätzlich gibt es noch zwei neue Maschinenbefehle ("move characters to primary"/MVCP und "move characters to secondary"/MVCS), die es erlauben, Daten aus dem einen Adreßraum in den anderen zu übertragen. Noch weiter geht die Möglichkeit, von einem Prozeß aus Unterprogramme in einem anderen Adreßraum aufzurufen und während der Ausführung die Rechte dieses anderen Adreßraums (bzw. Prozesses) zu übernehmen. Dafür gibt es die beiden neuen Instruktionen PC ("program call") zum Aufruf und PT ("program transfer") für den Rücksprung. Auch damit kann in vielen Fällen ein Prozeßwechsel vermieden werden.

Die CMS-Software erleichtert die Benutzung dieser im Detail sehr komplexen Mechanismen. Sie kontrolliert, wann ein Prozeß sich andere Adreßräume zur Sekundär-Adressierung holen darf, erstellt und verwaltet die Tabellen, die bei Ausführung des PC-Befehls benutzt werden, und lädt die Bits und Adressen in den Kontrollregistern, die zur primären und sekundären Adressierung benötigt werden. Zusätzlich kann sie die DAS-Hardware auch emulieren, wenn sie auf älteren Rechnern noch nicht zur Verfügung steht.

Für die Auftragsbeziehung zwischen Prozessen ist vor allem der PC-Befehl sehr hilfreich. Der Auftragnehmer-Prozeß baut durch Makro-Aufrufe Tabellen mit seinen Einsprung-Punkten (Entries) auf und übergibt den potentiellen Auftraggebern im gemeinsamen Speicher die Indexwerte dieser Tabellen, so wie sie im PC-Befehl direkt verwendet werden können. Dadurch bestimmt erstens der Auftragnehmer selbst, welche Entries er nach außen anbietet, und zweitens verbirgt er die Adressen seiner

Entries, die er dann auch ändern und durch Anpassung der Tabelleneinträge wirksam werden lassen kann. Die Details des PC-Befehls sind sehr komplex und sollen deshalb hier nicht ausgebreitet werden. Die Zusammenfassung in [Can84] ist gut lesbar und nennt die wichtigsten Punkte auf wenigen Seiten.

Speziell die Cross Memory Services bieten ein großes Potential für die effiziente Realisierung von TP-Monitoren und DB/DC-Systemen. Sie sind allerdings noch nicht so lange verfügbar, daß sie schon in vielen Systemen eingesetzt werden konnten. Für IMS sind sie sehr nützlich und daher auch schon im Einsatz [SUW82]. Für viele andere Systeme werden noch Mechanismen wie SIGNAL und WAIT benutzt. Die Diskussion der verschiedenen Einbettungsvarianten von TP-Monitoren und vor allem von DB/DC-Systemen muß zunächst klären, wie stark ihre Leistung von einer Auftragsbeziehung zwischen Prozessen abhängt. Dann kann untersucht werden, wie hoch der Gewinn bei Einsatz von Cross Memory Services gegenüber der üblichen Ereignissteuerung wäre (falls sie unter dem BS verfügbar sind).

2.2.5. Asynchrone Aufrufe

Wie Aufträge für einen anderen Prozeß asynchron abgewickelt werden, ist im letzten Abschnitt bereits erläutert worden. Damit der TP-Monitor Wartezeiten bei der Bedienung eines Benutzers vollständig für andere nutzen kann, muß er aber insbesondere auch die Aufträge an das Betriebssystem, vor allem die E/A-Operationen, asynchron absetzen können. Dazu werden die BS-Aufrufe, die zur synchronen Ausführung verwendet würden, in drei Teilbefehle zerlegt, nämlich START, CHECK und WAIT. Abb. 2.15 zeigt ihren Einsatz. Mit ''Tasks'' sind dabei die Verarbeitungsschritte eines Vorgangs bzw. eines Benutzers gemeint; die präzise Definition erfolgt in 2.3.1.

Stößt ein Task auf einen BS-Aufruf, so wird dieser mit START eingeleitet. Dabei werden sämtliche Parameter übergeben. Der Task wartet nun auf das Ergebnis, der TP-Monitor erhält jedoch die Kontrolle sofort wieder zurück und kann mit der Bearbeitung eines anderen Task fortfahren. Wenn dieser ebenfalls in eine Wartesituation gerät, z.B. weil er selbst einen BS-Aufruf erzeugt, kann der TP-Monitor nachsehen, ob der Aufruf des ersten Task bereits bearbeitet wurde. Dazu dient der CHECK-Befehl, der einen Booleschen Wert zurückliefert: fertig oder nicht. In Abb. 2.15 wird ein negativer Bescheid angenommen, so daß doch mit einem dritten Task weitergemacht

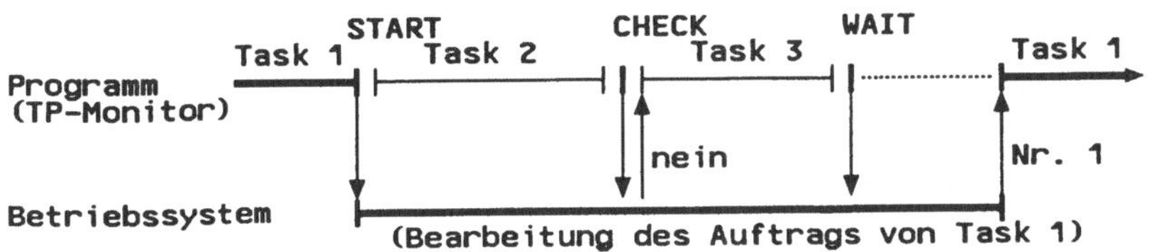

Abb. 2.15: Ablauf eines asynchronen Aufrufs an das Betriebssystem

werden muß.

Schließlich gibt es noch das WAIT für den Fall, daß kein weiterer Task mehr zur Bearbeitung ansteht. Damit schaltet der TP-Monitor dann wieder auf synchrones Warten um. Während CHECK sich immer auf einen speziellen START-Aufruf bezieht und dem BS zur Unterscheidung so etwas wie eine Auftragsnummer angeben muß, sollte der WAIT unspezifisch sein und beim ersten Abschluß eines der asynchron laufenden Aufträge beantwortet werden. Schließlich kann das rufende Programm (der TP-Monitor) kaum abschätzen, welcher Auftrag denn nun als nächster fertig wird. Ausgabe des WAIT sollte also eine Auftragsnummer sein, und sie bezeichnet dem TP-Monitor genau den Task, mit dem er jetzt fortfahren kann.

Natürlich sind auch noch andere Techniken der Abwicklung asynchroner Aufrufe möglich. So kann der TP-Monitor dem BS eine Boolesche Variable benennen, die es nach der Ausführung auf ''true'' setzen soll. Oder es teilt die Adresse eines Programmstücks mit, das dann ausgeführt werden soll (''Contingency-Routine'' im BS2000 [Sie82a]). Der letzte Fall ist allerdings etwas teurer, weil für die Routine eine eigene Ablaufumgebung bereitgestellt werden muß. Die normale Ablaufumgebung, in der anschließend fortgefahren wird, darf nicht zerstört werden.

2.2.6. Weitere BS-Funktionen

Eng mit der Auftragsbeziehung verknüpft sind die *Schutzmechanismen*: Nur weil es innerhalb eines Adreßraums keine wirkungsvollen Mittel gibt, Programme mit unterschiedlichen Rechten voneinander zu trennen (z.B. Anwendungsprogramme und Datenbank-Verwaltungssystem [Hä79a]), müssen diese in verschiedene Adreßräume gelegt werden, zwischen denen dann eine Auftragsbeziehung besteht. Die sog. Storage-Keys, die in der IBM-/370-Architektur dafür vorgesehen sind, Schutzbereiche innerhalb eines Adreßraums zu schaffen, gelten bei Fachleuten als nicht zuverlässig genug und werden deshalb nur selten genutzt. (Angeblich ist es nicht schwierig, von einem Programm aus den eigenen Storage-Key so zu ändern, daß man auf jeden gewünschten Bereich, die Systembereiche natürlich ausgenommen, zugreifen kann.) In Betriebssystemen mit einem wirkungsvollen Ringschutz können dagegen TAPs, TP-Monitor und DBVS zusammen in einem Prozeß bzw. Adreßraum ablaufen (Multics [Org72]).

Ein TP-Monitor hat möglicherweise sehr viele TAPs unter seiner Kontrolle, die er nicht alle auf einmal in seinem Adreßraum halten kann oder soll. Dann muß er sie aus einer Modulbibliothek auf Platte nachladen und dabei dynamisch binden, also ihre Externverweise mit den aktuellen Adressen versorgen. Auch dafür bieten die meisten Betriebssysteme Unterstützung in Form von LINK- oder LOAD-SVCs an. Die Anforderungen an die Effizienz dieser Verfahren sind im Transaktionsbetrieb besonders hoch, weshalb einige TP-Monitore sich nicht auf das Betriebssystem verlassen und alternativ einen eigenen Nachlademechanismus anbieten (s. 2.3.2).

Ein letzter Punkt soll noch erwähnt werden: Das Datenverwaltungssystem der meisten Betriebssysteme hat an zwei entscheidenden Stellen Schwächen, die in TP-Monitoren wie auch DB-Systemen zusätzliche Maßnahmen erforderlich machen. Zum einen bietet es keine Sicherung für den Fehlerfall, geschweige denn ein Transaktions-konzept. Und zum zweiten sind nur rudimentäre Mittel für die gemeinsame Benutzung von Dateien durch mehrere Prozesse vorhanden. Im BS2000 z.B. können nur block-orientierte (PAM-) und index-sequentielle (ISAM-) Dateien im "Shared-Update"-Modus eröffnet werden. Dann synchronisiert das BS intern die Zugriffe verschiedener Prozesse. Es hält die Sperren auf Blöcken oder Sätzen aber nicht bis zum Transakti-onsende, weil es von den Transaktionen nichts weiß, und es kann auch nicht die Operationen verschiedener Tasks innerhalb eines Prozesses jeweils aufeinander bezie-hen. Aus seiner Sicht stammen sie alle vom selben Prozeß.

2.3. Implementierungskonzepte für TP-Monitore

In Abschnitt 2.1 wurden die funktionalen Anforderungen an einen TP-Monitor zusammengestellt, und Abschnitt 2.2 beschäftigte sich mit den Einrichtungen herkömmlicher Betriebssysteme, die für die Realisierung dieser Funktionen von Bedeutung sind. Damit ist die "Lücke" definiert, die der TP-Monitor zu füllen hat, oder anders ausgedrückt, die Abbildung, die er auszuführen hat. Trotz dieser umfangreichen Vorgabe und der Einschränkung des Anwendungsgebiets (auf Transaktionssysteme) gibt es eine ganze Reihe von Varianten für die Implementierung eines TP-Monitors, die alle ihre Vor- und Nachteile haben und sich für die verschiedenen Betriebssystemumgebungen unterschiedlich gut eignen. Die Diskussion dieser Varianten baut auf den Vorarbeiten in [MW85a] und [HM86a] auf und vertieft sie in den wesentlichen Punkten.

In einem ersten Schritt lassen sich aus der Aufgabenstellung grob die Bausteine ableiten, die explizit oder implizit in jedem TP-Monitor zu finden sind. Ihre Funktion wird in Abb. 2.16 veranschaulicht, indem die dynamische Zusammenarbeit bei der Abwicklung eines einzelnen Dialogschritts aufgezeigt wird [Int77, Hä79b]. Die mit eingekreisten Nummern gekennzeichneten Übergänge haben dabei die folgende Bedeutung:

1. Der *Verbindungsmodul zum Basiskommunikationssystem* (BKS, vgl. 2.2.2) erhält eine Eingabenachricht, die je nach Leistung des BKS schon vorverarbeitet sein kann (Prüfcodes ausgewertet, einzelne Pakete wieder zur Gesamtnachricht zusammengefügt, sendendes Terminal aus den Netzadressen ermittelt usw.). Was das BKS in dieser Hinsicht nicht leistet, muß der Verbindungsmodul selbst ausführen.

Der *Nachrichtenempfang* veranlaßt weitere Aufbereitungen der Eingabenachricht. Dazu können Code-Umsetzungen gehören oder die Elimination von gerätespezifischen Steuerzeichen. Die Reihenfolge der Felder in der Nachricht bleibt erhalten. Nicht ausgefüllte Felder sind intern gekennzeichnet oder fehlen einfach, etwa wenn die Nachricht nun aus einer Folge von Tripeln (Feldname, Feldlänge, Inhalt) besteht. Sinnvoll ist es auch, bei Terminals, die sich im TAC-Modus befinden, schon jetzt zu prüfen, ob die Nachricht einen gültigen TAC enthält und ob dieser Benutzer an diesem Terminal ihn überhaupt aufrufen darf. Wann immer ein Fehler oder eine unzulässige Operation festgestellt werden, können die Eingabenachricht und/oder eine Fehlermeldung direkt auf kurzem Wege an die Nachrichtenverteilung übergeben werden, die für die Rücksendung zum Terminal zuständig ist.

Eine zulässige Eingabe wird dagegen mit Zusatzinformation versehen (Benutzername, Terminalname, Uhrzeit usw.) und ggf. im Nachrichten-Log protokolliert. Abschließend wird sie zur Bearbeitung in die Eingangswarteschlange eingereiht.

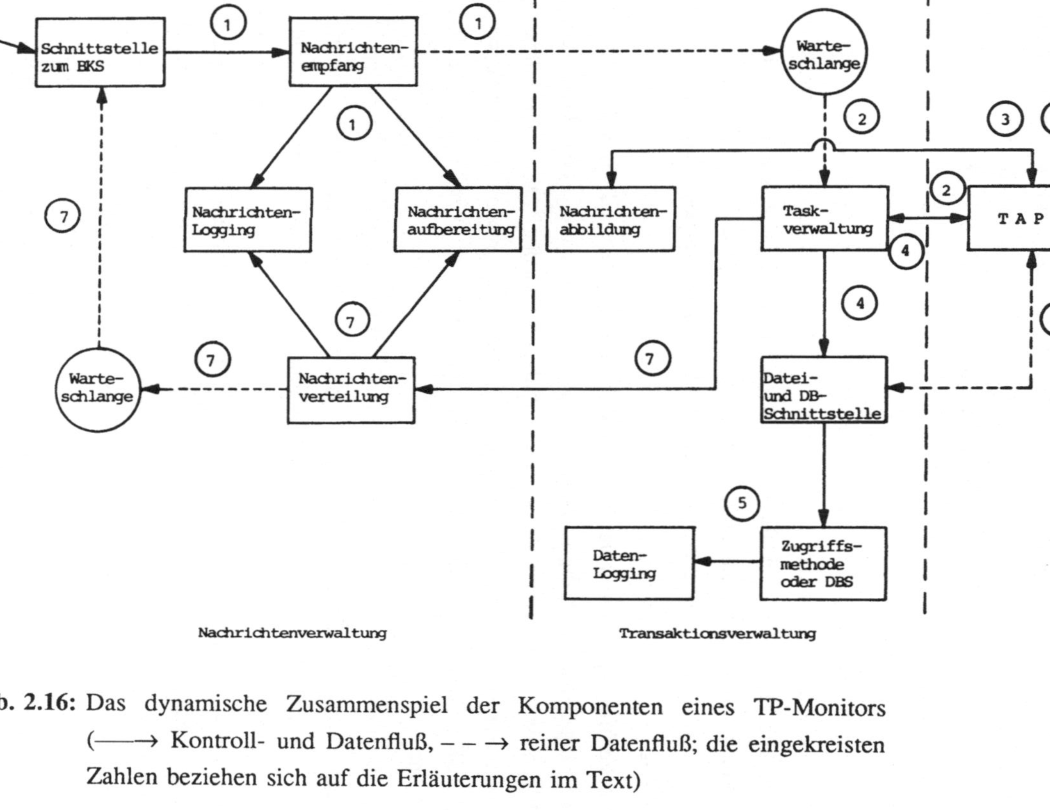

Abb. 2.16: Das dynamische Zusammenspiel der Komponenten eines TP-Monitors (⟶ Kontroll- und Datenfluß, − − → reiner Datenfluß; die eingekreisten Zahlen beziehen sich auf die Erläuterungen im Text)

2. Die *Task-Verwaltung* entnimmt der Eingangswarteschlange weitere Nachrichten, sobald im System (im Prozeß) freie Kapazität verfügbar ist. Sie kann dabei einer FIFO-Strategie (''first in, first out'') folgen oder Prioritäten der Terminals und der Benutzer berücksichtigen. Zu jeder Nachricht wird ein Task erzeugt (die genaue Definition folgt unten). Dieser erhält die Kontrolle und bewirbt sich um die Betriebsmittel, die zur Bearbeitung seiner Nachricht erforderlich sind. Dazu zählt auch das TAP, das er ausführen muß. Der Task kann eine eigene Kopie des Codes erhalten oder (unter bestimmten Bedingungen) dieselbe Kopie benutzen wie andere Tasks. Wenn er auch noch die Arbeitsbereiche im Hauptspeicher reserviert hat, kann der Task das Programm aufrufen.

3. Das *Transaktionsprogramm* übernimmt die Nachricht zur Verarbeitung. Der Aufruf der *Nachrichtenabbildung* - bei einigen Systemen wird er auch schon von der Task-Verwaltung durchgeführt - realisiert für das TAP schließlich die Sicht auf das ''virtuelle Terminal''. Dabei kann die Reihenfolge der Felder geändert werden, jedes einzelne Feld kann mit bestimmten Füllzeichen nach rechts oder links zu einer vorgegebenen Länge aufgefüllt werden, leere Felder können mit Nullen, Leerzeichen oder beliebigen Default-Werten versehen werden usw. Die Ausführung selbsterstellter Prüfprogramme zu den Masken, wie sie in 2.1.2.5 vorgeschlagen wurde, sollte auf jeden Fall vor dem Start des eigentlichen TAP erfolgen, damit die Belegung des TAP im Fehlerfall vermieden wird. Sie sind ebenfalls der Nachrichtenabbildung zuzuordnen.

4. Das TAP führt die Aktionen aus, die durch den TAC, die Eingabenachricht, das Dialoggedächtnis und den Zustand des Systems gefordert werden (s. 2.1.2.4). Dabei ruft es Funktionen des TP-Monitors, des Dateisystems und des Datenbanksystems auf. Die Datei- und DB-Zugriffe sind in Abb. 2.16 als ''reiner Datenfluß'' dargestellt (gestrichelt), um die Möglichkeit asynchroner Ausführung anzudeuten: Der Aufruf erfolgt über die Task-Verwaltung, die dadurch die Kontrolle behalten und einen anderen Task aktivieren kann.

5. Die *Datei- und Datenbankschnittstelle* (sie besteht aus einem Anschluß- oder Verbindungsmodul) leitet die Aufrufe (evtl. über Inter-Prozeß-Kommunikation) an das Datenverwaltungssystem des BS (die ''Zugriffsmethode'') oder an das DBVS weiter. Diese beiden gehören strenggenommen natürlich nicht mehr zum TP-Monitor, obwohl das in Abb. 2.16 so aussieht. Sie nehmen vom Anschlußmodul Befehle und Daten entgegen und liefern ggf. Daten zurück. Die von den Programmen berührten Daten werden für andere gesperrt und bei Änderungen auch noch protokolliert (Daten-Logging), damit im Fehlerfall auf die Anfangswerte

zurückgesetzt werden kann.

6. Nach Abschluß der Verarbeitung durch das TAP wird die Ausgabenachricht in einem zweiten Aufruf der Nachrichtenabbildung in umgekehrter Reihenfolge der gleichen Behandlung unterzogen wie vorher die Eingabenachricht. Auch hier müssen vom Programm nicht versorgte Felder mit Füllzeichen versehen werden. Darüber hinaus sind, geeignete Definitionsmöglichkeiten vorausgesetzt, wieder umfangreiche Transformationen auf den Ausgabedaten möglich, z.B. die Umsetzung in eine andere Landessprache.

7. Die Task-Verwaltung übergibt die Ausgabenachricht anschließend an die *Nachrichtenverteilung*, die sie durch einen Aufruf der Nachrichtenaufbereitung mit den gerätespezifischen Steuerzeichen versieht (inverse Funktion zu Schritt 1). Vor dem Eintragen in der Ausgangs-Warteschlange muß noch die Sicherung der Ausgabenachricht im Nachrichten-Log erfolgen. Der Verbindungsmodul zum BKS veranlaßt schließlich das Senden der Nachricht an das Terminal, von dem die auslösende Eingabe kam.

Die beiden Warteschlangen sorgen dafür, daß die Verarbeitung zeitlich vom Empfangen und Absenden der Nachrichten entkoppelt wird. Ob dabei immer nur ein Task zur Zeit existiert und die nächste Eingabe erst geholt wird, wenn er sich beendet hat, oder ob es mehrere Tasks zur selben Zeit gibt, die zeitlich verzahnt ablaufen, hängt u.a. davon ab, wie die in Abb. 2.16 dargestellten Komponenten auf Prozesse verteilt sind. Sie können alle zusammen in einem Prozeß liegen, von dem es dann mehrere gleichartige Ausprägungen geben kann. Die ganze linke Seite (Nachrichtenverwaltung) kann aber auch in einem eigenen Prozeß liegen, der die Eingabenachrichten über Inter-Prozeß-Kommunikation an einen oder mehrere Prozesse verteilt, in denen die Transaktionsverwaltung und die TAPs ablaufen. Es gibt auch Lösungen, die die Nachrichtenverwaltung (zum größten Teil) in das Betriebssystem integrieren und so die hohen Kosten für die Inter-Prozeß-Kommunikation einsparen.

Die zentrale Komponente, die die parallelen Aktivitäten steuert und überwacht, ist die Task-Verwaltung. Sie ist darum relativ komplex und zerfällt in Subkomponenten, die im folgenden dargestellt werden sollen:

- Prozeß- und Task-Steuerung
- Programmverwaltung
- Hauptspeicherverwaltung

2.3.1. TP-Prozesse und Tasks

Wegen der besonderen Betriebscharakteristik von Transaktionssystemen (sehr viele Terminals, aber nur wenige Typen von Funktionsaufrufen) ist es sinnvoll, mehrere Terminals von einem Prozeß bedienen zu lassen. Das kann heißen, daß alle Terminals mit nur einem einzigen Prozeß verbunden sind; ebensogut kann sich aber auch eine Gruppe von Prozessen die Arbeit aufteilen. Unabhängig davon werden innerhalb der Prozesse die Eingabenachrichten entweder sequentiell eine nach der anderen bearbeitet oder mehrere gleichzeitig bzw. zeitlich verzahnt. Diese verschiedenen Techniken, die oben schon mehrfach kurz erwähnt wurden, sollen anhand der zentralen Begriffe nun genauer dargestellt werden.

Prozeß

Der Begriff des Prozesses wurde in Abschnitt 2.2.1 bereits präzisiert: Für den Benutzer stellt er eine virtuelle Maschine dar, die ihm exklusiv zu Verfügung steht. Für das BS repräsentiert ein Prozeß den Benutzer (oder abstrakter, eine Aktivität dieses Benutzers) und bildet dadurch die Einheit der Betriebsmittelvergabe. Nicht immer wird das, was in einem Betriebssystem diese Rolle spielt, auch ''Prozeß'' genannt. Manchmal heißt es ''Region'', ''Partition'' und leider eben auch ''Task''. Deshalb muß hier ganz deutlich gemacht werden, daß in diesem Buch unter einem Task etwas anderes verstanden werden soll als ein Prozeß, die beiden Begriffe also nicht synonym verwendet werden.

Task

Ein Task stellt ebenfalls eine virtuelle Maschine dar, die jedoch von einem TP-Monitor oder dem BS selbst innerhalb (wenn man so will, auch oberhalb) eines Prozesses realisiert wird. Sie dient nur zur Verarbeitung einer einzigen Eingabenachricht von einem Terminal, also zur *Ausführung eines Dialogschritts.* Der Task ist eine Ablaufeinheit zweiter Stufe, eine Art ''Prozeß im Prozeß'' und repräsentiert dem TP-Monitor gegenüber einen Benutzer (bzw. ein Terminal). Vom Konzept her wird ein Task nach Abschluß eines Dialogschritts zerstört und für den nächsten Dialogschritt ein neuer erzeugt. Um den Verwaltungsaufwand zu reduzieren, kann ein Task auch erhalten bleiben und für weitere Dialogschritte verwendet werden. In diesem Fall muß allerdings sichergestellt sein, daß er ''gedächtnislos'' ist und für jeden weiteren Dialogschritt genau so aussieht, als wäre er gerade neu erzeugt worden. Im gleichen Sinne kann die Definition von Bauer interpretiert werden: ''Jedes Terminal, das zu einem Zeitpunkt aktiv ist, stellt eine Task für den TP-Monitor dar.'' [Bau76, S. 699].

Wenn Tasks vom Betriebssystem selbst bereitgestellt werden [Wi66], findet das Scheduling und Dispatching nur im Betriebssystem statt; die Steuerungslogik im TP-Monitor bleibt relativ einfach. Da das BS die innere Task-Struktur eines Prozesses kennt, kann es bei Blockierung eines Tasks durch Ein-/Ausgabe oder Fehlseiten-bedingung bevorzugt einen anderen Task desselben Prozesses weiterlaufen lassen, so daß die dem Prozeß insgesamt zugeteilte Zeitscheibe weiter genutzt werden kann. Dadurch wird ein Prozeßwechsel vermieden; der notwendige Task-Wechsel ist aber bei der Verwaltung durch das BS auch schon relativ aufwendig (ca. 1000 Instruktionen).

Deshalb haben viele TP-Monitore (auch das von IBM selbst entwickelte CICS!) eine eigene Task-Verwaltung erhalten, von der das BS nichts weiß. Dadurch kann ein Task-Wechsel auf wenige hundert Instruktionen reduziert werden und erheblich schneller ablaufen. Der TP-Monitor führt alle Datei- und Datenbankoperationen asynchron aus, behält also die Kontrolle und aktiviert während der Wartezeit andere Tasks. Beim Auftreten einer Fehlseitenbedingung ist allerdings stets der ganze Prozeß blockiert.

Single-Process (Ein-Prozeß-Lösung)

Mit diesem Begriff werden die Einbettungsvarianten gekennzeichnet, bei denen der TP-Monitor zusammen mit allen TAPs in nur einem Prozeß abläuft. Diese Lösung bot sich an für die Betriebssysteme, die nur sehr wenige Prozesse gleichzeitig verwalten konnten (in den ersten Versionen von DOS waren es nur drei [BFS67]). Aber auch nachdem die feste Obergrenze auf 256 und mehr angehoben wurde, kann die Ein-Prozeß-Lösung noch sinnvoll sein, wenn der Aufwand für die Verwaltung von Prozessen sehr hoch ist oder es kaum Möglichkeiten gibt, Betriebsmittel von mehreren Prozessen aus gemeinsam zu benutzen.

Multi-Process (Mehr-Prozeß-Lösung)

Bei Multi-Process ist dagegen vorgesehen, die TP-Verarbeitung auf eine Gruppe von Prozessen zu verteilen, die über die in 2.2.3 beschriebenen Mechanismen zusam-menarbeiten. Das kann heißen, daß es verschiedene Typen von Prozessen gibt, die nur Teilaufgaben wie z.B. die Nachrichtenverwaltung oder die TAP-Ausführung bearbeiten und für die Abwicklung eines Dialogschritts zusammenwirken müssen. Es kann genauso heißen, das es mehrere Ausprägungen desselben Prozeßtyps geben kann, der alle Funktionen enthält und jeden Dialogschritt allein abwickeln kann (zumindest was die TP-Monitor-Funktionen angeht). Diese Ausprägungen sind untereinander aus-tauschbar; es spielt für den Benutzer keine Rolle, welcher davon ihn bedient. Auch macht es meist keine Probleme, die Zahl der Ausprägungen im laufenden Betrieb zu variieren, wenn die aktuelle Auslastung das geboten erscheinen läßt. Und schließlich kann man beides auch noch miteinander verbinden: Von den verschiedenen Prozeßtypen mit Teilaufgaben können jeweils wieder mehrere Ausprägungen vorhanden sein. Im folgenden wird, falls es nicht genauer spezifiziert ist, unter Multi-Process stets der zweite Fall verstanden: nur ein Prozeßtyp mit allen Funktionen, aber in mehreren Ausprägungen.

Single-Tasking

Tatsächlich spricht man praktisch nicht von ''Tasks'', wenn es davon ohnehin nur einen pro Prozeß geben darf, und demzufolge auch nicht von Single-Tasking. Dieser Begriff wird hauptsächlich als Gegenstück zu Multi-Tasking verwendet. Gemeint ist die Abarbeitungsstrategie innerhalb eines Prozesses, bei der ein Dialogschritt eines Terminals vollständig durchgeführt wird, bevor mit der nächsten Eingabenachricht aus der Warteschlange fortgefahren wird. Der Prozeß ist also exklusiv einem Benutzer bzw. einem Terminal zugeteilt - für die Dauer der Programmausführung in einem Dialogschritt. Während der Übertragungszeiten und während der Benutzer nachdenkt und eintippt, steht der Prozeß anderen zur Verfügung.

Multi-Tasking

Multi-Tasking bedeutet (wie bereits mehrfach erwähnt), daß die Wartezeiten bei der Bearbeitung eines Tasks genutzt werden, um einen anderen Task voranzubringen. Es existieren also mehrere Tasks innerhalb eines Prozesses, von denen einer aktiv ist und die anderen auf die Beendigung einer Ein-/Ausgabe oder einer DB-Operation warten. Dadurch wird die dem Prozeß zugeteilte Rechenzeit besser ausgenutzt und potentiell der Durchsatz erhöht. Es ist allerdings ein zusätzlicher Aufwand für die Task-Verwaltung erforderlich.

Die vier denkbaren Kombinationen der Prozeß- und Task-Konzepte liefern eine erste grobe Klassifikation der Implementierungen von TP-Monitoren. Sie werden im folgenden mit den Schlagworten

Single-Process   /   Single-Tasking
Single-Process   /   Multi-Tasking
Multi-Process   /   Single-Tasking
Multi-Process   /   Multi-Tasking

oder mit den Abkürzungen S/S, S/M, M/S und M/M bezeichnet.

2.3.1.1. Ein-Prozeß-Lösungen (Single-Process)

Wenn es nur einen einzigen TP-Prozeß gibt, dann ist zunächst einmal die Aufgabe das BKS sehr einfach: Die Nachrichten von allen Terminals müssen jederzeit nur diesem Prozeß zugeleitet werden (n:1-Beziehung). Bei Anmeldung werden die Terminals fest mit diesem Prozeß verbunden und bleiben es bis zu ihrer Abmeldung.

Single-Process ist nicht einfach als Spezialfall von Multi-Process aufzufassen. Vielmehr ist der TP-Monitor so implementiert worden, daß er nur allein in einem Prozeß ablaufen kann. Insbesondere fehlen alle Einrichtungen zur gemeinsamen Benutzung von Ressourcen mit anderen Prozessen. Die von den TAPs benutzten Dateien sind diesem Prozeß exklusiv zugeteilt, mit Zugriffen von seiten anderer Prozesse braucht nicht gerechnet zu werden, da das BS sie verhindert. Es ist also keine Kommunikation oder Synchronisation mit anderen TP-Prozessen vorgesehen (wohl mit den DB-Prozessen, aber das ist etwas anderes, vgl. Kapitel 3).

Der einzelne TP-Prozeß muß vom BS gegenüber parallel ablaufenden Stapel- und auch Teilnehmerprozessen stark bevorzugt werden, denn solange er deaktiviert ist, wartet die ganze TP-Verarbeitung. Das ist besonders ungünstig, wenn in dem Prozeß *Single-Tasking* durchgeführt wird.

Diese Kontrollstrategie ist sehr einfach zu realisieren, weil stets nur ein TAP zur Zeit ausgeführt wird und somit nur eine Ablaufumgebung, ein Programmkontext (Befehlszähler, Registersatz, Speicherbereich für Variablen usw.) vorhanden sein muß. Datei- und Datenbankzugriffe werden synchron ausgeführt, so daß der gesamte Prozeß auf ihre Beendigung wartet. Abb. 2.17 skizziert den Kontrollfluß und die Prozessorbelegung für S/S.

Solange Transaktionen nur einen Dialogschritt umfassen (s. 2.1.2.1), werden sie zwangsläufig serialisiert, so daß Sperren auf den Objekten, die allein vom TP-Monitor kontrolliert werden, eigentlich nicht notwendig sind. Das betrifft Dateien und Speicherbereiche, die von verschiedenen Vorgängen genutzt werden dürfen. Sobald aber Transaktionen zwei oder mehr Dialogschritte umfassen, muß wieder gesperrt werden. Wartesituationen können dadurch aber nicht eintreten, denn eine Transaktion, die auf eine solche Sperre stößt, muß in jedem Fall sofort zurückgesetzt werden. Wartend blockierte sie den einzigen Task im einzigen Prozeß und nähme damit der Transaktion, die die Sperre hält, jede Chance, in einem weiteren Dialogschritt diese wieder freizugeben (Deadlock). Der TP-Monitor braucht also keine Warteschlangen für Sperren zu verwalten. Die Eingabenachricht der zurückgesetzten Transaktion wird ohne Interaktion mit dem Benutzer an das Ende der Eingangswarteschlange gestellt in der Hoffnung,

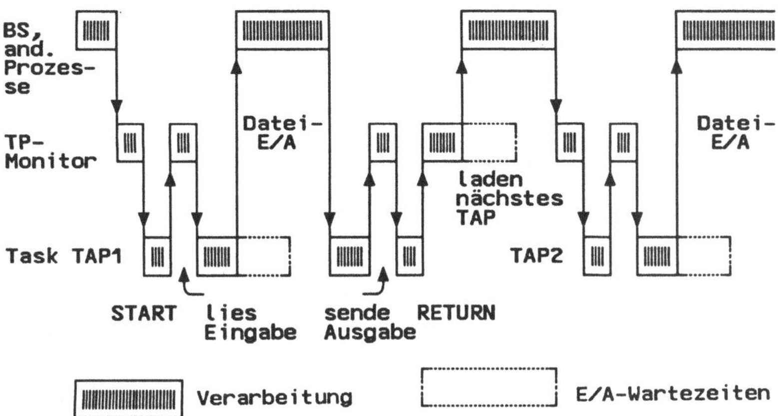

Abb. 2.17: Kontrollfluß und Aufteilung der Rechenzeit bei Single-Process/Single-Tasking

daß die Sperre freigegeben worden ist, wenn die Nachricht wieder zur Bearbeitung ansteht.

Der Benutzer merkt also nichts von diesem Zurücksetzen, außer durch die verlängerte Antwortzeit. Nun ist die S/S-Lösung aber ohnehin nicht für hohe Transaktionslast geeignet. Ihr Vorteil ist, daß sie einfach zu realisieren ist. Dadurch nutzt sie aber eben auch die verfügbaren Ressourcen nur schlecht aus: Bei Datei-E/A und DB-Operationen wartet praktisch die gesamte Transaktionsverarbeitung. Es gab TP-Monitore, die diese Technik benutzten, sie sind jedoch inzwischen als veraltet vom Markt genommen. Die Regel ist bei den Ein-Prozeß-Lösungen, vor allem wegen des höheren Durchsatzes, das interne Multi-Tasking.

Die wesentliche Idee hinter dem *Multi-Tasking* ist es, die zugeteilte Rechenzeit auch dann noch weiter auszunutzen, wenn eine Wartebedingung eintritt. Die einzige Wartebedingung, für die das auf keinen Fall möglich ist, ist der Verlust der Zeitscheibe mit dem Warten auf die erneute Prozessorzuteilung. Die Behandlung der übrigen Wartebedingungen hängt davon ab, ob der TP-Monitor selbst das Multi-Tasking durchführt oder sich auf die entsprechende Funktion des Betriebssystems abstützt.

Bei einem Multi-Tasking durch den TP-Monitor müssen das DVS des Betriebssystems und das DBVS asynchrone Funktionsaufrufe anbieten, wie sie in 2.2.4 und 2.2.5 beschrieben sind. Der Programmierer eines TAP braucht sie nicht zu berücksichtigen; er schreibt synchrone Aufrufe in das Programm. Der TP-Monitor setzt sie in asynchrone Aufrufe um und aktiviert einen anderen Task. Dies ist nicht möglich für die Behandlung einer Fehlseitenbedingung, denn hier erhält der TP-Monitor die Kontrolle gar nicht mehr.

Das Betriebssystem weiß nichts von den internen Tasks und teilt alle Ressourcen dem Prozeß als ganzem zu. Das gilt auch für das Zugriffsrecht auf eine Datei. Wenn nun nacheinander mehrere E/A-Operationen auf dieser Datei gestartet werden, stammen sie für das BS alle vom selben Auftraggeber. Deshalb braucht es auch keine Sperren zu halten. Problematischer ist es aber noch, wenn diese Operationen aufeinander aufbauen, weil sie z.B. sequentiell den nächsten Satz lesen wollen. Das BS verwaltet dann nur einen Positionszeiger in der Datei, auf den sich alle Operationen beziehen. Ohne korrigierende Maßnahmen im TP-Monitor könnte dann ein Task beim ''sequentiellen'' Lesen die Sätze 1, 3 und 6 erhalten und ein anderer, der parallel das gleiche Programm ausführt, die Sätze 2, 4 und 5.

Das sequentielle Lesen einer Datei ist in TAPs ohnehin nicht üblich und bleibt den Stapelprogrammen vorbehalten. Es kann aber nach einem direkten Zugriff auftreten, wenn mehrere Sätze mit gleichem Schlüssel verarbeitet werden sollen. Der TP-Monitor muß also den sequentiellen Zugriff für jeden einzelnen Task simulieren, und das kann bei Direktzugriffsdateien geschehen, indem er sich den Positionszeiger jedes Tasks in Form des Satzschlüssels merkt. Bei rein sequentiellen Dateien muß er die für einen Task gelesenen Sätze ggf. zwischenspeichern, bis der andere Task oder die anderen Tasks sie ebenfalls erreicht haben. Diese Aufgabe ist also nicht ganz einfach und wird noch weiter verkompliziert durch die Notwendigkeit, Sperren auf den Sätzen zu verwalten. Dabei kommen ähnliche Verfahren zum Einsatz, wie sie aus der Datenbank-Forschung seit langem bekannt sind [GLPT76, Gr78].

Zusätzlich zur Koordination der Dateizugriffe muß der TP-Monitor Betriebssystemfunktionen durchführen, wenn er einen Task deaktiviert, die entsprechende Ablaufumgebung sicherstellt, eine andere lädt und den dazugehörigen Task aktiviert (Scheduling und Dispatching). Das ist nicht nur aufwendig in der Implementierung, sondern kostet auch Zeit im laufenden Betrieb. Wenn man jedoch berücksichtigt, daß eine E/A-Operation 20 bis 30 Millisekunden dauert und eine DB-Operation meist noch erheblich länger, stellt man fest, daß in der entsprechenden Zeit auf einer Ein-MIPS-Maschine (MIPS = Millionen Instruktionen pro Sekunde) 20000 bis 30000 Befehle ausgeführt werden können, und das reicht sicher für mehrere Task-Wechsel. In Abb. 2.18 sind diese Zeitverhältnisse grob wiedergegeben. Die Zeitskala ist allerdings nicht vergleichbar mit der von Abb. 2.78; es geht nur um eine Darstellung der prinzipiellen

Arbeitsweise bei Single-Process/Multi-Tasking. Der Performance-Vorteil ist in der Regel sehr deutlich, weshalb sich auch kein Hersteller von der Komplexität der Implementierung hat abschrecken lassen.

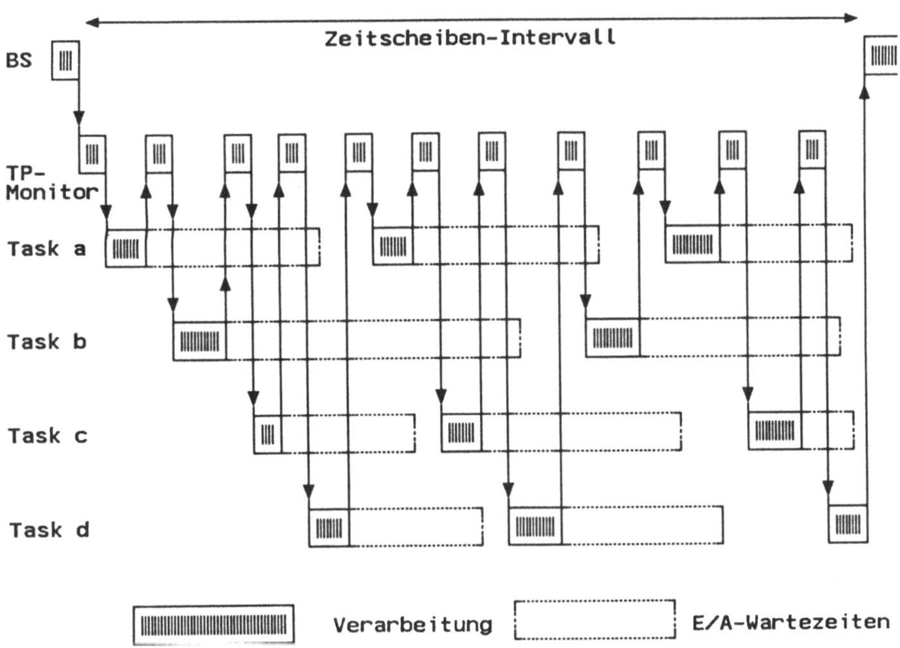

Abb. 2.18: Kontrollfluß und Prozessorzuteilung bei Single-Process/Multi-Tasking

Ein paar Unterschiede ergeben sich, wenn das Multi-Tasking vom Betriebssystem ausgeführt wird. Zum einen können nun auch Fehlseitenbedingungen innerhalb des TP-Prozesses behandelt werden, wenn das Scheduling des BS die Tasks desselben Prozesses bevorzugt. Dann brauchen die E/A-Operationen auch nicht mehr asynchron gestartet zu werden, falls sie nicht alle vom TP-Monitor (der als übergeordneter ''Master Task'' läuft) ausgeführt werden. Vor allem ist die Verwaltung der Tasks durch den TP-Monitor einfacher, weil er alles Scheduling und Dispatching dem Betriebssystem überlassen kann. Dem entgegen stehen, wie bereits erwähnt, die deutlich höheren Kosten der Task-Verwaltung, die sich auf Antwortzeit und Durchsatz auswirken.

2.3.1.2. Mehr-Prozeß-Lösungen (Multi-Process)

Wenn ein TP-Monitor ein prozeßinternes Multi-Tasking durchführt, dupliziert er Funktionen des Betriebssystems. Unter Umständen arbeiten die beiden sogar gegeneinander: Der TP-Monitor startet asynchrone E/A und wechselt über zu einem anderen Task, doch dieser löst sofort eine Fehlseitenbedingung aus und führt dadurch doch zu einer Deaktivierung des gesamten Prozesses. Ausgehend von dieser Überlegung wurde in der Entwicklung der TP-Monitore parallel ein zweiter Weg eingeschlagen, der sich allein auf die im Betriebssystem vorhandenen Mechanismen zur zeitlich verzahnten Ausführung mehrerer Programme (''Multi-Programming'') abstützt und mehrere gleichartige Prozesse für die Transaktionsverarbeitung einsetzt. Bei Dateizugriffen und Datenbankaufrufen, aber nun auch bei Fehlseitenbedingungen und Ablauf der Zeitscheibe bedeutet die Blockierung eines TP-Prozesses nicht, daß die gesamte Verarbeitung wartet. Ein anderer TP-Prozeß kann vom BS aktiviert werden und mit seinem Task (oder seinen Tasks) fortfahren. Mehrere parallel laufende Prozesse erlauben es obendrein, die Kapazitäten von Multi-Prozessoren (mit gemeinsamem Hauptspeicher) auszunutzen.

Ein neues Problem stellt sich bei den Mehr-Prozeß-Lösungen dadurch, daß es nun die Arbeit gleichmäßig zu verteilen gilt. Das beginnt mit der *Zuteilung der Eingabenachrichten*, die in Zusammenarbeit mit dem BKS erfolgt. Erlaubt das BKS nur die statische Zuordnung zwischen Prozessen (s. 2.2.2, Abb. 2.13 b), so gibt es für den TP-Monitor zwei Realisierungsmöglichkeiten: Entweder sieht er eine Partitionierung des Terminalbestands in disjunkte Mengen vor, von denen jeweils eine mit einem Prozeß verbunden wird. Tandems PATHWAY [Tan82b] geht nach dieser Methode vor. Oder er bestimmt einen bestimmten Prozeß zum ''Master'' und Nachrichtenverteiler, mit dem alle Terminals verbunden sind und der die Aufträge über Inter-Prozeß-Kommunikation an die anderen Prozesse weiterreicht. So wurde es in IMS [Mc77] implementiert. Die erste Lösung hat den Vorteil, daß sie einfach zu realisieren ist, sowohl für das BKS als auch für den TP-Monitor. Die Vorgangsgedächtnisse brauchen nicht zwischen Prozessen verschoben zu werden, weil die nächste Nachricht vom selben Terminal immer wieder beim selben Prozeß eintrifft. Allerdings muß jeder Prozeß alle TAPs ausführen können. Und die Anpassung an geänderte Lastsituationen kann nur durch Eingriff des Administrators erfolgen, der eine neue Aufteilung des Terminalbestands vornimmt und dementsprechend Prozesse erzeugt oder beendet. Die Implementierung dieser Umkonfigurierung im laufenden Betrieb ist dann auch wieder nicht so ganz einfach.

Die zweite Lösung ist in dieser Hinsicht sehr viel flexibler, weil der Master-Prozeß alle Kenntnisse über das interne Verhalten der anderen Prozesse hat und dies bei der Nachrichtenverteilung berücksichtigen kann. So kann er die einzelnen Vorgänge verfolgen und die aufeinanderfolgenden Dialogschritte eines Vorgangs jeweils demselben Prozeß zuweisen. Das erspart wiederum das Verschieben des Vorgangsgedächtnisses zwischen den Bearbeitungsprozessen. Allerdings ist der Aufwand für die Inter-Prozeß-Kommunikation auch ohne das sehr hoch, weil jede Eingabenachricht vom Master zu einem der Bearbeitungsprozesse geschickt werden muß und jede Ausgabenachricht in umgekehrter Richtung. Der Vorteil dieser Lösung liegt in der Unabhängigkeit vom Betriebssystem und dem BKS, das nur die statische Zuordnung aller Terminals zu einem Prozeß zu realisieren braucht.

Anders ist die Situation, wenn schon das BKS die Verteilung der Eingabenachrichten auf die Prozesse vornehmen kann. Einen logischen Zusammenhang zwischen den Nachrichten kann es natürlich nicht kennen, so daß die Dialogschritte eines Vorgangs u.U. in verschiedenen Prozessen ausgeführt werden müssen. Das bedeutet insbesondere wieder, daß alle Funktionen (TACs) in jedem Prozeß verfügbar sein müssen. Der Austausch der Vorgangsgedächtnisse erfolgt sinnvollerweise über gemeinsame Speicherabschnitte. Die Verantwortung für die Lastverteilung wird allein dem BKS überlassen, das meistens nur zyklisch vorgehen wird und höchstens noch Zähler verwalten kann, wieviele Nachrichten zur Zeit in jedem der Prozesse bearbeitet werden. Das ist allerdings immer noch flexibler als die statische Zuordnung.

Eine weitere Variante ergibt sich, wenn ein wesentlicher Teil des TP-Monitors in das Betriebssystem eingelagert wird, also im privilegierten Modus abläuft und selbst an der Verteilung der Nachrichten teilnimmt. Ein Beispiel dafür ist UTM [HV79]. Dann steht natürlich wieder (wie in der Master-Slave-Variante) sehr viel mehr Information über die Verarbeitungszusammenhänge zur Verfügung, so daß alle Nachrichten eines Vorgangs zum selben Prozeß geschickt werden können. UTM macht davon allerdings keinen Gebrauch. Die starke Verflechtung mit dem Betriebssystem, die sich in der Verwendung von internen Tabellen und anderen Datenstrukturen ausdrückt, führt allerdings zu einer Abhängigkeit, die mit einem Versionswechsel im BS meist auch einen Versionswechsel beim TP-Monitor erzwingt.

Wenn die Nachrichten ohne Rücksicht auf die Zugehörigkeit zu einem Vorgang auf die Prozesse verteilt werden, entsteht ein kleineres technisches Problem durch Transaktionen, die mehr als einen Dialogschritt umfassen. Die Sperren dieser Transaktion müssen dann auch von einem Prozeß zum anderen transferiert werden, was nicht so schlimm ist, wenn es um Betriebsmittel des TP-Monitors geht. Für Datenbanksysteme ist das allerdings ein ganz neuer Aspekt, weil sie Transaktionen dann von einem Prozeß abkoppeln und einem anderen zuweisen müssen.

Wenn die TAPs auf gemeinsame Dateien zugreifen, ist der TP-Monitor in einer Mehr-Prozeß-Lösung auf die Unterstützung des BS angewiesen. Da der gemeinsame Zugriff im ''Shared-Update''-Modus oft nur auf Direktzugriffsdateien und Dateien mit blockorientiertem Zugriff möglich ist, bilden manche TP-Monitore die Zugriffsmethoden SAM (''sequential access method'') und ISAM (''index-sequential access method'') selbst nach. Dabei sind wieder die gleichen Koordinierungsaufgaben zu erfüllen wie schon beim Multi-Tasking innerhalb eines einzelnen Prozesses.

Da es bei den Mehr-Prozeß-Lösungen ja gerade darum ging, alles Scheduling und Dispatching dem Betriebssystem zu überlassen, werden sie in den meisten Fällen mit *Single-Tasking* kombiniert. Die Parallelität der Verarbeitung entspricht der von Single-Process/Multi-Tasking, wenngleich die Zahl der Prozesse, die bei M/S die Parallelität begrenzt, nicht so einfach zu ändern ist wie die Zahl der Tasks in einem Prozeß. Abb. 2.19 stellt in der gewohnten Weise den Kontrollfluß zwischen den Prozessen und die Rechnerzuteilung dar. Dabei wurde die Master-Slave-Konfiguration zugrundegelegt: Der als ''TP-Monitor'' bezeichnete Prozeß nimmt dabei alle Nachrichten vom BS (genauer: dem BKS) entgegen und gibt sie an die ''TP-Prozesse'' weiter. Diese müssen für einige Funktionen die Dienstleistung des Masters in Anspruch nehmen, sie wickeln jedoch auch selbst E/A-Operationen ab (z.B. zum Laden der TAPs), die als Wartezeiten gekennzeichnet sind. Die in Abb. 2.16 als ''Datei- und DB-Schnittstelle'' bezeichnete Komponente des TP-Monitors läuft also mit den TAPs und einer rudimentären Task-Verwaltung zusammen in den TP-Prozessen ab. Das ist bei IMS übrigens nicht der Fall, hier ist sie ebenfalls im Hauptprozeß angesiedelt, so daß die E/A-Operationen über eine Auftragsbeziehung dorthin geleitet werden müssen. Diese Lösung bedeutet natürlich einen enormen Kommunikationsaufwand zwischen den Prozessen, sie ist aber dennoch angebracht, wenn das BS nur sehr unzureichende Mechanismen zum gemeinsamen Zugriff von mehreren Prozessen aus bietet.

Ein weiterer wesentlicher Unterschied zur S/M-Lösung ist, daß bei der Deaktivierung eines Tasks (durch synchrones Warten) anstelle eines Task-Wechsels ein Prozeßwechsel auftritt, der erheblich teurer ist. Der TP-Prozeß verliert dabei die Kontrolle vollständig, und die Annahme ist, daß das Betriebssystem einen anderen TP-Prozeß aktiviert, so daß die TP-Verarbeitung insgesamt weitergehen kann. Wenn es jedoch im Hintergrund noch Stapelprozesse gibt, wird das BS auch beim stärksten Ungleichgewicht in den Prioritäten ab und zu einen davon aktivieren und damit die TP-Verarbeitung unterbrechen. Aus diesen Gründen kann es sinnvoll sein, auch in

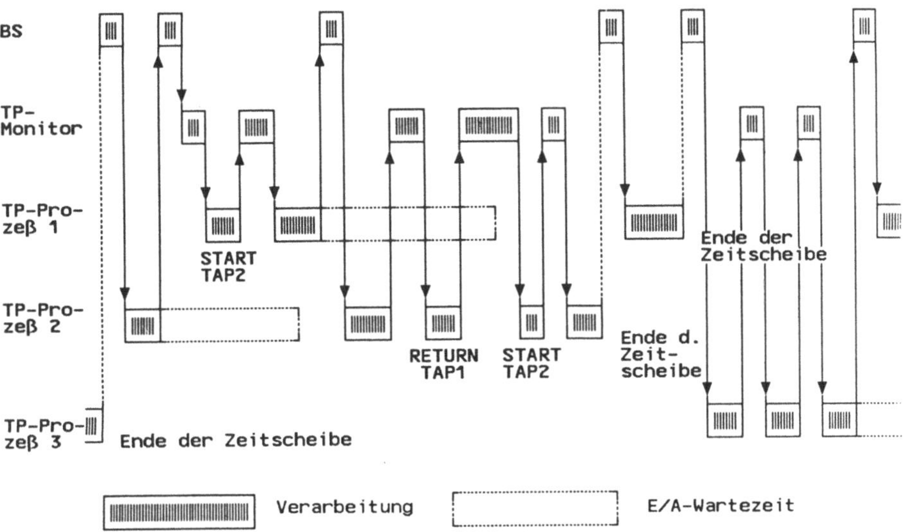

Abb. 2.19: Kontrollfluß und Prozessorzuteilung bei Multi-Process/Single-Tasking (Master-Slave-Variante)

einer Mehr-Prozeß-Konfiguration *Multi-Tasking* einzusetzen, denn dann geben die TP-Prozesse die Kontrolle nur noch bei Zeitscheibenende oder Fehlseitenbedingung ab, aber nicht mehr bei Datei-E/A oder Datenbankaufrufen. In Tabelle 2.3 ist noch einmal zusammengefaßt, wie die vier Prozeß- und Task-Konzepte auf die verschiedenen Wartesituationen reagieren.

Die Steuerungslogik des TP-Monitors wird bei Multi-Process/Multi-Tasking sehr komplex, da sie sowohl die prozeßübergreifende Auftragsverteilung als auch das prozeßinterne Scheduling und Dispatching umfassen muß. Es kann also ein zweistufiges Monitor-Konzept erforderlich sein. Nur wenn die Zuordnung von Terminals zu Prozessen statisch ist und die TP-Prozesse sich die Menge der Terminals aufteilen, entfällt die Notwendigkeit der globalen Lastverteilung (Tandems PATHWAY arbeitet nach diesem Prinzip [Tan82b]). Doch auch dann müssen sich die TP-Prozesse untereinander beim Zugriff auf gemeinsame Betriebsmittel synchronisieren. Bei allen Nachteilen

	S/S	S/M	M/S	M/M
Datei-E/A	P	T	P	T
DB-Operation	P	T	P	T
Paging	P	P/T	P	P/T
Sperrkonflikt	–	T	P	T
Zeitscheibenverlust	P	P	P	P

Tabelle 2.3: Behandlung von Wartesituationen in den vier Prozeß- und Task-Konzepten (P = Prozeßwechsel, T = Task-Wechsel)

nutzt M/M die den TP-Prozessen zugeteilten Ressourcen potentiell am besten aus und ist deshalb sicher ein Kandidat für Hochleistungssysteme.

2.3.2. Die Programmverwaltung

Zu jeder Eingabenachricht muß ein Programm aufgerufen werden. Anders ausgedrückt, hat jeder Task ein TAP auszuführen (evtl. auch mehrere hintereinander). Je nachdem, welches der im letzten Abschnitt vorgestellten Prozeß- und Task-Konzepte benutzt wird, kann ein und dasselbe TAP gleichzeitig von mehreren Tasks ausgeführt werden. Und die können im selben Prozeß ablaufen oder in verschiedenen. Die Aufgabe der Programmverwaltung ist es, unter diesen Randbedingungen jedem Task das gewünschte Programm zur Verfügung zu stellen und dabei global die Wartezeiten, die Redundanz, den Speicherbedarf und die Zahl der Plattenzugriffe zu minimieren. Sie muß dabei eine Eigenschaft des TAP-Codes berücksichtigen, die als Wiederverwendbarkeit bezeichnet werden soll. Es gibt von dieser Eigenschaft vier Ausprägungen:

unbekannt:

Es gibt keine Informationen darüber, in welchem Zustand der Code nach einer Ausführung ist. Es muß damit gerechnet werden, daß die Ausführung den Code modifiziert hat und daß diese Modifikationen die nächste Ausführung erheblich beeinträchtigen. Aus Sicherheitsgründen muß deshalb beim nächsten Aufruf eine frische Kopie aus der Bibliothek geladen werden.

seriell wiederverwendbar (reusable):

Der Code ist so angelegt, daß er beliebig oft hintereinander ausgeführt werden kann. Alle Modifikationen, die eine Ausführung am Code vornimmt, werden entweder von ihr selbst rückgängig gemacht oder zu Beginn der nächsten Ausführung durch explizite Initialisierung überschrieben. Der Code enthält also zusätzliche Befehle, die die Wiederverwendbarkeit sicherstellen. Das Prozedurkonzept höherer Programmiersprachen wie ALGOL, PL/1 oder PASCAL gewährleistet dies automatisch. In COBOL wird die explizite Initialisierung oft dadurch erzwungen, daß alle Variablen in einem separaten Arbeitsbereich abgelegt werden müssen, der vom TP-Monitor verwaltet wird, als Parameter (in der LINKAGE SECTION) übergeben wird und zu Beginn einen undefinierten Inhalt hat (z.B. der PAB, s. 2.1.2.2). Leider bedeutet das noch nicht, daß der Code dann nur noch gelesen wird. Man muß damit rechnen, daß der COBOL-Übersetzer versteckte Variablen generiert, etwa in PERFORM-Anweisungen. Bei diesen Variablen verlangt aber schon die Semantik der Sprache eine explizite Initialisierung, denn schließlich soll eine PERFORM-Anweisung, die mehrfach durchlaufen wird, ihre Bedeutung dabei nicht verändern.

abschnittweise wiederverwendbar (quasi-reentrant, multi-using):

Dieser Typ von Code ist eigentlich erst durch TP-Monitore in die Welt gesetzt worden, und zwar speziell durch solche, die ein eigenes Multi-Tasking durchführen. Bei ihnen findet ein Task-Wechsel nämlich nur in einem TP-Monitor-Aufruf statt, wenn dieser in eine asynchrone Datei- oder Datenbankoperation umgesetzt wird. Führt der dadurch reaktivierte andere Task dasselbe Programm aus, so kann er nur aus einem TP-Monitor-Aufruf auftauchen und von dort weiterarbeiten. Wenn man sich also den dynamischen Pfad durch das Programm in Abschnitte unterteilt denkt, die jeweils durch zwei TP-Monitor-Aufrufe begrenzt sind und keinen weiteren Monitoraufruf enthalten, so reicht es aus, jeden dieser Abschnitte für sich wiederverwendbar zu machen, um den ganzen Code in einer einzigen Kopie von beliebig vielen Tasks gleichzeitig ausführen zu lassen. Höchstens einer von ihnen kann gerade einen Abschnitt durchlaufen, alle anderen warten in irgendeinem Monitoraufruf auf dessen Beendigung. Die entscheidende Voraussetzung ist, daß ein Task nur an genau festgelegten Stellen die Kontrolle verlieren kann.

Zu Beginn eines Abschnitts müssen alle Variablen des Codes als undefiniert betrachtet und initialisiert werden. Die Ergebnisse aus den vorangegangenen Abschnitten dürfen also nicht im Code selbst abgelegt werden, sondern wieder nur in einem separaten Speicherbereich, der jedem Task exklusiv zugeordnet ist. Variablen in diesem Bereich bleiben über jeden Monitoraufruf hinweg unverändert erhalten, Variablen im Code dagegen, die durchaus auch benutzt und verändert werden dürfen, sind nach einem Monitoraufruf möglicherweise zerstört. Es sollte klar geworden sein, daß die Programmierung abschnittweise wiederverwendbarer Programme alles andere als einfach ist. Sie ist daher nur als Notlösung zu betrachten.

ablaufinvariant (reentrant):

Wenn alle Variablen in die separaten Arbeitsbereiche gelegt werden (auch die ggf. vom Compiler generierten), wird der Code bei seiner Ausführung nur noch gelesen ("read-only"). Dann kann er gleichzeitig von beliebig vielen Tasks benutzt werden, die bei jedem Befehl die Kontrolle verlieren können. Selbst die "echte" Parallelität von Mehrprozessoranlagen ist auf diesem Code zulässig. Um ihn zu erzeugen, muß sich der Programmierer entweder auf Assembler-Niveau bewegen oder durch den Compiler unterstützt werden.

Die Reihenfolge dieser Ausprägungen wurde so gewählt, daß die Anforderungen jeweils steigen. Ablaufinvarianter Code ist natürlich auch wiederverwendbar, abschnittweise wiederverwendbarer ist auch seriell wiederverwendbar usw. Wenn also im folgenden von einer Methode gesagt wird, daß sie wiederverwendbare TAPs voraussetzt, so ist sie auch auf ablaufinvariante anwendbar.

Die Ausführung eines Programms durch einen Task (oder einen Prozeß) bezeichnet man als *"Thread"* (engl. f. Faden, Handlungslinie). Für eine Kopie des Codes kann es aus globaler Sicht zwei verschiedene Nutzungsarten geben:

Single-Threading:

Jede Kopie wird nur von einem Task zur Zeit ausgeführt. Der Code braucht dazu weder abschnittweise wiederverwendbar noch ablaufinvariant zu sein. Wollen mehrere Tasks dasselbe TAP ausführen, erhalten sie entweder alle eine eigene Kopie (*Multi-Copy-Technik*) oder sie benutzen nacheinander dieselbe Kopie. Die zweite Methode, bei der bis auf einen alle Tasks warten müssen, ist natürlich nur für wiederverwendbare TAPs anwendbar. Für unbekannte muß auf jeden Fall geladen werden, so daß die Serialisierung nur bei Speicherknappheit sinnvoll erscheint.

Multi-Threading:

Mehrere Tasks durchlaufen zur gleichen Zeit dieselbe Kopie des TAP-Codes, der dazu mindestens abschnittweise wiederverwendbar sein muß.

Multi-Threading wird sehr oft mit Multi-Tasking verwechselt oder bewußt gleichgesetzt. Sie sollten aber unterschieden werden: Wenn bei Multi-Process/Single-Tasking ablaufinvariante TAPs in gemeinsamen Speicherabschnitten liegen, werden sie im Multi-Threading genutzt - trotz Single-Tasking! Umgekehrt ist auch bei Multi-Tasking nur Single-Threading möglich, wenn die Programme eben nur seriell wiederverwendbar sind. Beide Begriffe beziehen sich auf ganz unterschiedliche Dinge.

Neben der Nutzungsart hängt noch eine zweite Frage von der Wiederverwendbarkeit ab, nämlich wann die TAP-Kopie im Hauptspeicher bereitzustellen ist. Die TAPs können *statisch* zum TP-Monitor *gebunden* werden und bleiben dann während der ganzen Laufzeit des Prozesses im Speicher. Sie können aber auch dynamisch geladen und bei Bedarf wieder überschrieben werden. Etwas verallgemeinert soll unter dem statischen Binden neben dem Zusammenfügen zu einem einzigen lauffähigen Programm (einer ''Phase'') mit Hilfe des Binders auch noch das einmalige Nachladen und dynamische Binden beim Hochfahren verstanden werden. Während das System läuft, sind aber stets alle TAPs im (virtuellen) Hauptspeicher vorhanden; dann findet kein Nachladen mehr statt. Die TAPs müssen also wiederverwendbar sein. Eine Multi-Copy-Technik ist nur sehr bedingt sinnvoll, weil man schon von vorneherein festlegen muß, wieviele Kopien von jedem TAP geladen werden sollen. Das kostet zusätzlichen Speicherplatz und lohnt sich daher nur für TAPs mit außerordentlich hoher Nutzungsfrequenz. Die Verwaltung der TAPs ist sehr einfach: Es genügt eine Tabelle, die zu jedem Programm die Anfangsadresse enthält und nie geändert wird.

Der Speicherplatzbedarf ist bei statischem Binden relativ hoch, so daß es praktisch nur bei virtueller Adressierung in Frage kommt. Die Verantwortung für die effiziente Ein- und Auslagerung liegt damit allein beim Betriebssystem (Seitenwechsel-Verfahren, Paging). Auf jeden Fall müssen alle TAPs in den virtuellen Adreßraum passen, und es gibt durchaus schon Anwendungen, die an die Grenze von 8 MB stoßen bzw. sie weit überschreiten. (Diese Zahl ist nur als Beispiel aufzufassen. Bei der üblichen 24-Bit-Adressierung umfaßt der virtuelle Adreßraum 16 MB, von denen allerdings die für das BS reservierten Abschnitte abgezogen werden müssen. Was dann übrigbleibt, liegt oft näher bei 4 MB als bei 8 MB). Der Einsatz der 32-Bit-Adressierung wird dieses Problem wesentlich entschärfen. Unmöglich oder zumindest sehr umständlich bleibt aber auch dann das Ändern von TAPs im laufenden Betrieb.

Deshalb unterstützt eine Reihe von TP-Monitoren das *dynamische* Laden von TAPs. In Realspeicher-Betriebssystemen gab es zunächst gar keine andere Möglichkeit, weil der einem Prozeß zugewiesene Speicherplatz nicht sehr groß sein konnte. Er dient sozusagen als Puffer für die TAPs in der Bibliothek auf dem Hintergrundspeicher. Für das Nachladen bieten die Betriebssysteme in der Regel Funktionen an; in einigen TP-Monitoren wurden jedoch auch eigene Nachladeroutinen realisiert, die erheblich schneller sein sollen (so bei SHADOW II [SHAD]). In jedem Fall ist eine Freispeicherverwaltung durchzuführen, und bei Aufruf eines TAP muß zuerst geprüft werden, ob es schon im Hauptspeicher verfügbar ist. Andernfalls muß freier Platz gesucht und ggf. ein ungenutztes TAP zum Überschreiben ausgewählt werden, damit das gewünschte TAP geladen werden kann. Es können auch Wartezeiten auftreten, wenn nicht mehr genug Platz frei ist und alle geladenen Programme noch ausgeführt werden. Der Verwaltungsaufwand ist erheblich höher als beim statischen Binden.

Einige TP-Monitore lassen auch beide Möglichkeiten zu: Sie können einen Teil der TAPs resident im Speicher halten - dafür bieten sich die ablaufinvarianten an - und einen anderen dynamisch laden. Das gibt dem Administrator mehr Möglichkeiten, die Installation an die spezifische Last anzupassen. Er kann den Vorteil, den ablaufinvariante TAPs bieten, voll ausnutzen und doch die Verwendung von nicht wiederverwendbaren TAPs zulassen.

Die Zusammenhänge zwischen der Wiederverwendbarkeit des TAP-Codes, seiner Nutzungsart und der Bereitstellung im Hauptspeicher werden in Tabelle 2.4 noch einmal zusammenfassend dargestellt. Wie man sieht, enthalten die beiden Zeilen für abschnittweise wiederverwendbare und ablaufinvariante Programme die gleichen Einträge. Ein Unterschied ergibt sich erst, wenn man auch noch das Prozeß- und Task-Konzept einbezieht.

| | dyn. Laden | | stat. Binden | | |
	Single-	Multi-	Single-	Multi-	Threading
unbekannt	+	−	−	−	
seriell wiederverw.	+	−	+	−	
abschnittweise wiederv.	o	+	o	+	
ablaufinvariant	o	+	o	+	

(+ = geeignet, o = möglich, aber nicht angemessen, − = unmöglich)

Tabelle 2.4: Die möglichen Nutzungsarten bei den vier Ausprägungen der Wiederverwendbarkeits-Eigenschaft von TAPs

Bei Single-Process/Single-Tasking kann es ohnehin nur Single-Threading geben, so daß weder die abschnittweise Wiederverwendbarkeit noch die Ablaufinvarianz von Programmen ausgenutzt werden können. Serielle Wiederverwendbarkeit ist dagegen von großer Bedeutung, denn sie vermeidet das Neuladen des TAPs, und jede Ein-/Ausgabe unterbricht die gesamte TP-Verarbeitung. Das ist bei Single-Process/Multi-Tasking nicht der Fall, weil das Laden asynchron durchgeführt wird und währenddessen ein anderer Task an die Reihe kommt. Dabei kann Multi-Copy sehr sinnvoll sein, um auch TAPs, die ein Single-Threading verlangen, mehrfach parallel ausführen zu können. Abschnittweise wiederverwendbare und ablaufinvariante TAPs können im Multi-Threading genutzt werden, und dann lohnt sich das dynamische Laden wohl nur noch bei extremer Platzknappheit oder bei TAPs, die häufig geändert werden. Ohnehin dürfte ein ablaufinvariantes TAP nur selten unbenutzt sein und zum Überschreiben zur Verfügung stehen. Damit wird eine hohe Lokalität der Verarbeitung erreicht und die Fehlseitenrate reduziert, was bei Ein-Prozeß-Lösungen von besonderer Bedeutung ist: Jedes Eintreten einer Fehlseitenbedingung (page fault) unterbricht die gesamte TP-Verarbeitung.

In Mehr-Prozeß-Lösungen ist es für Tasks in verschiedenen Prozessen nur mit Unterstützung durch das Betriebssystem möglich, denselben TAP-Code zu durchlaufen. Das BS muß die gemeinsamen Speicherabschnitte bereitstellen und, wenn diese schreibgeschützt sind, auch besondere Funktionen anbieten, die die TAPs in diese Bereiche laden. Dafür kommen eigentlich nur ablaufinvariante TAPs in Frage; in modifizierbare Abschnitte könnte man zwar auch wiederverwendbare laden, doch müßten sich die Prozesse dann bei der Ausführung dieser Programme explizit synchronisieren. Aus dem gleichen Grund wäre auch das dynamische Laden in solche Bereiche mit hohem Aufwand verbunden. Für den privaten Adreßraum jedes einzelnen Prozesses gelten wieder die gleichen Aussagen wie in der Ein-Prozeß-Lösung, wobei die Deaktivierung eines Prozesses aufgrund einer E/A oder einer Fehlseitenbedingung natürlich nicht mehr so kritisch ist. In Tabelle 2.5 sind gegenüber Tabelle 2.4 auch noch die Aspekte der Prozeß- und Task-Konzepte berücksichtigt, wobei die ''unmöglichen'' Fälle (z.B. Multi-Threading bei nur seriell wiederverwendbarem Code) schon weitgehend ausgeklammert sind.

Zu der etwas kompakten Darstellung in Tabelle 2.5 sind noch einige Erläuterungen nötig. Die erste Spalte nennt die Wiederverwendbarkeit des TAP, in der zweiten ist die Nutzungsart aufgeführt. Die gar nicht oder nur seriell wiederverwendbaren TAPs können ohnehin nur im Single-Threading genutzt werden, so daß eine Zeile für Multi-Threading bei ihnen entfallen konnte. Stattdessen bezieht sich jeweils die zweite Zeile

Bereitstellung:		dyn. Laden		statisches Binden			
Speicherbereich:		privat		privat		gemeinsam	
Tasking:		S-T	M-T	S-T	M-T	S-T	M-T
unbekannt	Single-Thr.	+	o	–	–	–	–
	Multi-Copy	–	+	–	–	–	–
seriell wieder-verwendbar	Single-Thr.	o	o	+	+	o	o
	Multi-Copy	–	o	–	+	o	o
abschnittweise wiederverwendbar	Single-Thr.	+	o	+	o	o	o
	Multi-Thr.	–	+	–	+	o	o
ablaufinvariant	Single-Thr.	+	o	+	o	+	o
	Multi-Thr.	–	+	–	+	+	+

(+ = sinnvoll, o = möglich, aber nicht sinnvoll, – = unmöglich,
(S-T = Single-Tasking, M-T = Multi-Tasking)

Tabelle 2.5: Zusammenhänge zwischen TAP-Eigenschaft, Threading, Bereitstellung im Hauptspeicher, Prozeß- und Task-Konzept

auf die Multi-Copy-Technik, während bei der ersten Zeile stets nur eine Kopie angenommen wird. Beides sind Varianten der Single-Threading-Technik. Für abschnittweise wiederverwendbare und ablaufinvariante TAPs ist Multi-Copy dagegen nicht sinnvoll, so daß nur zwischen Single- und Multi-Threading unterschieden wird.

Die übrigen Spalten sind jeweils mit einem Kopf versehen. Hinter der Unterscheidung privater und gemeinsamer Speicherbereiche verbirgt sich das Prozeßkonzept Gemeinsame Bereiche kann es nur bei Multi-Process geben, und sie sind genau der Unterschied zu Single-Process, der für die Programmverwaltung bedeutsam ist. Das Threading der Programme in diesen Abschnitten wurde aus globaler, prozeßübergreifender Sicht betrachtet; nur deshalb kann sich bei Single-Tasking überhaupt Multi-Threading ergeben (und als sinnvoll erweisen).

Völlig unberücksichtigt blieb bisher, daß bei Multi-Process nicht unbedingt in jedem Prozeß auch jedes TAP zur Verfügung stehen muß. Stattdessen können auf ganz verschiedene Arten Teilmengen gebildet werden, wie es in Abb. 2.20 veranschaulicht ist. Jede Zeile einer Zuordnungsmatrix steht für einen Prozeß (1 bis p), und sie enthält ein Kreuz in der Spalte jedes TAPs (1 bis m), das in diesem Prozeß ausführbar ist. Bei den

1:n-Zuordnungen ist in mehreren Prozessen die gleiche Teilmenge verfügbar, während
bei den 1:1-Zuordnungen alle Prozesse verschiedene Teilmengen anbieten (wobei vor
allem die redundanzfreien Zuordnungen einige interessante Aspekte bieten).

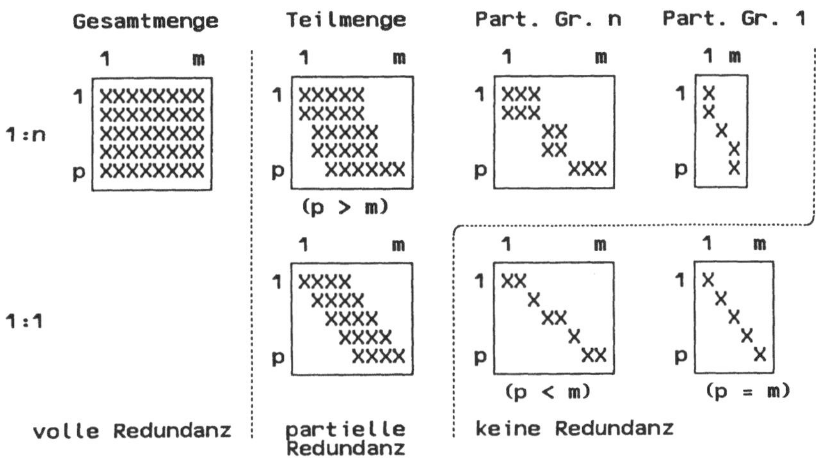

Abb. 2.20: Möglichkeiten zur Verteilung der TAPs auf die Prozesse

Ein Anlaß für die Teilmengenbildung, die ja zunächst bei der Lastverteilung einige
Umstände macht, kann sein, daß man gezielt TAPs trennen will, um ihre gegenseitige
Einflußnahme zu verhindern. Beim Test eines neuen TAP in der Produktionsumgebung
können durchaus Fehler auftreten, die zur falschen Adressierung und zur
Beeinträchtigung bereits getesteter TAPs führen. Die Teilmengenbildung kann sich
aber auch an dem Betriebsmittelbedarf der TAPs orientieren und ''Langläufer'' in
einen eigenen Prozeß stecken, der schon gegenüber dem Betriebssystem mit niedrigerer
Priorität gekennzeichnet ist. Das Hinzufügen neuer TAPs im laufenden Betrieb ist
ebenfalls einfacher, weil nicht mehr alle Prozesse gleichzeitig von ihnen erfahren
müssen: Der TP-Monitor verwaltet ohnehin Tabellen, aus denen die Zuordnung der
TAPs zu den Prozessen hervorgeht. Sobald das neue TAP in den ersten Prozeß eingebracht ist - und dazu muß dieser bei statischem Binden beendet und neu gestartet
werden -, bedarf es nur einer kleinen Änderung dieser Tabellen, und das TAP ist für
die Benutzer verfügbar. Nach und nach, während es schon eingesetzt wird, kann es
dann auch in die anderen Prozesse eingebracht werden. Am einfachsten ist es
allerdings bei 1:1-Zuordnung und Partitionen der Größe 1: Es wird ein neuer Prozeß

mit dem TAP gestartet.

Auf die Nachteile der Teilmengenbildung für die Lastkontrolle wurde bereits hingewiesen. Je geringer die Redundanz ist, desto stärker ist damit zu rechnen, daß sich prozeßspezifische Warteschlangen herausbilden, die sich eben nicht durch Umverteilung auf andere Prozesse auflösen lassen.

Nach der Untersuchung der Randbedingungen und Techniken bei der Speicherverwaltung und ihrer komplexen Zusammenhänge drängt sich die Frage auf, was davon denn bei der Implementierung eines TP-Monitors berücksichtigt werden soll oder muß. Ein System, das alle Kombinationen zuläßt, wäre nicht nur äußerst aufwendig in der Realisierung (und schon deshalb ineffizient), sondern bürdete die ganze Verantwortung bei der Installation dem Systemadministrator auf, der aus der Fülle der Möglichkeiten die richtige Kombination auswählen müßte. (Es gibt allerdings auch Anwender, die genau das wünschen). Eine erste wesentliche Einschränkung liegt darin, den Programmierern Vorschriften bezüglich der Wieder- und Mehrfachverwendbarkeit von TAPs zu machen. Ein TP-Monitor, der nur ablaufinvariante TAPs verwalten kann, ist leichter effizient zu machen als einer, der auch nicht wiederverwendbare verträgt. Und zum zweiten spielt das ausgewählte Prozeß- und Task-Konzept eine große Rolle, wie die Tabelle 2.5 zeigt.

Der Versuch einer qualitativen Bewertung führt auf drei Zielgrößen, die wesentlich von der Progammverwaltung bestimmt werden und die es zu optimieren gilt:

- den Speicherplatzbedarf
- die Anzahl der erforderlichen E/A-Operationen (inkl. Paging)
- Wartezeiten auf die Bereitstellung des TAP (z.B. vor einer Kopie
  im Single-Threading).

Auch ohne ausführliche Rechnung dürfte klar sein, daß das statische Binden ablaufinvarianter TAPs (bei Multi-Process im gemeinsamen Speicher) allen anderen Techniken in dieser Hinsicht überlegen ist. Daß es dennoch nicht überall eingesetzt wird, liegt an den schwer quantifizierbaren Randbedingungen, die manchmal einzuhalten sind:

- es gibt zu viele und zu große TAPs, so daß nicht alle gleichzeitig
  in den Speicher passen.
- es müssen auch nicht ablaufinvariante TAPs verwaltet werden.
- es besteht der Wunsch, häufig TAPs im laufenden Betrieb zu ändern
  oder neue hinzuzufügen.

In diesen Fällen muß trotz des damit verbundenen Performance-Verlusts das dynamische Laden eingesetzt werden. Wenn die Alternative darin besteht, den TP-Monitor mit seinen TAPs überhaupt nicht hochfahren zu können, wird man das auch klaglos in Kauf nehmen. Die 32-Bit-Adressierung mit der enormen Vergrößerung der virtuellen Adreßräume auf 2 Gigabyte wird das erste Problem praktisch verschwinden lassen. Wenn nicht ablaufinvariante TAPs vorliegen, muß man sie in den privaten Speicher der Prozesse legen. Dort bietet sich das dynamische Laden an, weil es bei hinreichend großem Speicherplatz ohnehin in die gleiche Situation übergeht wie das statische Binden, außer natürlich für die nicht wiederverwendbaren TAPs. Es löst auch das Problem der Änderbarkeit im laufenden Betrieb.

Dieses ist aber auch für die statisch gebundenen TAPs im gemeinsamen Speicher lösbar: Der Speicher muß modifizierbar sein, wird aber von den TP-Prozessen per Konvention nur für ablaufinvariante TAPs genutzt und daher im Normalbetrieb nicht geändert. Das Ändern eines TAP ist eine relativ seltene Maßnahme, die auch eine etwas aufwendigere Synchronisation zwischen den TP-Prozessen rechtfertigt. Ein Prozeß übernimmt die Federführung, sperrt die TAP-Tabelle und modifiziert den Eintrag des betreffenden TAPs, so daß es für alle anderen Prozesse nicht mehr aufrufbar ist. Mit Hilfe geeigneter BS-Funktionen wird der alte Code gelöscht (UNLOAD) und der neue nachgeladen (LINK oder LOAD), u.U. an einer anderen Adresse im gemeinsamen Speicher. Danach muß die TAP-Tabelle erneut gesperrt werden, damit die Adresse eingetragen und das TAP für alle anderen Prozesse wieder benutzbar gemacht werden kann.

Soweit der abschließende Vorschlag zur Gestaltung der Programmverwaltung in einem Transaktionssystem. Manche TP-Monitore bieten noch mehr Möglichkeiten, so daß der Administrator ihn durch die Einstellung der Parameter realisieren kann. Andere sind restriktiver und schreiben z.B. (wie UTM [UTM85a]) das statische Binden vor.

2.3.3. Die Hauptspeicherverwaltung

Ein Task braucht zur Bearbeitung einer Nachricht nicht nur das Programm, sondern auch noch eine Reihe von anderen Datenbereichen, die sich z.B. in ihrer Lebensdauer und der Art des Zugriffs (schreibend oder nur lesend) unterscheiden (s. 2.1.2.2). Da ist zunächst der *Arbeitsbereich* zu nennen, in den die Programme alle ihre Variablen legen sollten, damit der Code zumindest wiederverwendbar ist. Seine Größe hängt vom TAP ab, und er wird nur für die Dauer der Programmausführung benötigt. Besonders bei Multi-Tasking kann es etliche davon gleichzeitig in einem Adreßraum geben, und da sie relativ schnell angelegt und wieder freigegeben werden, muß der TP-Monitor die Aufgabe der dynamischen Speicherplatzverwaltung übernehmen.

Daneben gibt es die *Vorgangsgedächtnisse*, von denen es noch mehr geben kann als von den Arbeitsbereichen. Zu jedem Task im System gibt es eins, nämlich das des betreffenden Vorgangs. Und für alle noch laufenden Vorgänge, die zur Zeit keinen Task im System haben, weil die nächste Eingabe des Benutzers erwartet wird, gibt es ebenfalls ein Vorgangsgedächtnis, das allerdings auch auf Platte ausgelagert sein kann. Die Größe dieser Bereiche wird von den Programmen bestimmt und kann deshalb nicht abgeschätzt werden. Die Programmierer sollten deutlich darauf hingewiesen werden, daß Platzverschwendung hier sehr viel kritischer ist als in den Arbeitsbereichen. Wenn aufeinanderfolgende Dialogschritte eines Vorgangs in verschiedenen Prozessen abgewickelt werden, muß das Vorgangsgedächtnis zwischen den Prozessen hin- und hergeschickt werden. Das geht am einfachsten, indem es in gemeinsame Speicherabschnitte gelegt wird.

Sehr viel unproblematischer sind *Dateipuffer* und *Kommunikationsbereiche des Datenbanksystems*, weil es davon pro Prozeß und pro Datei bzw. pro Datenbank nur ein Exemplar zu geben braucht. Die Benutzung dieser Bereiche geschieht von allen Tasks aus, und der TP-Monitor hat für die Koordination der Zugriffe zu sorgen. Für den gemeinsamen Speicher kommen sie in der Regel nicht in Frage.

Schließlich gibt es in manchen Systemen auch noch separate *Nachrichtenpuffer*, deren Lebensdauer vom Transaktionskonzept bestimmt wird. Der Puffer für die Eingabenachricht wird angelegt, sobald die Nachricht aus der Eingangswarteschlange genommen wird. Er wird nun entweder dem TAP als Parameter übergeben und muß dann erhalten bleiben, bis das TAP sich beendet. Oder er wird auf explizite Anforderung (MGET bei KDCS [KDCS79]) in den Arbeitsbereich des TAPs kopiert. Aber auch dann darf der Nachrichtenpuffer nicht sofort freigegeben werden, denn das Programm kann ein Rücksetzen der Transaktion verlangen und anschließend wieder von vorn beginnen, wobei auch die Nachricht zum zweiten Mal gelesen wird. Der Puffer muß also bis zum Ende der Transaktion noch zur Verfügung stehen.

Puffer für Ausgabenachrichten werden dem Programm entweder von Anfang an übergeben oder eingerichtet, wenn das Programm die Nachricht absetzt (MPUT bei KDCS). In beiden Fällen bleiben sie ebenfalls bis zum Ende der Transaktion erhalten und können erst freigegeben werden, wenn die Nachricht erstens gesichert und zweitens in die Ausgangswarteschlange eingetragen ist. Es kann sehr sinnvoll sein, die beiden Nachrichtenpuffer in den gemeinsamen Speicher zu legen, wenn ein bestimmter Prozeß den gesamten Nachrichtenverkehr mit allen Terminals abwickelt und die Dialogschritte als Unteraufträge an die übrigen Prozesse verteilt, die dann die TAPs ausführen (Master-Slave-Konfiguration, s. 2.3.1.2.).

Tabelle 2.6 faßt die wesentlichen Merkmale der beschriebenen Datenbereiche noch einmal zusammen. Die Größenangaben stellen nur sehr grobe Abschätzungen dar, die die Relationen verdeutlichen sollen. Interessant ist vor allem die Verwaltung der Bereiche, die in kurzen Abständen angefordert und wieder freigegeben werden, also der TAPs, Arbeitsbereiche, Vorgangsgedächtnisse und Nachrichtenpuffer. Bei den TAPs sollen nur die dynamisch nachgeladenen betrachtet werden; statisch gebundene liegen in einem anderen Hauptspeicherabschnitt, der aus der dynamischen Verwaltung herausgenommen wird. Nachrichtenpuffer werden aufgrund ihrer geringen Größe im folgenden vernachlässigt, man kann sie sich auch als Teil des Vorgangsgedächtnisses oder des Arbeitsbereichs denken.

Datenobjekt	Lebensdauer	Größe	Zugriff	Speicherklasse

TAP
  undefiniert
  seriell wiederverwendbar
  abschnittw. wiederverw.
  ablaufinvariant
	Programmlauf
	vom Laden bis zum
	Überschreiben (*)
		1 - 100 K	schreibend
			schreibend
			schreibend
			lesend
				privat
				privat
				privat
				gemeinsam

Task-Arbeitsbereich	Programmlauf	1 - 100 K	schreibend	privat
Vorgangsgedächtnis	Vorgang	1 - 10 K	schreibend	gemeinsam
Dateipuffer	Systemaktivierung	2 - 32 K	schreibend	privat
DB-Kommunikationsbereich	Systemaktivierung	10 K	schreibend	privat

Nachrichtenpuffer
  Eingabenachricht
  Ausgabenachricht
	Task/Transaktion	2 K	lesend
			schreibend
				gemeinsam
				gemeinsam

(*) das ist bei statischem
Binden gleichbedeutend
mit "Systemaktivierung"

Tabelle 2.6: Datenobjekte und ihre Eigenschaften

Die Aufgabe der Speicherverwaltung besteht darin, der Task-Verwaltung und der Programmverwaltung die Datenbereiche im privaten oder gemeinsamen Speicher zur Verfügung zu stellen, ohne daß diese irgend etwas über die Aufteilung des Speichers wissen müßten. Die Speicherverwaltung ihrerseits kennt den Inhalt der Bereiche nicht. Es ließe sich evtl. noch etwas Gewinn daraus ziehen, ihr den Typ des Datenbereichs

(TAP, Arbeitsbereich, ...) bekannt zu machen. Die Grundlage für die folgende Diskussion soll also eine Schnittstelle sein, die in PL/1-Notation geschrieben werden kann als:

```
        STORAGE_MANAGEMENT: PROCEDURE;
          ....
        SM_ALLOCATE: ENTRY (STORAGE_CLASS,
                            LENGTH,
                            TYPE_OF_OBJECT,
                            RETURN_CODE,
                            START_ADDRESS);
                /* Eingabeparameter: */
                DCL (STORAGE_CLASS,
                    /* mögliche Werte sind: */
                    PRIVATE              INIT('0'B),
                    COMMON               INIT('1'B))      BIT(1);
                DCL LENGTH                               BIN FIXED (15);
                DCL (TYPE_OF_OBJECT,
                     /* mögliche Werte sind: */
                    PROGRAM          INIT        ('1'),
                    WORKING_AREA     INIT        ('2'),
                    DIALOG_AREA      INIT        ('3'),
                    MSG_BUFFER       INIT        ('4'))CHAR(1);
                /* Ausgabeparameter: */
                DCL (RETURN_CODE,
                    /* mögliche Werte sind: */
                    OKAY             INIT (0),
                    NO_SPACE         INIT (1))      BIN FIXED (15);
                DCL START_ADDRESS                   POINTER;


        SM_FREE: ENTRY (START_ADDRESS);
                /* Deklaration erfolgte bereits */
```

Die Länge des Bereichs braucht bei der Freigabe nicht mehr angegeben zu werden; es ist sicherer, wenn die Speicherverwaltung (kurz: SV) sie selbst in einer internen Tabelle aufhebt. Die SV kennt auch keine Tasks. Da sie die Adressierung in den

Bereichen nicht überwachen kann, kann sie ohnehin nicht verhindern, daß ein Task auf einen Bereich zugreift, der ihm gar nicht zugeordnet ist. Falls das BS dafür Unterstützung bietet, muß sie von der Task-Verwaltung angefordert werden. Die Benutzung der SV durch die Programmverwaltung kann so aussehen: Nach Ausführung eines nicht wiederverwendbaren TAPs wird der Speicherplatz sofort freigegeben, bei allen anderen bleibt er dagegen belegt und wird nur als nicht benutzt gekennzeichnet. Wenn ein wiederverwendbares TAP angefordert wird, kann es dann evtl. noch im Hauptspeicher gefunden werden. Falls ein Nachladen notwendig wird, muß zuvor der dafür benötigte Speicherplatz angefordert werden. Ist er nicht verfügbar, müssen so lange unbenutzte TAPs freigegeben werden, bis der Platz ausreicht oder es keine unbenutzten TAPs mehr gibt. Im ersten Fall kann das Laden durchgeführt werden, im zweiten muß der Task warten:

```
SM_ALLOCATE ( ... );
DO WHILE (SM_RETURN_CODE > OKAY
          AND UNUSED_TAPS_AROUND);
    /* TAP zum Überschreiben auswählen, dabei evtl. noch
       wartende Eingabenachrichten berücksichtigen */
    SM_FREE ( ... );
    SM_ALLOCATE ( ... );
    END;
IF SM_RETURN_CODE = OKAY
THEN /* TAP laden */
ELSE /* Warten auch Freigabe durch einen anderen Task */
```

Ein Beispiel für einen Algorithmus zur Auswahl des zu überschreibenden TAPs ist in [MW85a, S. 28], angegeben.

Eine grundlegende Entscheidung innerhalb der Speicherverwaltung ist, ob die Bereiche als Partitionen fester Länge oder in variabler Länge zugeteilt werden sollen. Feste Länge scheint zunächst wegen der damit verbundenen Platzverschwendung nicht sehr sinnvoll. Da es aber gerade in Transaktionssystemen auf die schnelle Zuteilung ankommt, ist sie hier u.U. doch besser geeignet als variable Länge. Die entscheidende Frage ist dabei, in wie viele Partitionen der verfügbare Speicherplatz aufgeteilt werden bzw. wie groß jede Partition sein soll. Sie muß sich nach dem größten Bereich richten. Wenn es für alle Typen von Datenbereichen dieselbe Partitionsgröße gibt, vereinfacht das die Verwaltung zwar sehr. Die Ausnutzung des Speichers ist aber viel zu gering

(Abb. 2.21 a).

Stattdessen sollte man ausnutzen, daß die Speicherverwaltung Typen von Anforderungen unterscheiden kann (TYPE_OF_OBJECT), zu denen ihr jeweils die Größe und die Anzahl gleichzeitig vorhandener Ausprägungen, beide als Mittelwert und Maximalwert, bekannt sind. Diese Informationen kann der Systemadministrator nach Analyse seiner Anwendungsprogramme und ggf. nach Auswertung von Protokolldaten vergangener Systemläufe dem TP-Monitor in der Initialisierungsphase eingeben. Die Typangabe dient nur zur Einteilung der Anforderungen in Klassen mit unterschiedlicher Charakteristik und hat sonst aus der Sicht der Speicherverwaltung keine Bedeutung.

Mit diesen zusätzlichen Informationen ist es ihr möglich, den Adreßraum eines TP-Prozesses in "Pools" für die verschiedenen Typen von Bereichen aufzuteilen und innerhalb dieser Pools mit Partitionen fester Länge zu arbeiten, die der durchschnittlichen Größe der Datenbereiche besser angepaßt sind (Abb. 2.21 b). Ein Teil dieser Pools kann im gemeinsamen Speicher liegen, ein anderer Teil im privaten. Dieser Ansatz vereint schnelle Allokation und Freigabe mit einer akzeptablen Speicherausnutzung.

Ohne daß sich für die rufenden Komponenten etwas ändert, kann die Speicherverwaltung aber auch die Belegung in Blöcken variabler Länge durchführen. Sie kann ebenfalls nach Typen getrennt (Abb. 2.21 c) oder für alle Typen gemeinsam (Abb. 2.21 d) erfolgen. Die Suche nach freiem Speicherplatz ist deutlich aufwendiger als bei Partitionen fester Länge. Dafür ist die Speicherausnutzung höher, wenn nicht zuviel Verschnitt auftritt. Die Unabhängigkeit der Programmverwaltung von der Implementierung kann zu einem Leistungsverlust führen, weil sie, wenn kein Platz mehr frei ist, nur "blind" freigeben kann, ohne daß sie dadurch immer auch den benötigten Platz gewinnt. In der oben dargestellten WHILE-Schleife sind dadurch etliche Durchläufe nötig, in deren Verlauf auch TAPs freigegeben werden, die eigentlich noch im Hauptspeicher hätten bleiben können. Um das zu vermeiden, müßte man allerdings die Trennung zwischen Programm- und Speicherverwaltung wieder aufheben.

In Abb. 2.21 ist übrigens die Aufteilung in gemeinsamen und privaten Speicher nicht dargestellt. Die skizzierte Belegung kann für beide in gleicher Weise gelten, es können aber auch zwei verschiedene Techniken eingesetzt werden. Gerade im gemeinsamen Speicher hat die Einteilung in feste Partitionen den zusätzlichen Vorteil, daß sie die Synchronisation der Prozesse bei der Zuteilung erleichtert.

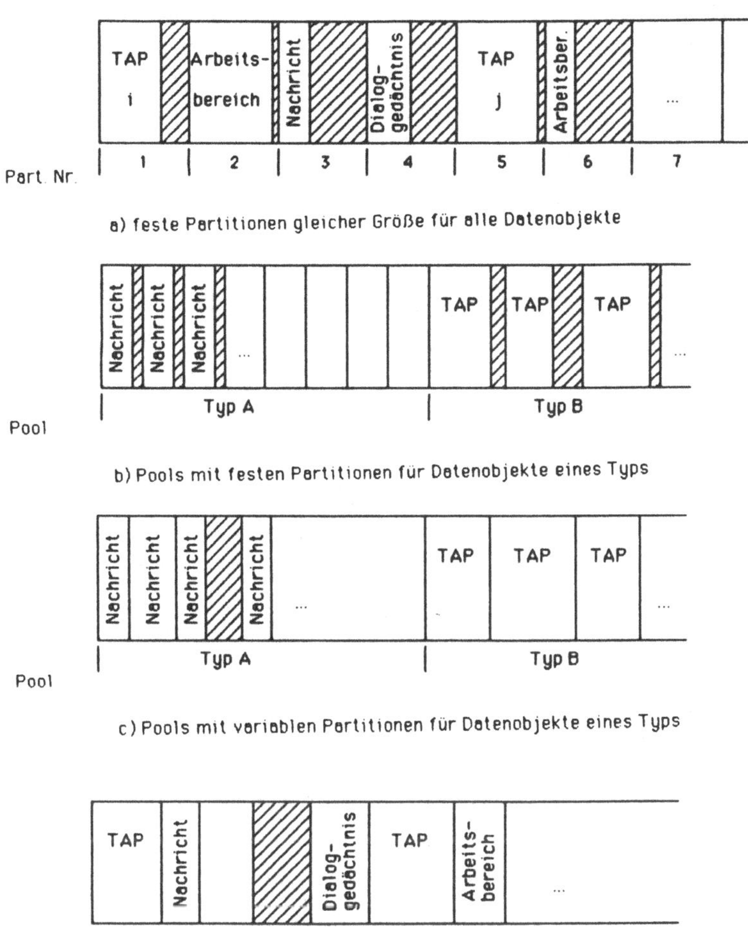

Abb. 2.21: Speicherplatzzuteilung in variablen und festen Partitionen

Die Speicherverwaltung bietet einige Möglichkeiten der Anpassung an ein Lastprofil. Zunächst wird es sicher die Aufgabe des Administrators sein, die richtige Einstellung der Parameterwerte zu finden. Es wäre aber zu untersuchen, ob das System hier auch selbstoptimierend vorgehen kann, indem es die Anforderungen anhand der Systemdefinitionstabellen abschätzt, über bestimmte Zeiträume hinweg aufzeichnet und anschließend auswertet, um in relativ großen Zeitabständen beispielsweise die Zahl und Größe der festen Partitionen zu variieren.

2.3.4. Logging und Recovery

Der TP-Monitor hat das in 2.1.2.3. geforderte Transaktionskonzept zu realisieren. Für die von ihm verwalteten Datenbestände tut er das mit den gleichen Verfahren, wie sie auch in Datenbanksystemen eingesetzt werden [Reu81, HR83b]. Er kann dabei berücksichtigen, daß diese Datenbestände meist nicht sehr umfangreich, auf jeden Fall aber einfach strukturiert sind.

Ein neuer Aspekt ergibt sich durch die Behandlung der Nachrichten. Vor allem die *Ausgabenachricht* muß zu den Ergebnissen des Programms gezählt werden, die nach außen nur bekannt werden sollen, wenn die Transaktion erfolgreich beendet wurde. Das heißt, daß das Senden dieser Nachricht erst im Rahmen der EOT-Behandlung erfolgen darf und nicht schon dann, wenn das TAP sie an den TP-Monitor übergibt (z.B. mit MPUT). Und so, wie auch die Änderungen auf Plattendateien zusätzlich gesichert sein müssen, damit sie bei einer Zerstörung der Platte rekonstruiert werden können, müssen auch die Ausgabenachrichten vollständiger Transaktionen gesichert werden für den Fall, daß sie während der Übertragung verlorengehen und ihr Ziel, das Terminal, nicht erreichen. Wenn der TP-Monitor vom Ausfall des Netzes erfährt, kann er die Übertragung selbst wiederholen, andernfalls muß der Benutzer die letzte gültige Ausgabe mit einem Standard-TAC noch einmal anfordern.

Wenn es sich bei der Ausgabenachricht um eine Bildschirmmaske handelt, richtet es normalerweise keinen Schaden an, wenn sie zweimal ausgegeben wird. Das kann passieren, wenn der TP-Monitor nach dem Absenden ausfällt und im Wiederanlauf die Nachricht noch einmal ausgibt, um dem Benutzer zu zeigen, in welchem Zustand sich das System befindet. Wenn die Maske verlorenging, weil der Benutzer sich neu anmelden mußte, ist das sogar sehr nützlich. Anders liegt der Fall, wenn es sich bei dem Ausgabemedium um einen Drucker handelt, der z.B. Fahrkarten druckt, oder um einen Geldausgabeautomaten. Hier sind zusätzliche Maßnahmen erforderlich, die ein zweites Absenden verhindern. Das erste Absenden kann man sich als einen Aufruf an das BKS vorstellen:

CALL SEND (Nachricht, Terminal, Quittung)

Mit "Quittung = okay" könnte das BKS die vollständige Übertragung und die Ausgabe auf das Terminal bestätigen, doch dann müßte der TP-Monitor sehr lange auf diese Bestätigung warten (dabei immer noch alle Sperren halten!) und wüßte doch sehr wenig, wenn sie schließlich ausbliebe. Denn die Ausgabe kann ja trotzdem erfolgt sein, wenn nur die Quittung verlorenging. Deshalb bedeutet "Quittung = okay" für den TP-Monitor nur, daß die Nachricht vom BKS übernommen wurde (und daß der Terminalname gültig ist). Die Kommunikations-Software, zu der neben dem BKS auch noch die gesamte Netz-Software gehört, muß dann die sichere Übertragung zum Endgerät gewährleisten. Daß die Nachricht intern wiederholt gesendet wird, wenn Fehler aufgetreten sind, spielt keine Rolle; sie darf aber nur ein einziges Mal an das Endgerät übergeben werden. Dieses Endgerät, der Drucker oder Geldautomat, muß nun seinerseits so konstruiert sein, daß es eine Nachricht, die es vom Netz übernommen hat, genau einmal verarbeitet. Eine Rückmeldung ist in diesem Szenario nicht erforderlich, weil jede Komponente mit der Übernahme die Verantwortung für die Nachricht erhält und selbst für die Wiederherstellung im Fehlerfall zuständig ist.

Kann die Kommunikations-Software die sichere Übertragung nicht gewährleisten, ist der Aufwand für das Endgerät und den TP-Monitor höher. Beide müssen sich auf ein Protokoll einigen, und das setzt im Endgerät schon eine gewisse lokale "Intelligenz" voraus. Der TP-Monitor wird die obige SEND-Operation als asynchronen Aufruf auffassen. Eine spätere Bestätigung der Ausgabe muß er protokollieren, um jedes weitere Senden zu vermeiden. Meldet ihm das Endgerät Fehler, wiederholt er das Senden.

Eingabenachrichten müssen nicht unbedingt protokolliert werden. Bauer beschreibt in [Bau79c] noch ein Checkpoint-Verfahren, bei dem sie benötigt werden, um die Transaktionen zu wiederholen, die nach dem letzten Checkpoint abgeschlossen und durch das Rücksetzen wieder eliminiert wurden. Bei transaktionsorientierter Recovery werden nur noch offene Transaktionen zurückgesetzt. Der Benutzer muß die letzte Eingabe (und nur diese) noch einmal wiederholen. Das zusätzliche Logging der Eingabenachrichten könnte dazu dienen, auch diese Transaktionen ohne Benutzerinteraktion erneut zu starten.

Ein Problem sind die Mehr-Schritt-Transaktionen, weil sie über mehrere Eingaben zurückgesetzt werden. Der automatische Restart erzeugt dann zunächst wieder eine Ausgabenachricht, die mit der protokollierten Ausgabe vom ersten Versuch verglichen wird. Bei Übereinstimmung kann auch die nächste Eingabe wieder verwendet werden. Wenn die letzte Eingabe bearbeitet ist, wird die nun entstehende Ausgabe an den

Benutzer weitergeleitet, der damit fortfahren kann. Falls aber eine neu erzeugte Ausgabe einmal nicht mit der aufgezeichneten übereinstimmt, haben andere Benutzer den Zustand des Systems inzwischen verändert. Das automatische Wiederholen der Transaktion muß abgebrochen werden, und die neue Ausgabe muß dem Benutzer präsentiert werden, da nur er entscheiden kann, wie nun der weitere Verlauf der Transaktion auszusehen hat. Von diesem Punkt an muß er also seine Eingaben wiederholen.

Das automatische Wiederholen ist besonders dann sinnvoll, wenn eine einzelne Transaktion an einem Systemfehler gescheitert ist (typischerweise Verklemmung). Damit sie im laufenden Betrieb zurückgesetzt werden kann, müssen ihre Before-Images auf Platte (und nicht auf Band) verfügbar sein [Bau79c]. Entsprechendes gilt für die Eingabenachricht, die in diesem Fall sogar im Hauptspeicher bereitgehalten werden kann.

Bisher war nur von einer Protokollierung der Nachrichten die Rede, ohne daß dabei gesagt wurde, in welchem Zustand sich die Nachrichten befinden sollen. In 2.3. wurde gleich zu Beginn dargestellt, daß sie auf dem Weg vom Terminal zum Programm mehrere Transformationen durchlaufen und in umgekehrter Reihenfolge auch auf dem Rückweg. Wann jeweils die Protokollierung erfolgen sollte, muß für Eingabe- und Ausgabenachrichten getrennt untersucht werden. Je früher eine Eingabenachricht aufgezeichnet wird, um so größer wird sie im allgemeinen sein, weil noch keine leitungs- und terminalspezifischen Steuerzeichen entfernt wurden. Um so länger dauert dann auch die Wiederholung, weil alle Aufbereitungsroutinen noch einmal ablaufen müssen. Protokolliert man dagegen erst die aufbereitete, kompakte Nachricht, so führt ein Systemausfall während der Aufbereitung - die mit ca. 10000 Instruktionen recht lange dauert - zum Verlust der Nachricht.

Für Ausgabenachrichten verläuft die Argumentation umgekehrt: Je früher die Nachricht protokolliert wird, um so kürzer ist sie. Auch kann die Transaktion früher beendet werden, da sie, ist die Nachricht erst auf einem sicheren Platz, die Aufbereitung und das Aussenden nicht mehr umfassen muß. Das wiederholte Senden nach einem Ausfall dauert dann zwar etwas länger, es wird aber auch mühelos damit fertig, daß derselbe Benutzer nun an einem Terminal anderen Typs angemeldet ist und dort seine Arbeit fortsetzen möchte.

2.3.5. Weitere Komponenten eines TP-Monitors

Es wurde bereits mehrfach erwähnt, daß der TP-Monitor eine eigene *Dateiver-verwaltung* benötigt, weil die meisten Betriebssysteme keine ausreichende Unterstützung für die speziellen Bedürfnisse des Transaktionsbetriebs bieten. Die Aufgaben dieser Dateiverwaltung sind:

- die Realisierung eines Transaktionskonzepts für die Dateien
  (Synchronisation der Zugriffe zur wechselseitigen Isolation der Tasks, Aufruf der Logging-Komponente zum Schreiben von Before- und After-Images geänderter Sätze)

- Koordination des Zugriffs verschiedener Prozesse auf Dateien
  (eigene Nachbildung von Zugriffsmethoden wie SAM und ISAM, falls das BS eine Synchronisation nur auf Blockebene gewährleistet)

- Koordination des Zugriffs verschiedener Tasks von einem Prozeß aus
  (Wahrung der isolierten Sicht jedes Tasks speziell beim sequentiellen Lesen durch eigene Positionszeiger)

Die Dateiverwaltung eines TP-Monitors muß also für die unter seiner Kontrolle stehenden Dateien die Funktionen eines Betriebssystems so ergänzen, daß den Programmen die gleiche von Synchronisations- und Sicherungsmaßnahmen freie Sicht auf die Daten geboten wird wie bei einem Datenbanksystem. Die Organisation der Daten ist natürlich wesentlich einfacher. Man kann diese Dateiverwaltung auch ganz aus dem TP-Monitor herauslösen und als selbständiges Dateisystem mit Transaktionskonzept realisieren, das wie ein DB-System mit dem TP-Monitor gekoppelt wird. Der TP-Monitor selbst benötigt dann überhaupt keine Dateiverwaltung mehr (so bei UTM [UTM85a]).

Eine weitere Komponente ist in Abb. 2.16 nur am unteren Bildrand aufgeführt, weil man sie nicht als abgeschlossene Einheit verstehen darf: Die *Transaktionsverwaltung* wirkt in allen anderen Komponenten, wenn man es genau nimmt, auch noch in der Nachrichtensammlung (Protokollierung der Eingabenachrichten). Überall dort, wo ein Task Spuren hinterläßt, die nach außen dringen, also andere Tasks beeinflussen könnten, muß die Transaktionsverwaltung für das Sperren von Änderungen und ggf. das Rückgängigmachen sorgen. Die Task-Verwaltung definiert den Beginn und das Ende einer Transaktion, in manchen Fällen auf Anweisung des Programms (z.B. ROLLBACK-Aufruf).

Die letzte Komponente, die in diesem Abschnitt noch erwähnt werden soll, ist der *Verbindungsmodul zum Datenbanksystem*. Seine Aufgaben hängen stark davon ab, wie daß DBS selbst im Betriebssystem abläuft. Die Kopplung der beiden Systeme wirft zahlreiche neue Aspekte auf. Da DB/DC-Systeme für die Realisierung von Transaktionssystemen immer wichtiger werden, wird ihnen nun, nachdem mit der isolierten Betrachtung der TP-Monitore die begriffliche Vorarbeit geleistet ist, ein eigenes Kapitel gewidmet. Darin wird auch der Verbindungsmodul noch mehrfach diskutiert.

3. DB/DC-Systeme - das Zusammenwirken von TP-Monitoren und DB-Systemen

Transaktionssysteme sollen ihren Benutzern den bequemen Zugang zu zentralen Datenbeständen des Unternehmens gestatten, ohne daß sie über die Organisation der Daten und die Form der Abspeicherung Bescheid wissen müßten. Ob im Hintergrund ein Datenbanksystem eingesetzt wird oder alle Daten in konventionellen Dateien abgelegt sind, darf sich für den Benutzer nicht bemerkbar machen. Für die Programmierung und die Administration ist der Unterschied dagegen wesentlich. Die Vorteile, die ihnen ein Datenbanksystem bietet, sind die gleichen wie im Stapelbetrieb [Hä78]. Und selbst wenn TP-Monitore für konventionelle Dateien zahlreiche Funktionen eines DBS in bezug auf den Mehrbenutzerbetrieb und die Ausfallsicherung übernehmen (was nicht alle auch in vollem Umfang tun), so bleibt für die Programmierung doch der Vorteil der größeren Datenunabhängigkeit und mächtigeren Zugriffsoperationen. Bauer hat in [Bau79c] eine Gegenüberstellung des Einsatzes von konventionellen Dateien und Datenbanken durchgeführt, der allerdings teilweise schon überholt ist. Zwei Gründe für den Einsatz von Dateien sind danach

- daß sie oft schon vorhanden sind und nicht neu organisiert zu werden brauchen
- daß die Performance meistens besser ist.

Ein Datenbanksystem sollte dagegen eingesetzt werden,
- wenn der TP-Monitor keine geeignete Unterstützung für den Zugriff
  auf konventionelle Dateien bietet
- wenn das DBS nicht nur von TAPs, sondern auch von Stapelprogrammen
  aus genutzt werden soll
- wenn Netzstrukturen (z.B. Stücklisten) abgebildet werden müssen
- wenn Zugriffe über mehrere Schlüssel oder Suchargumente erforderlich sind
- wenn mit neuen Anwendungen zu rechnen ist, deren Informationsbedarf
  noch nicht genau abzusehen ist.

Die beiden ersten Gründe für den Einsatz von DBS dürften wohl das stärkste Gewicht haben, so daß sich eine Untersuchung der Kopplung von Datenbanksystemen mit TP-Monitoren lohnt. Unter Umständen gelingt es dann, die Ursachen für das schlechtere Antwortzeitverhalten der Datenbanksysteme (das in einer interaktiven Umgebung sehr ernst zu nehmen ist) herauszufinden und Vorschläge für eine Verbesserung zu machen. Im Vergleich muß man allerdings immer auch die ergänzenden Sicherungs- und Kontrollmaßnahmen des TP-Monitors berücksichtigen, die zwangsläufig auch den Zugriff auf die konventionellen Dateien verlangsamen.

Ein fundamentaler Unterschied bei DB/DC-Systemen liegt darin, ob es sich um getrennt entwickelte, unabhängige Systeme handelt, die über eine externe Schnittstelle miteinander gekoppelt sind, oder um ein einziges System, das die Funktionen eines TP-Monitors wie auch eines DBS anbietet (das Standardbeispiel dafür ist IMS [Mc77]). Der erste Fall soll kurz als *gekoppeltes*, der zweite als *integriertes DB/DC-System* bezeichnet werden. Um ein Mißverständnis von vorneherein auszuschließen: Daß die beiden Systeme zusammen in einem Prozeß ablaufen, macht allein noch kein integriertes DB/DC-System aus. Entscheidend ist vielmehr, daß keine redundanten Teilfunktionen enthalten sind, daß es also beispielsweise nur noch *eine* zentrale Log-Datei gibt und *eine* Transaktionsverwaltung. Intern darf es durchaus eine Aufteilung in Funktionsbereiche geben, sie ist wegen der Komplexität des Gesamtsystems sogar zwingend notwendig. Insbesondere können die so gebildeten Komponenten auch in verschiedenen Prozessen ablaufen. Nach außen, dem Programmierer und dem Administrator gegenüber sollte das integrierte DB/DC-System jedoch "aus einem Guß" sein und keine externen Abstimmungsmaßnahmen mehr erfordern.

Es stehen noch nicht sehr viele integrierte DB/DC-Systeme zur Verfügung, und es gibt auch einige Gründe, gekoppelten Systemen den Vorzug zu geben [Bau76]. Deshalb sollen in diesem Kapitel beide Fälle untersucht werden. Dabei wird wieder die gleiche "top-down"-Vorgehensweise eingeschlagen wie im letzten Kapitel: Zunächst stehen die Auswirkungen der DB-Kopplung auf die Sicht des Anwenders zur Diskussion, bevor die Fragen der Implementierung betrachtet werden. Die Prozeß- und Task-Konzepte können noch für gekoppelte und integrierte Systeme gemeinsam aufgestellt werden; die übrigen Implementierungsfragen werden dagegen in getrennten Abschnitten behandelt.

3.1. Die Sicht des Anwenders

Wie oben bereits erwähnt, darf eine Gruppe vom Einsatz des Datenbanksystems überhaupt nichts merken, wenn der für Transaktionssysteme geforderte Grad von Datenunabhängigkeit eingehalten wird: die (End-)Benutzer. Sie sehen keinerlei Satzstrukturen oder logische Zugriffspfade, sondern bestenfalls Datenfelder, und auch bei denen wissen sie nicht, ob sie in dieser Form gespeichert sind oder aus anderen Daten abgleitet wurden.

Die *Programmschnittstelle* ist auf jeden Fall betroffen, wenn anstelle der üblichen Dateien ein Datenbanksystem eingesetzt wird: Die Befehle für den Zugriff ändern sich stark. Leider bleibt es für das Programm auch nicht verborgen, ob ein gekoppeltes oder ein integriertes DB/DC-System vorliegt. Hier hat man es mit zwei Transaktionen zu tun, die synchronisiert werden müssen, dort nur mit einer einzigen. Man muß sogar noch zwei Stufen der Kopplung unterscheiden, die "lose" und "eng" genannt werden sollen. Bei der *losen Kopplung* können die Programme auf die Datenbank zugreifen, dabei den Beginn und das Ende der Datenbanktransaktion aber völlig unabhängig von der TP-Transaktion definieren. Dadurch kann es zu gravierenden Inkonsistenzen kommen - DB-Transaktion abgeschlossen, DC-Transaktion zurückgesetzt -, die der Administrator durch manuellen Eingriff korrigieren muß. Deshalb sollte der Programmierer durch Disziplin das einhalten, was durch die *enge Kopplung* erzwungen wird:

- Das Ende der DB-Transaktion wird bis zum Ende der DC-Transaktion verzögert. Andernfalls könnte zwischen DB-EOT ("End of Transaction", entspricht COMMIT oder FINISH) und DC-EOT ein Fehler auftreten, der das Zurücksetzen der DC-Transaktion erzwingt. Die DB-Transaktion ist jedoch bereits abgeschlossen und hat ihre Änderungen für andere sichtbar gemacht; sie darf nicht mehr zurückgesetzt werden. Diese Inkonsistenz kann durch die Verzögerung des DB-EOT vermieden werden (Abb. 3.1).

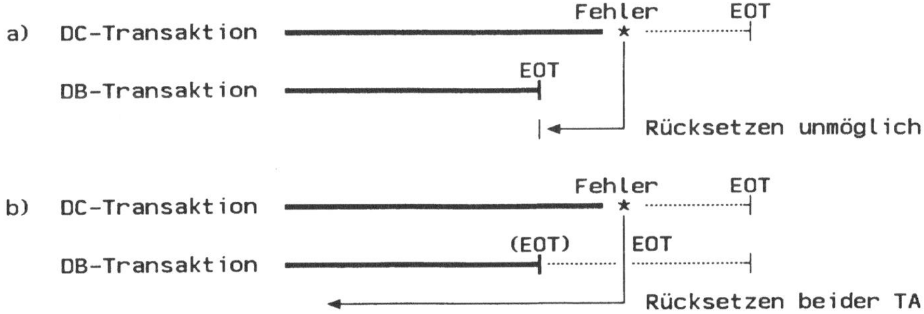

Abb. 3.1: Verzögerung des DB-Transaktionsendes bis zum DC-Transaktionsende

- Beim DC-EOT muß ggf. ein DB-EOT oder das Zurücksetzen beider Transaktionen erzwungen werden.
Sonst könnte genau umgekehrt der Fall eintreten, daß die DB-Transaktion nach dem Abschluß der DC-Transaktion noch scheitert und zurückgesetzt werden muß. Dabei

machte sie dann u.U. Änderungen rückgängig, die die erfolgreich beendete DC-Transaktion schon nach außen weitergegeben hat (Abb. 3.2 a). Wenn bei DC-EOT das DB-EOT schon vorliegt, ist die gemeinsame Beendigung beider Transaktionen möglich (c). Andernfalls muß angenommen werden, daß die DB-Transaktion noch unvollständig ist, der Programmierer sich über das Transaktionskonzept nicht im klaren war oder einen anderen Fehler gemacht hat. Deshalb muß das Zurücksetzen beider Transaktionen eingeleitet werden (b).

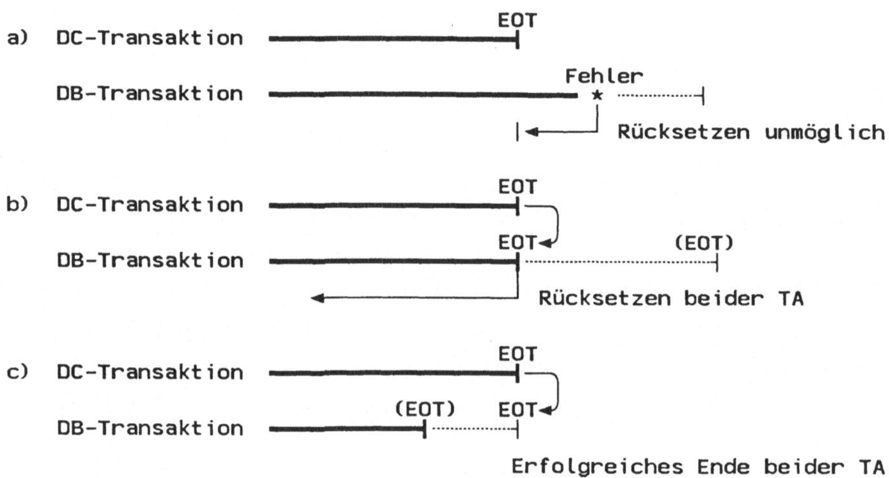

Abb. 3.2: DC-Transaktionsende impliziert DB-Transaktionsende oder gemeinsames Zurücksetzen

Eine DB-Transaktion muß also vollständig in einer DC-Transaktion enthalten sein, und eine DC-Transaktion darf höchstens eine DB-Transaktion umfassen. Diese 1:1-Zuordnung ist auch deshalb sinnvoll, weil es sich aus der Sicht der Anwendung und aus der Sicht des Benutzers ohnehin um eine einzige übergreifende Transaktion handelt, die nur aufgrund des Nebeneinanders der beiden Systeme geteilt werden mußte. Die DC-Transaktion ist nur insofern der DB-Transaktion übergeordnet, als das DC-BOT ("Begin of Transaction", entspricht READY oder OPEN) dem DB-EOT vorangeht und es natürlich auch DC-Transaktionen geben darf, die überhaupt keine DB-Transaktion enthalten. (Jedes TAP sollte die Eingabenachricht sorgfältig prüfen, bevor es mit DB-BOT in der Datenbank Ressourcen belegt und andere TAPs behindert).

Bei loser Kopplung kann es durch Programmierrichtlinien und Disziplin durchgesetzt werden, daß ein DB-EOT nur unmittelbar vor dem DC-EOT aufgerufen wird. Bei enger Kopplung sorgt der TP-Monitor dafür. Dennoch handelt es sich dabei um zwei getrennte Befehle, und es gibt eine kurze Zeitspanne, in der die DB-Transaktion abgeschlossen ist, die DC-Transaktion aber noch nicht. Wenn ausgerechnet zu diesem Zeitpunkt ein Systemzusammenbruch stattfindet, ist der Systemzustand nach dem Wiederanlauf inkonsistent. Das kann auch bei enger Kopplung auftreten, wenn der TP-Monitor das DB-EOT zwar verzögert, aber in der Ausführung des DC-EOT-Aufrufs vor dem eigentlichen DC-EOT absetzt (so z.B. bei UTM-B [UTM85a]). Enge Kopplung ist eine notwendige, aber nicht hinreichende Voraussetzung für die Zusammenfassung der Transaktionsenden.

Wie die beiden Systeme sich untereinander abstimmen, ist für den Programmierer ohne Bedeutung (es wird in 3.3.1 erörtert). Für ihn und den Administrator ist es nur wichtig, ob sie es überhaupt tun oder ob nach einem Systemzusammenbruch mit Inkonsistenzen gerechnet werden muß, die dann evtl. durch besondere Abfragen erkannt und durch spezielle Programme bereinigt werden müssen.

Für beide Systeme gibt es neben den Befehlen zum ordnungsgemäßen Abschluß der Transaktion auch noch solche, die das Zurücksetzen verlangen (ROLLBACK, ABORT, RESET o.ä.). Wie wirken sie sich auf die andere Transaktion aus? Bei DC-ABORT muß DB-ABORT erzwungen werden, da es keine DB-Transaktion ohne umfassende DC-Transaktion geben darf. Bei DB-ABORT braucht aber eigentlich nur die DB-Transaktion eliminiert zu werden, denn DC-Transaktionen ohne eine DB-Transaktion darf es ja geben. Das Programm könnte diesen Fall, den es durch den DB-ABORT-Aufruf selbst herbeigeführt hat, sogar so korrigieren, daß es anschließend eine neue DB-Transaktion eröffnet, die dann die einzige innerhalb der DC-Transaktion wäre und das Prinzip somit nicht verletzte. Das Zurücksetzen der DB-Transaktion macht aber eben keine Auswirkungen der DC-Transaktion rückgängig, man verläßt sich hier allein auf die Programmierung. Aus diesem Grund erzeugt ein DB-ABORT sowohl bei CICS [CICS80, S. 387] als bei UTM [UTM85b] immer auch ein DC-ABORT. Das Programm erhält anschließend die Kontrolle wieder und muß, falls es sich noch lohnt, in beiden Systemen von vorne beginnen.

Soviel zu den gekoppelten DB/DC-Systemen. Bei integrierten Systemen kann zwar der Beginn der DC-Transaktion evtl. noch vom Beginn der DB-Transaktion getrennt sein, die EOT- und ABORT-Aufrufe sollten aber auf jeden Fall zu einem einzigen zusammengefaßt werden. Daß eine korrekte Synchronisation innerhalb des Systems stattfindet, kann vorausgesetzt werden. Die oben beschriebenen Inkonsistenzen können nicht mehr auftreten, und die Programmierung vereinfacht sich noch obendrein.

Für die *Administration* ergeben sich bei DB/DC-Systemen einige neue Aufgaben, die die Abstimmung der beiden Teilsysteme betreffen. Die Aktivierung von Sicherungsfunktionen und Maßnahmen zur Verbesserung der Performance sind sehr abhängig von den Implementierungskonzepten und werden deshalb erst in den folgenden Abschnitten behandelt. Unabhängig davon sind jedoch die Möglichkeiten zur *Vergabe von Zugriffsrechten*. Bei integrierten Systemen gibt es nur ein Verzeichnis von ''Benutzern'', hinter denen sich sowohl menschliche Benutzer an den Terminals als auch Stapelprogramme verbergen können. Bei gekoppelten Systemen gibt es jedoch zwei solcher Verzeichnisse, die durch den Administrator konsistent gehalten werden müssen. Das heißt aber nicht, daß beide Verzeichnisse immer übereinstimmen müssen.

Der ''Benutzer'' eines Datenbanksystems ist zunächst immer ein Programm, genauer: die Ausführung eines Programms, also z.B. ein Task unter einem TP-Monitor (bei CODASYL heißt das eine ''Run-Unit''). Auch wenn der Benutzer am Bildschirm über ein Query-System ''direkt'' mit der Datenbank arbeitet, erfolgt die Umsetzung der Abfragesprache in DB-Operationen meist von einem Programm. Das DBS kann dieses Programm identifizieren, indem es sich beim Betriebssystem Auskunft darüber einholt (Benutzerkennzeichen, Programmname) und indem es vom Programm selbst bei der Anmeldung einen Benutzernamen und ein Paßwort erwartet. Der zweite Fall ist die Regel, weil er unabhängig vom BS und seinen Sicherungsmaßnahmen ist. Das Programm kann den Namen und das Paßwort als Konstante enthalten oder einlesen. Beide Varianten haben in gekoppelten DB/DC-Systemen Vor- und Nachteile.

Sind Name und Paßwort fest im Programm verankert, so vereinfacht sich zunächst einmal die Programmierung, weil das Programm immer die gleichen Rechte hat. Bei den gleichen Eingabedaten und dem gleichen Zustand der Datenbank wird es immer gleiche Ergebnisse liefern. Die Benutzerverwaltung auf der Seite des DBS ist einfach, weil es höchstens so viele Benutzer geben kann, wie es Programme gibt, meist aber mehrere Programme mit gleichen Rechten zu einer Gruppe zusammengefaßt werden können.

Wer immer das Programm aufrufen kann, erhält damit auch die Rechte dieses Programms gegenüber dem DBS. Es ist also meist noch eine vorgeschaltete Instanz erforderlich, die den Zugriff auf das Programm kontrolliert. Bei Stapelprogrammen muß das Betriebssystem dies übernehmen, bei TAPs ist dagegen der TP-Monitor zuständig, der in praktisch allen Fällen auch dafür eingerichtet ist (vgl. 2.1.1.). Um aber eine Wertabhängigkeit zu realisieren, dergestalt daß etwa Benutzer 1 den TAC a nur mit Schlüsselwert kleiner als 1000 aufrufen darf und Benutzer 2 denselben TAC nur mit Schlüsselwert größer gleich 1000, müßten entweder die beiden Namen im Programm explizit unterschieden werden, was Programmänderungen beim Eintragen oder Löschen von Benutzern zur Folge haben könnte und deshalb vermieden werden sollte. Oder es müßten zwei verschiedene TACs geschaffen werden, die zwei verschiedene Programme mit gleicher Funktion, aber unterschiedlichen Rechten der DB gegenüber aufrufen. Eine derartige Redundanz wäre sicher auch nicht wünschenswert.

Die Voraussetzung für den zweiten Fall ist, daß das DBS wertabhängige Zugriffsrechte vergeben kann. Dann könnte die Redundanz aber vermieden werden, indem die TAPs die Benutzernamen, die der TP-Monitor ihnen übergibt, an das DBS weiterreichen. Die Konsequenz ist, daß ein- und dasselbe Programm bei jedem neuen Aufruf andere Rechte haben kann je nachdem, wer gerade der Benutzer ist. Das kann sich erheblich auf die Programmierung auswirken. Wenn einzelne Sätze oder Tupel nicht zugreifbar sind, macht das keinen Unterschied, weil das DBS eigentlich melden sollte, daß der gesuchte Satz nicht gefunden wurde, und das muß im Programm immer abgefangen werden. Anders dagegen, wenn bestimmte Operationen auf einer Satzart bzw. Relation mal erlaubt und mal nicht erlaubt sind. Hier muß das Programm damit rechnen, daß z.B. das Einfügen eines Satzes einmal ordnungsgemäß ausgeführt und ein andermal mit dem Hinweis "nicht erlaubt" abgewiesen wird. Das konnte bei fest einprogrammiertem Benutzernamen nicht vorkommen.

Das Durchreichen der Benutzernamen und Paßwörter kann auch nur funktionieren, wenn die Benutzerverzeichnisse im TP-Monitor und im DBS übereinstimmen. Dafür ist der Administrator allein verantwortlich; eine Unterstützung durch die beiden Systeme gibt es nicht. Der damit verbundene Aufwand und die Tatsache, daß die wertabhängige Vergabe von Zugriffsrechten in vielen Datenbanksystemen noch nicht angeboten wird (ADABAS [ADAB76] ist eine Ausnahme), lassen die zweistufige Vergabe von Rechten eher geeignet erscheinen. Das DBS sieht nur die Programme und ist durch eine Indirektion von den Benutzern des TP-Monitors getrennt, die Programme selbst sind einfacher und müssen nur wertabhängige Zugriffsrechte selbst überwachen, der TP-Monitor schließlich kontrolliert den Zugang zu den Programmen.

3.2. Prozeß- und Task-Konzepte

Die elementare Verarbeitungseinheit ist für die TP-Monitore der Dialogschritt, und die dazugehörige Ablaufeinheit wurde Task genannt. Für ein Datenbanksystem ist die einzelne Arbeitseinheit die DB-Operation, und man könnte die Ablaufeinheit innerhalb des DBS, die eine solche Operation ausführt, cum grano salis ebenfalls einen Task nennen. Das Programm, das er ausführt, ist natürlich immer nur das DBVS, Datenbereiche muß es aber für jede Operation getrennt geben. Wenn man von dieser Begriffsbildung ausgeht, kann man die Diskussion der Prozeß- und Task-Konzepte, die in 2.3.1. für TP-Monitore durchgeführt wurde, für DBS mit kleinen Abweichungen übernehmen. Single-Process/Single-Tasking war z.B. bis zur letzten Version (13.1) im DBS SESAM von Siemens realisiert [Web86a]. Während es jedoch beim TP-Monitor die Ausnahme ist, daß Sperren über Dialogschritte hinweg gehalten werden, muß man bei DBS sehr oft damit rechnen, daß Sperren über DB-Operationen hinweg bis zum Ende der Transaktion gesetzt bleiben. Wenn also eine andere DB-Operation auf eine Sperre stößt, darf sie bei S/S nicht einfach warten. Damit blockierte sie das gesamte DBVS und hinderte auch den Halter der Sperre daran, diese wieder freizugeben (Deadlock). Entweder muß in diesem Fall dann doch ein eingeschränktes Multi-Tasking durchgeführt oder das Warten vermieden werden, z.B. indem die Operation abgebrochen und eine entsprechende Quittung an das Programm zurückgegeben wird.

In seiner neuesten Version (14.0) arbeitet SESAM nun nach dem Single-Process/Multi-Tasking-Prinzip. Jede Ein-/Ausgabe wird asynchron abgewickelt und zur Weiterarbeit an einer anderen DB-Operation genutzt. Für das Warten auf Sperren gilt das gleiche. Zahlreiche andere Datenbanksysteme benutzen die gleiche Technik (z.B. ADABAS [ADAB76]).

UDS von Siemens benutzt dagegen Multi-Process/Single-Tasking [UDS81]. Bis zur Version 3.2 wurde die Master-Slave-Variante eingesetzt, bei der ein Master-Prozeß (der "Maintask") alle DB-Operationen entgegennahm und auf die bearbeitenden Prozesse (die "Subtasks") weiterverteilte. Weil dadurch eine hohe Zahl von Prozeßwechseln erforderlich war (Anwendungsprogramm $\rightarrow$ Maintask $\rightarrow$ Subtask, zurück nur Subtask $\rightarrow$ Anwendungsprogramm), wurde der Master-Prozeß in der Version 4 abgeschafft. Die Subtasks holen sich ihre Aufträge jetzt selbst aus der Auftragswarteschlange im gemeinsamen Speicher ab und müssen sich beim Zugriff darauf untereinander synchronisieren [HP84]. Innerhalb dieser Bearbeitungsprozesse wird ein eingeschränktes Multi-Tasking durchgeführt: Nur wenn ein Task auf eine Sperre stößt, wird er deaktiviert, und derselbe Prozeß beginnt mit einem neuen. E/A-Operationen werden allerdings synchron ausgeführt und lösen somit immer einen Prozeßwechsel aus. Tandems ENSCRIBE arbeitet nach einem ähnlichen Prinzip, allerdings mit dem entscheidenden Unterschied, daß die Prozesse fest einer physischen Platte zugeordnet sind. In der ersten Version (DP1) gab es genau einen Prozeß pro Platte, inzwischen können es auch mehrere sein [En85]. Erst dadurch kann die Zahl der Prozesse der aktuellen Last angepaßt werden. Eine DB-Operation muß aber immer noch von dem Prozeß bzw. der Prozeßgruppe abgewickelt werden, die zu den benötigten Daten gehört; die DB-Prozesse sind nicht beliebig austauschbar.

Ein DBS mit Multi-Process/Multi-Tasking ist zur Zeit nicht bekannt. (Die Möglichkeit der verteilten Verarbeitung auch auf einem Rechner darf man dabei nicht zählen, sie sind für einen anderen Zweck gedacht und deshalb im zentralen Fall auch recht ineffizient). Für UDS gibt es Überlegungen in diese Richtung, die allerdings noch nicht über Studien hinausgehen.

Eine ausführliche Diskussion der Einbettungsmöglichkeiten von Datenbanksystemen in die Betriebssystemumgebung kann in [Hä79a] nachgelesen werden. Hier ist jetzt vor allem der Zusammenschluß mit dem TP-Monitor von Bedeutung. Noch bevor Single- oder Multi-Process bzw. Single- oder Multi-Tasking überhaupt untersucht werden können, muß geklärt werden, ob TP-Monitor, DBS und TAPs in verschiedenen Prozessen ablaufen sollen oder teilweise zusammen in einem. Wenn man dann noch berücksichtigt, daß der TP-Monitor, das DBS oder auch beide als Teil des Betriebssystems ablaufen können, ergeben sich schon dadurch zahlreiche Varianten. Abb. 3.3 stellt sie baumartig in systematischer Form dar, während Abb. 3.4 sie visualisiert (ein Rechteck stellt einen Prozeßtyp dar).

Der Vergleich der Varianten erfolgt anhand von drei Kriterien: Erstens ist zu fragen, ob die systemnahe Software (TP-Monitor, DBS) vor dem Zugriff der TAPs geschützt ist. Das setzt bei den meisten Betriebssystemen voraus, daß die TAPs in einem getrennten Adreßraum abgelegt sind (vgl. 2.2.6.). Damit ist der Nachteil höherer Kommunikationskosten zwischen Prozessen verbunden, der als zweites Kriterium herangezogen wird. Um hier nicht nur vage Vergleiche durchzuführen, sondern ein paar konkrete Zahlen zu präsentieren, wird als Beispiel wieder die Kontenbuchungstransaktion aus der Einleitung (Abb. 1.1) benutzt und abgezählt, wie viele Prozeßwechsel sich bei ihrer Abwicklung in den verschiedenen Varianten ergeben. Prozeßwechsel können entweder durch die vier Aufrufe des TP-Monitors, durch die neun DB-Operationen oder im Rahmen der Synchronisation bei Transaktionsende (vgl. 3.3.1.) ausgelöst werden. Natürlich auch noch durch E/A-Operationen, doch die sind nicht von der Einbettungsvariante abhängig und werden deshalb nicht gezählt. Drittes und letztes Kriterium ist die Unabhängigkeit vom Betriebssystem, genauer von der BS-Version (vom BS ist das DB/DC-System immer abhängig). Sie ist vor allem dann problematisch, wenn eines der beiden Teilsysteme oder beide im Betriebssystem ablaufen.

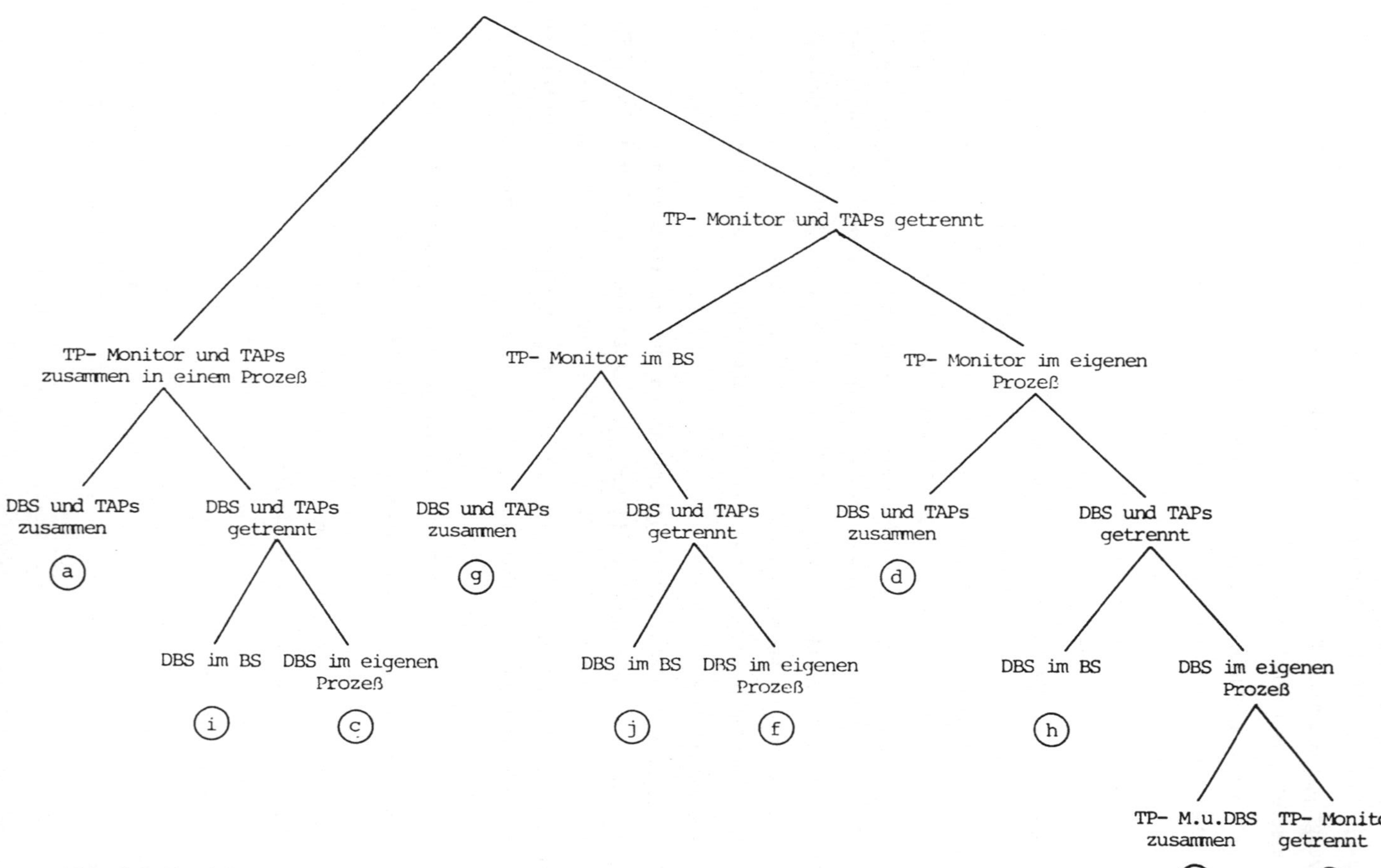

Abb. 3.3: Betriebssystemeinbettung von DB/DC-Systemen - Klassifikation

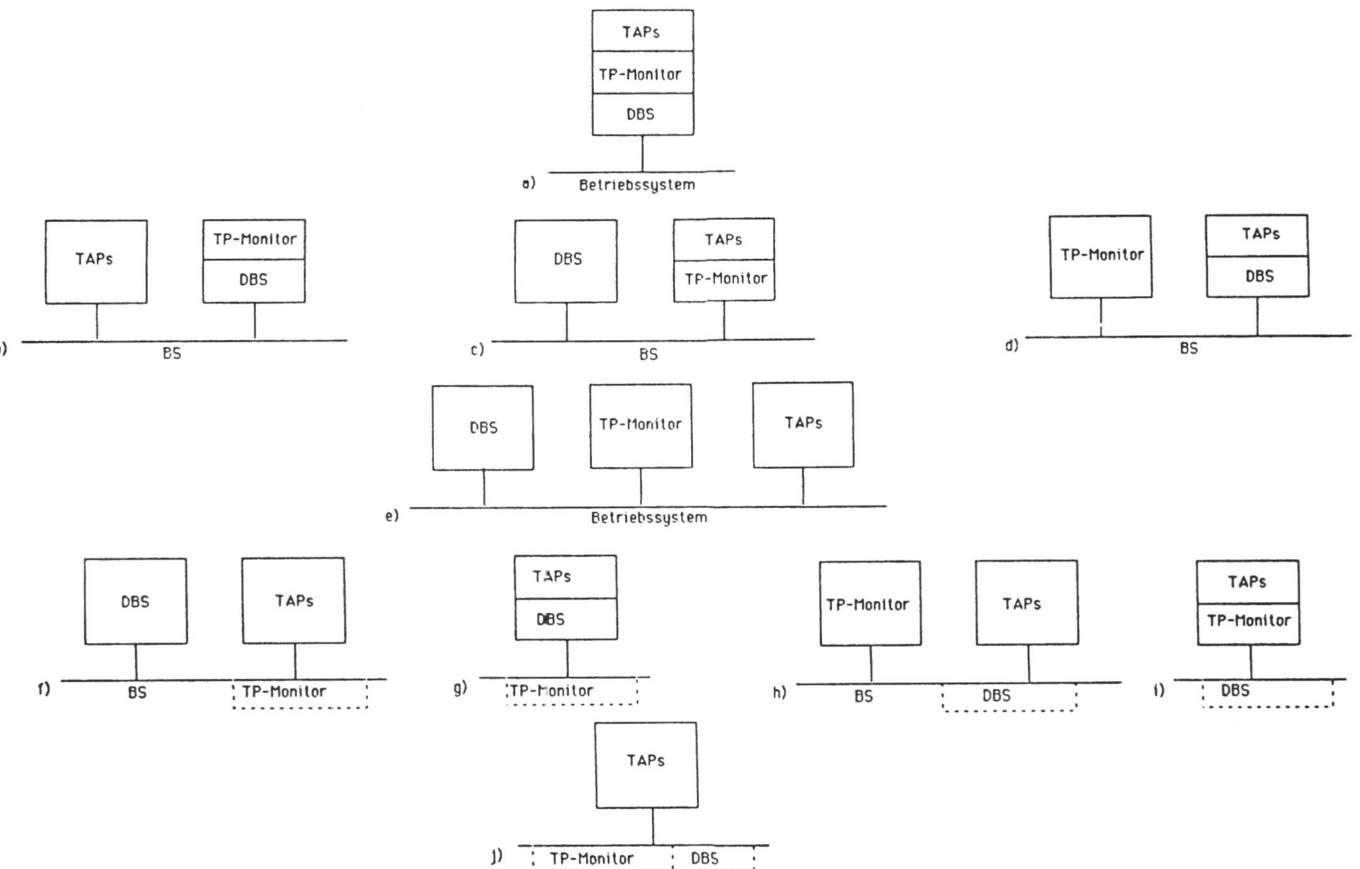

Abb. 3.4: Visualisierung der Einbettungsvarianten aus Abb. 3.3

In *Variante a* laufen beide Systeme und die Anwendungsprogramme zusammen in einem Prozeß ab. Das war in einigen ''alten'' Betriebssystemen schon deshalb notwendig, weil nur wenige Prozesse parallel verwaltet werden konnten. Es hat nach wie vor den Vorteil, daß keine Inter-Prozeß-Kommunikation notwendig ist und somit etliche Prozeßwechsel vermieden werden. Bauer stellt in [Bau76] zwei Untervarianten vor; die erste verwendet für das DBVS einen Betriebssystem-Subtask, die andere ruft es von allen TAPs aus als ablaufinvariantes Unterprogramm auf. Beispiele dafür sind CICS und DL/1 [RB77] bzw. SHADOW II und ISOGEN [Bau76, SHAD]. Die Unabhängigkeit von der BS-Version ist sicherlich gewährleistet, da das ganze Paket wie ein normales Anwendungsprogramm abläuft. Ein Nachteil kann es aber sein, daß die Benutzung der Datenbank von anderen Stapelprogrammen aus erschwert oder unmöglich gemacht wird. Und vor allem der mangelnde Schutz sowohl des TP-Monitors als auch des DBVS vor dem beabsichtigten oder versehentlichen Zugriff der TAPs macht diese Variante fragwürdig.

Dieser Schutz ist in *Variante b* dagegen in vorbildlicher Weise realisiert. Die TAPs laufen in einem eigenen Adreßraum ab und haben keine Möglichkeit, in unkontrollierter Weise auf den TP-Monitor oder das DBS zuzugreifen. Natürlich wird die Kommunikation mit beiden Systemen über gemeinsame Speicherabschnitte erfolgen, doch die sind in dieser Hinsicht unkritisch. Der Preis, der für den sicheren Schutz gezahlt werden muß, ist die hohe Zahl von Prozeßwechseln. Jeder Aufruf an den TP-Monitor oder an das DBS stellt einen Auftrag eines Prozesses für einen anderen dar (vgl. 2.2.4.), der mit zwei Prozeßwechseln verbunden ist. Die TAPs warten synchron auf die Erledigung der Aufträge, da man innerhalb der TAP-Prozesse kein Multi-Tasking ausführen kann. Das würde eine umfangreiche Steuerungslogik verlangen, so daß sich eigentlich die Variante c ergäbe. Die Zwei-Phasen-Freigabe findet vollständig innerhalb des DB/DC-Prozesses statt und erfordert deshalb keine weiteren Prozeßwechsel. IMS [Mc77] ist ein Beispiel für diese Variante, wobei allerdings inzwischen die vielen Prozeßwechsel durch die Cross-Memory-Services (s. 2.2.4.) ersetzt wurden.

Variante c ist bei gekoppelten DB/DC-Systemen die häufigste Lösung, weil sie einfach zu realisieren ist: TP-Monitor und TAPs verhalten sich dem DBS gegenüber wie ein Stapelprogramm, mit einigen wenigen Änderungen, die in 3.3. zusammengestellt werden. So macht es denn auch keine Probleme, Stapelprogrammen den gleichzeitigen Zugriff auf die Datenbank zu ermöglichen. Der Schutz des DBS vor den TAPs ist gewährleistet, der TP-Monitor bleibt ihnen jedoch ausgesetzt. Prozeßwechsel fallen für die DC-Operationen nicht mehr an; für die DB-Operationen ergibt sich die gleiche

Zahl wie bei Variante b.

Zum ersten Mal besteht die Notwendigkeit einer *Zwei-Phasen-Freigabe*, die deshalb im Vorgriff auf Abschnitt 3.3.2. kurz erläutert werden muß: Wenn das TAP beim TP-Monitor das Ende der Transaktion meldet, führt dieser zunächst die erste Phase durch. Er schreibt die Sicherungsinformation, die er benötigt, um die Transaktion auf jeden Fall erfolgreich abschließen zu können. Er behält aber zugleich auch noch alle Daten, die er ggf. zum Zurücksetzen braucht, und gibt keine Sperren frei. Dann ruft er das DBS auf und holt den verzögerten EOT-Aufruf nach. Das erzeugt zwei Prozeßwechsel. Bestätigt das DBS die Beendigung der Transaktion, kann der TP-Monitor sie ebenfalls abschließen sowie die Protokollinformation zum Zurücksetzen und alle Sperren freigeben. Daß dabei im Zusammenhang mit Fehlern verschiedene Sonderfälle auftreten können, braucht hier noch nicht berücksichtigt zu werden (s. 3.3.2.). Beispiele für diese Einbettungsvariante geben CICS und ADABAS, CICS und TOTAL, Intercomm und ADABAS sowie ENVIRON/1 und TOTAL.

Ob es für *Variante d* überhaupt ein Beispiel gibt, ist nicht bekannt. Sie hat auch einige sehr ungünstige Eigenschaften. Was den Schutz anbelangt, ist sie genau so gut oder schlecht wie Variante c; statt des TP-Monitors ist nun das DBVS dem Zugriff der TAPs ausgesetzt. Der Aufwand für die Inter-Prozeß-Kommunikation ist allerdings deutlich höher, was man nicht auf den ersten Blick vermuten würde. Es muß daran erinnert werden, daß der TP-Monitor von jedem DB-Aufruf Kenntnis erhalten muß, damit er ein DB-EOT ggf. abfangen und bis zum DC-EOT verzögern kann. Das heißt aber, daß jeder DB-Aufruf über eine Auftragsbeziehung zunächst an den TP-Prozeß geschickt wird, um von dort über eine zweite Auftragsbeziehung zurückzukommen. Das führt dann zu 34 Prozeßwechseln allein für die neun DB-Operationen (jede braucht vier, nur die EOT-Operation nicht, weil sie vom TP-Monitor abgefangen wird). Man kann diese Lösung sicher nur als absurd bezeichnen, da sie die Tatsache, daß die TAPs und das DBVS zusammen in einem Prozeß liegen, überhaupt nicht nutzen kann, sondern sich genauso wie Variante e verhält.

Die ''reine'' Lösung kommt also nicht in Frage, vielmehr wird in jeder ernsthaften Implementierung ein Teil des TP-Monitors zu den TAPs und dem DBVS (genauer: zwischen sie) in ihren Prozeß gelegt. Er braucht nichts weiter zu tun, als die Aufrufe an das DBVS zu überwachen und einen COMMIT-Aufruf zu verzögern, bis er vom TP-Prozeß die Aufforderung zum Weiterleiten erhält. Dadurch kann man die 34 Prozeßwechsel komplett einsparen, es bleiben nur die 8 für die TP-Monitor-Aufrufe und 2 für die Abwicklung der Zwei-Phasen-Freigabe. Wenn ohnehin schon ein Teil des TP-Monitors zu den TAPs und dem DBVS in einen Prozeß gelegt wurde, kann man auch noch einen Schritt weitergehen und ein Multi-Tasking in diesen Prozessen durchführen. Das DBS kann wieder wie in Variante a (der man damit ja sehr nahe gerückt ist) als eigener Task ablaufen oder als ablaufinvariantes Unterprogramm der TAPs. Für den separaten TP-Prozeß bleiben dann aber mit der Nachrichtenverwaltung und dem Bereitstellen der TP-spezifischen Speicherbereiche und Dateien auch noch genug Aufgaben.

Wenn in Variante b auch noch der TP-Monitor und das DBS auf getrennte Prozesse verteilt werden, erhält man die *Variante e*. Sie hat keine zusätzlichen Vorteile und würde sich höchstens dann ergeben, wenn TP-Monitor und DBVS eben nicht so implementiert wurden, daß sie zusammen in einem Prozeß ablaufen können (ein Beispiel ist nicht bekannt). Sie hat aber gravierende Nachteile, nämlich eine stark erhöhte Zahl von Prozeßwechseln. Die 34, die in Variante d noch durch eine Optimierung vermieden werden konnten, lassen sich hier mit demselben Trick nur auf 16 reduzieren. In der Zwei-Phasen-Freigabe muß dann aber der Überwacher des TP-Monitors in den TAP-Prozessen ebenfalls befragt werden, ob er bereits ein COMMIT vorliegen hat (Andernfalls werden beide Transaktionen zurückgesetzt, s. 3.1.). Die Zahl der Prozeßwechsel erhöht sich dadurch auf 4.

Die ersten fünf Varianten nutzen alle die normale Anwenderschnittstelle des Betriebssystems, während die nun folgenden mindestens eine Komponente in das Betriebssystem einlagern. Damit ist eine Unabhängigkeit von den Betriebssystem-Versionen nicht mehr in dem Maße gegeben, wie das bisher der Fall war. Ein Auftrag an das im BS ablaufende Teilsystem braucht nicht über Inter-Prozeß-Kommunikation an den Auftragnehmer übermittelt zu werden, sondern wird jetzt als BS-Aufruf abgesetzt (''Supervisor Call'', SVC). Das ist zwar deutlich billiger, weil es Prozeßwechsel vermeidet, kostet aber doch mehr als ein einfacher Unterprogrammaufruf, z.B. deshalb, weil das BS umfangreiche Berechtigungsprüfungen durchführt. Im Vergleich mit den übrigen Einbettungen wurde ein SVC daher als ein ''halber Prozeßwechsel'' gezählt.

Wenn der TP-Monitor in das BS gelegt wird, bleiben die TAPs und das DBS übrig, entweder getrennt in verschiedenen Prozessen (Variante f) oder zusammen in einem (Variante g). Jede DC-Operation erfordert einen SVC (insgesamt 2 ''Prozeßwechsel''). In der *Variante f* sind für jeden DB-Aufruf zwei Prozeßwechsel auszuführen, in denen jeweils ein SVC (WAIT) schon mitgezählt ist. Im Falle des TAP-Prozesses wird dieser statt an die Inter-Prozeß-Kommunikation des BS zunächst an den TP-Monitor weitergeleitet, der ihn beim COMMIT auch selbst beantwortet. Dadurch ergeben sich für die DB-Operationen 16 Prozeßwechsel und ein SVC. In der DC-COMMIT-Bearbeitung wird dann der Prozeßwechsel zum DBS nachgeholt, dem dann auch der abschließende WAIT-SVC des DBS zugerechnet werden kann.

In *Variante g* könnten DB-Aufrufe ohne Einbeziehung des BS abgewickelt werden, wenn nicht der TP-Monitor jedesmal informiert werden müßte. Die dadurch veranlaßten 9· SVCs wird man wieder dadurch vermeiden, daß man zwischen TAPs und DBVS einen Aufruf vom selben Übergangsmodul einschiebt, der das DB-EOT zunächst verschluckt. Beim DC-EOT muß er dann aufgefordert werden, das DB-EOT nachzuholen. Anschließend meldet er sich mit einem zusätzlichen SVC beim TP-Monitor zurück.

Auch bei *Variante h* ist der Einsatz eines Überwachungsmoduls im TAP-Prozeß sinnvoll. Dadurch reduzieren sich die DB-Aufrufe auf 8 SVCs. Der neunte wird im Rahmen der Zwei-Phasen-Freigabe nachgeholt, und zwar am besten vom TP-Monitor-Prozeß. Dazu muß der Überwachungsmodul auch die DC-Aufrufe kontrollieren und einem DC-COMMIT die notwendige Information für das DB-EOT mitgeben. Falls das nicht geht, etwa weil das DBVS den COMMIT-Aufruf vom selben Prozeß erwartet, der die Transaktion vorher ausgeführt hat, sind in der EOT-Behandlung noch zwei weitere Prozeßwechsel erforderlich.

In *Variante i* geht es auch ohne den Überwachungsmodul, so daß man mit 8 SVCs für die Datenbankaufrufe und dem nachgeholten COMMIT-SVC in der Zwei-Phasen-Freigabe auskommt.

Wenn schließlich beide Teilsysteme in das BS gelegt werden, ergibt sich die *Variante j*. Alle Aufrufe müssen über SVC abgesetzt werden (4 für DC, 9 für DB), und die Zwei-Phasen-Freigabe spielt sich vollständig innerhalb des Betriebssystems ab.

zu bewertendes Kriterium	Einbettungsvariante									
	a)	b)	c)	d)	e)	f)	g)	h)	i)	j)
Schutz	--	+	-	-	+	+	-	+	-	+
# Prozeßwechsel für										
DC-Operationen	0	8	0	8	8	2	2	8	0	2
DBS-Aufrufe	0	18	16	0	16	16,5	0	4,0	4,0	4,5
2-Phase-Commit	0	0	2	4	4	1	0,5	0,5	0,5	0
Summe	0	26	18	12	28	19,5	2,5	12,5	4,5	6,5
IPK-Aufwand	++	--	-	o	--	-	+	o	+	+
BS-Unabhängigkeit	+	+	+	+	+	-	-	-	-	-

Tabelle 3.1: Beurteilung der Betriebssystemeinbettungen von DB/DC-Systemen (vgl. Abb. 3.3 und 3.4)

Tabelle 3.1 faßt die Bewertung noch einmal zusammen. Gegenüber der ähnlichen Tabelle in [HM86b] wurde jetzt in allen Varianten, die sich dafür eignen, die Optimierung durch Einschaltung eines TP-Überwachungsmoduls berücksichtigt. Es ergeben sich deutlich andere Verhältnisse, weshalb die Bewertung mit +, - und o ebenfalls geändert wurde. Als "gut" (+) werden jetzt die Lösungen mit weniger als 10 Prozeßwechseln eingeschätzt, als "sehr gut" (++) nur die Lösung a, die überhaupt keinen benötigt. 10-15 Prozeßwechsel gelten als "mittelmäßig" (o), 16-20 als "schlecht" (-) und alles, was darüberliegt, als "sehr schlecht" (--).

Ein weitere Optimierung ist möglich, deren Effekt jedoch von der aktuellen Parallelität abhängt und sich deshalb nur ungenau abschätzen läßt. Er wurde in 2.2.4. bereits beschrieben. Wenn bei einer Auftragsbeziehung zwischen Prozessen der Auftragnehmer nach der Abarbeitung eines Auftrags sich nicht deaktiviert, sondern in der Eingangswarteschlange nachschaut, ob noch weitere Aufträge vorliegen, wird dadurch der zweite Prozeßwechsel vermieden. Nur wenn die Eingangswarteschlange leer ist, muß der Auftragnehmer warten. Bei hoher Auslastung kommt man dadurch im Mittel auf 1,2 Prozeßwechsel pro Auftrag statt auf 2. UDS verwendet eine solche Optimierung [UDS81].

Wenn genauere Angaben notwendig waren, wurde bisher immer ein gekoppeltes DB/DC-System zugrundegelegt. Es können jedoch praktisch alle Aussagen auch auf integrierte DB/DC-Systeme übertragen werden, wenn sie die gleiche Aufteilung auf Prozesse vornehmen (was sie allerdings nicht in jedem Fall tun werden). Auch bei ihnen wird die Zwei-Phasen-Freigabe notwendig, wenn die DB-Komponente und der DC-Teil voneinander getrennt ablaufen. Realisiert sind bei den wenigen existierenden Systemen die Varianten a und b. Denkbar und sinnvoll - eine geeignete Zerlegung vorausgesetzt - wären sicher auch c, d, und f bis j.

Wenn das DBS in einem eigenen Prozeß abläuft (Varianten c und f), wird im Prozeß der TAPs ein DB-Anschlußmodul benötigt, der die Inter-Prozeß-Kommunikation durchführt. Die Funktionen dieses Moduls sind in [RB77] zusammengestellt, wobei einige Implementierungsalternativen aber sicher nur in einer sehr speziellen Rechnerumgebung, die leider nicht genannt wird, sinnvoll sein werden. [BP77] beschreibt die Kopplungstechnik speziell für den TP-Monitor Task/Master.

3.3. Implementierungsaspekte gekoppelter DB/DC-Systeme

In diesem Abschnitt soll es nur noch um gekoppelte DB/DC-Systeme gehen, und es wird dabei bevorzugt die Einbettungsvariante c betrachtet, weil sie am häufigsten vorkommt. Die Verfahren lassen sich leicht auf die anderen Varianten übertragen, nur bei denen mit eingebundenem DBS ("linked-in"; a, d und g) kann es zu Abweichungen kommen, wenn das DBS als ablaufinvariantes Unterprogramm aufgerufen wird und nicht als eigener Task abläuft [Bau76]. Wesentlich ist in allen Varianten die strikte Trennung der beiden Teilsysteme. Es gibt keine gemeinsamen Datenstrukturen und Dateien und keine übergreifende Kontrollinstanz, sondern nur eine relativ enge Schnittstelle. Die erste Frage in diesem Zusammenhang ist, ob das DBS den TP-Monitor bzw. seine TAPs über die gleiche Schnittstelle bedienen kann wie die Stapelprogramme oder ob zusätzliche Parameter und Funktionen benötigt werden.

3.3.1. Die Kommunikation zwischen TP-Monitor und Datenbanksystem

Gerade in der Einbettungsvariante c könnte das DBS den TP-Prozeß zunächst als Auftraggeber betrachten wie jeden Stapelprozeß auch. Wenn es grundsätzlich nur synchrone Aufrufe erwartet, so heißt das, daß von jedem Prozeß zu einem Zeitpunkt höchstens eine Operation in der Eingangswarteschlange stehen oder sich in Bearbeitung befinden kann. Das Ergebnis einer Operation wird an den Prozeß zurückgeschickt, der dadurch auch "geweckt" wird, so daß das Betriebssystem ihn im Scheduling wieder berücksichtigen kann. Diese synchronen Aufrufe des DBS erzwingen ein Single-Tasking im TP-Prozeß (wenn man das Multi-Tasking nicht allein auf den TP-eigenen E/A-Operationen aufbauen will).

Falls man dort Multi-Tasking realisieren möchte, reicht diese Schnittstelle nicht aus. Vielmehr muß das DBS auch auf asynchrone Aufrufe eingerichtet sein, und das bedeutet, daß mehrere Operationen von einem Prozeß gleichzeitig im DBS sein können (wartend oder in Bearbeitung). Das schafft zwei Zuordnungsprobleme: Zum ersten werden die Ergebnisse oft nicht in der Reihenfolge bereitgestellt, in der die DB-Operationen eingetroffen sind. Bei der Rückgabe der Ergebnisse muß das DBS also mitteilen, auf welche Operation sie sich beziehen. Beispielsweise können alle Aufrufe eines Prozesses durchnumeriert werden. Ein Wecken des TP-Prozesses ist auch nicht mehr unbedingt notwendig, weil er ja aktiv geblieben sein kann. Nur wenn alle Tasks auf den Abschluß einer DB-Operation warten, muß das DBS mit der ersten Antwort einen Weckaufruf (SIGNAL) absetzen.

Das zweite Zuordnungsproblem ergibt sich zwischen aufeinanderfolgenden DB-Operationen eines Tasks. Bei einem DBS mit prozeduraler Schnittstelle ist das Ergebnis eines "FETCH NEXT" dadurch bestimmt, welcher Satz unmittelbar vorher gelesen wurde. Und der Programmierer geht natürlich davon aus, daß das der von demselben Programm unmittelbar vorher gelesene ist, nicht der eines anderen Task. Für das DBS treffen die Aufträge der verschiedenen Tasks aber in bunter Reihenfolge ein, wie es Abb. 3.5 skizziert.

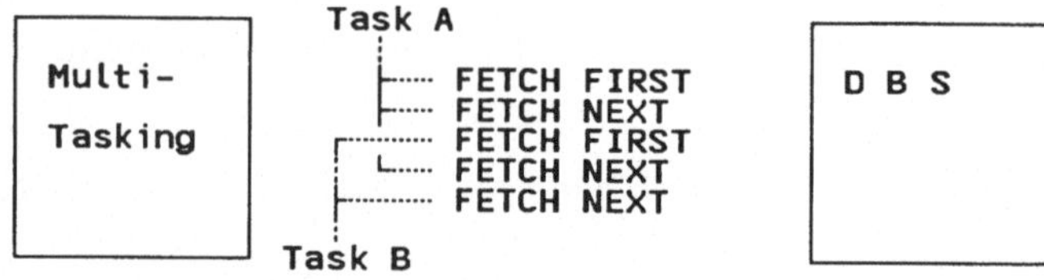

Abb. 3.5: Vermischung der DB-Aufrufe verschiedener Tasks aus der Sicht des DBS

Nun muß das DBS ohnehin zu jedem Task eine eigene Transaktion verwalten, und es muß bei jeder Operation wissen, zu welcher Transaktion sie gehört. Ein *Transaktions- oder Task-Kennzeichen* löst übrigens auch das erste Zuordnungsproblem, so daß auf die Numerierung der einzelnen Aufträge verzichtet werden kann. Eine derartige Zusammenfassung von Operationsfolgen läuft in den existierenden DBS unter ganz verschiedenen Bezeichnungen (Session, logische Datei, Auftrag, Task, Run-Unit, Transaktion, ...) und ist oft auch noch mit anderen Maßnahmen wie dem Öffnen von Datenbankabschnitten, Subschemata oder Sichten verknüpft.

Mit dem Transaktionskennzeichen ist es prinzipiell auch sehr einfach, ein weiteres technisches Problem zu lösen, das erst im Zusammenhang mit Mehr-Schritt-Transaktionen auftritt: Wenn der TP-Monitor Multi-Process realisiert, kann er einen Dialogschritt von einem Prozeß ausführen lassen und den nächsten Dialogschritt von einem anderen. Bilden beide zusammen eine Transaktion, die auch eine DB-Transaktion enthält, so muß sich diese aus der Sicht des DBS von einem Prozeß lösen können, um später einem anderen Prozeß zugeteilt zu werden. Das ist, wie gesagt, nicht schwierig zu realisieren; es ist nur ein neuer Aspekt für die DBS, der bei den Stapelprogrammen nie vorkam.

3.3.2. Synchronisation bei Transaktionsende

Es war schon wiederholt von der Notwendigkeit zur Synchronisation der beiden EOT-Behandlungen die Rede, und in 3.2. wurde im Zusammenhang mit der Variante c auch schon kurz das Zwei-Phasen-Freigabeprotokoll vorgestellt. Das soll nun etwas gründlicher geschehen. Das allgemeine Protokoll ist in [Gr78] beschrieben. Hier handelt es sich um den Sonderfall mit nur zwei beteiligten Systemen, der auf zwei verschiedene Arten behandelt werden kann.

Bei der ersten beginnt der TP-Monitor mit der Phase 1 der Freigabe und sichert die unter seiner Kontrolle stehenden Datenbestände so, daß er die Transaktion sowohl erfolgreich abschließen als auch zurücksetzen kann. Mit dem EOT-Aufruf hat das Programm bereits von sich aus auf die Möglichkeit verzichtet, die Transaktion noch zurückzusetzen; mit dem erfolgreichen Abschluß der Phase 1 verzichtet der TP-Monitor ebenfalls darauf. Er schreibt auf seine Logdatei, daß er die Phase 1 für sich beendet hat ("writes AGREE in log" in [Gr78, S. 468]), sendet den verzögerten EOT-Aufruf an das DBS ab und wartet auf die Rückmeldung. Bestätigt das DBS das erfolgreiche Ende der Transaktion, so hat es für sich bereits Phase 1 und Phase 2 durchgeführt und damit entschieden, daß die Transaktion auf jeden Fall beendet werden muß. Der TP-Monitor führt dann ebenfalls noch die Phase 2 durch und gibt dabei alle Sperren frei. Im Sinne von Gray [Gr78] spielt der TP-Monitor bei diesem Ansatz eine Doppelrolle: er ist sowohl Koordinator als auch Teilnehmer (wie das DBS). Eine Koordinator-Funktion liegt aber beim DBS: die Entscheidung darüber, wann die Phase 1 abgeschlossen ist und die Phase 2 beginnt (*geschachteltes Zwei-Phasen-Freigabeprotokoll*).

Zu jedem Zeitpunkt während der EOT-Behandlung kann ein Fehler auftreten, der den TP-Monitor, das DBS oder beide anormal beendet (Systemausfall). Im Wiederanlauf finden beide Systeme nur die Sicherungsinformationen auf ihren Logdateien vor und müssen danach entscheiden, welche Transaktionen schon abgeschlossen und welche noch offen waren. Der TP-Monitor unterscheidet drei Situationen:

1. Die Phase 1 war noch nicht abgeschlossen.

Dann ist die DB-Transaktion auf jeden Fall auch noch offen, da der EOT-Aufruf ja zurückgehalten wurde. Die DC-Transaktion wird zurückgesetzt; falls das DBS ebenfalls ausgefallen war, setzt es die DB-Transaktion von sich aus ohne Aufforderung durch den TP-Monitor zurück. War dagegen nur der TP-Monitor ausgefallen, während das DBS weiterlief, so muß das DBS nur vom Wiederanlauf informiert werden und setzt dann ebenfalls alle Transaktionen, die zu den Tasks des TP-Systems gehören, zurück. Fällt umgekehrt nur das DBS aus, so merkt das der TP-Monitor bei der nächsten DB-Operation und reagiert mit dem Zurücksetzen aller Transaktionen, die DB-Zugriffe durchgeführt haben (Auch lesende Transaktionen müssen von vorne beginnen, da sie dem DBS nicht mehr bekannt sind und ihre Sperren verlorengingen).

2. Die Phase 1 beim TP-Monitor war abgeschlossen, die Rückmeldung des DBS liegt noch nicht vor.

Dann kann der TP-Monitor von sich aus nicht entscheiden, was mit der Transaktion zu geschehen hat, denn das DBS kann sie durchaus noch erfolgreich beendet haben und unmittelbar vor dem Absenden der Bestätigung unterbrochen worden sein. Schlimmer noch: Es kann sie abgesendet haben, so daß die Transaktion aus seiner Sicht komplett beendet ist, und der Zusammenbruch erfolgte, während die Nachricht im Betriebssystem für den TP-Monitor bereitlag. Diese Situation läßt sich nur auflösen, wenn das DBS dem TP-Monitor eine neue Operation zur Verfügung stellt: die *Statusabfrage*. Der TP-Monitor übergibt mit diesem Aufruf die Kennzeichnung einer Transaktion und erhält vom DBS die Auskunft, daß diese Transaktion noch offen, zurückgesetzt oder unbekannt (und das heißt: erfolgreich abgeschlossen) ist. Wenn nun der Zusammenbruch vor dem Ende der DB-Transaktion eintrat, hat das DBS sie im Wiederanlauf zurückgesetzt und meldet das jetzt dem TP-Monitor, der die DC-Transaktion daraufhin ebenfalls zurücksetzt. Andernfalls ist die TA dem DBS unbekannt und der TP-Monitor führt sie mit der Phase 2 ebenfalls zu einem erfolgreichen Ende. War nur der TP-Monitor ausgefallen, noch bevor der EOT-Aufruf das DBS erreichte, ist die TA für das DBS ''noch offen''. Der TP-Monitor sollte dann den EOT-Aufruf nachholen und dadurch versuchen, die TA noch zu einem erfolgreichen Ende zu bringen.

3. Die positive Antwort des DBS lag vor, das Ende der Phase 2 ist jedoch noch nicht vermerkt.

Die Transaktion überlebt auf jeden Fall. Falls es noch notwendig ist, schreibt der TP-Monitor After-Images in die Datenbereiche (FORCE, s. [HR83b]) und gibt die Sperren frei. Auf seiten des DBS sind keine Maßnahmen erforderlich.

Welcher Zusatzaufwand ist für die beiden Teilsysteme damit verbunden? Der TP-Monitor schreibt neben der normalen Sicherungsinformation, die von seinem Logging- und Recovery-Konzept abhängt [HR83b], einen Satz auf die Logdatei, der das Ende der Phase 1 anzeigt, und mindestens einen weiteren Satz: Er kann die EOT-Bestätigung des DBS aufzeichnen und dadurch eine Wiederholung der Statusabfrage vermeiden. Er muß aber auf jeden Fall das Ende der Phase 2 kenntlich machen, und sei es nur dadurch, daß er die Before-Images löscht, die er sonst für alle Zeit aufbewahren müßte.

Das DBS muß die Statusinformation zu allen offenen und zurückgesetzten Transaktionen verwalten, und zwar auf einem sicheren Platz, damit sie auch nach einen Ausfall noch zur Verfügung steht. UDS und UTM arbeiten nach diesem Prinzip zusammen [Häu80]. Es ist in Abb. 3.6 noch einmal graphisch dargestellt.

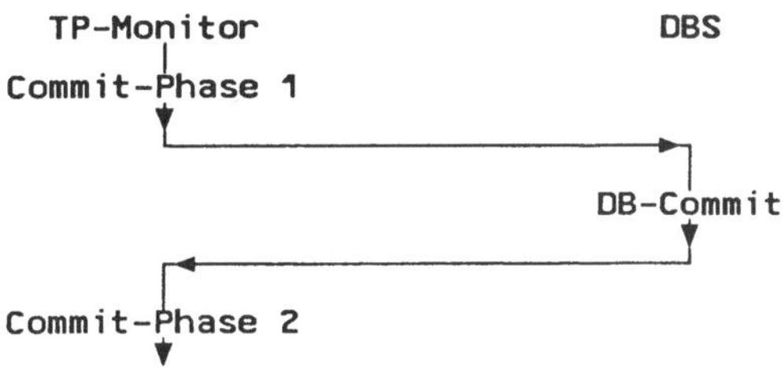

a) erfolgreiches Ende der Transaktion in beiden Systemen

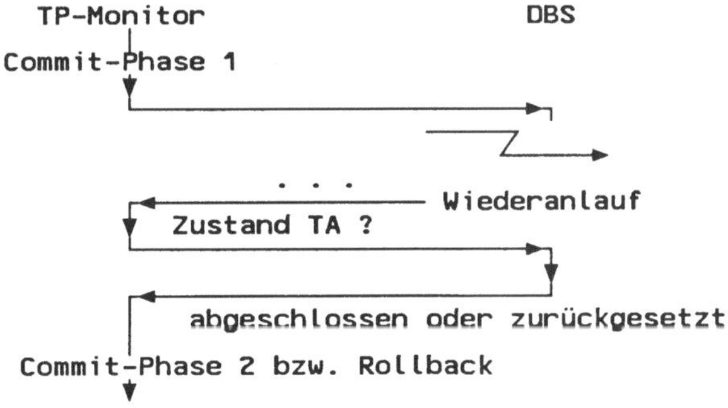

b) Ausfall und Wiederanlauf des DBS

Abb. 3.6: Zwei-Phasen-Freigabeprotokoll zwischen TP-Monitor und DBS (geschachtelt)

Auch die *umgekehrte Lösung* ist denkbar; sie setzt allerdings voraus, daß das DBS die Aufspaltung der EOT-Behandlung in zwei Phasen nach außen sichtbar macht, indem es zwei verschiedene Operationen zur Beendigung einer Transaktion anbietet, die nacheinander aufzurufen sind: vorläufiges EOT ("Preliminary End of Transaction", PREPARE-TO-COMMIT) und endgültiges EOT ("Final EOT", COMMIT). Der TP-Monitor ruft dann zuerst die Phase 1 auf, bevor er mit seiner eigenen EOT-Behandlung beginnt. Nach dem erfolgreichen DC-COMMIT veranlaßt er die

Ausführung der Phase 2. Da er für sich keine Phasen mehr zu unterscheiden braucht, kann es nach einem Ausfall nur noch zwei Situationen geben:

1. Die Transaktion ist noch offen

Sie wird zurückgesetzt, und das DBS wird ebenfalls zum Zurücksetzen aufgefordert. Selbst wenn es die Phase 1 bereits durchgeführt hatte, bereitet das keine Schwierigkeiten.

2. Die Transaktion ist abgeschlossen.

Das DBS wird zum Ausführen der Phase 2 aufgefordert. Falls das vor dem Ausfall schon geschehen war, darf die Wiederholung im DBS keinen Schaden anrichten. Da die Transaktion im DBS in diesem Fall unbekannt ist, läßt es sich leicht abfangen. Schwieriger ist es da für den TP-Monitor festzustellen, für welche Transaktionen er überhaupt noch das Final COMMIT veranlassen muß. Normalerweise vergißt er abgeschlossene Transaktionen vollständig. In dieser Situation darf er das aber erst nach der Bestätigung des endgültigen EOT durch das DBS. Er braucht also auch noch eine weitere Schreiboperation auf seine Logdatei.

Der Aufwand für dieses Verfahren ist vor allem deshalb höher, weil nun zwei DB-Aufrufe notwendig sind, die in einigen Einbettungsvarianten vier Prozeßwechsel auslösen. Ein Vorteil ist dagegen, daß es leicht für mehr als ein DBS verallgemeinert werden kann, was beim geschachtelten Protokoll nicht möglich war. (Genauer muß man sagen, daß nur für eines der beteiligten DBS das geschachtelte Protokoll benutzt werden kann und alle anderen die beiden expliziten COMMIT-Aufrufe benötigen). Abb. 3.7 stellt das Verfahren graphisch dar.

Die Antwort auf die eingangs gestellte Frage lautet also, daß das DBS einem TP-Monitor im Unterschied zu den Stapelprogrammen zusätzliche Unterstützung für das Zwei-Phasen-Freigabeprotokoll anbieten muß, und zwar:

- entweder in Form einer Zustandsabfrage, mit der der TP-Monitor im Wiederanlauf nach einem Systemausfall erfahren kann, ob eine Transaktion, für die er die Phase 1 bereits durchgeführt hat, beim DBS schon abgeschlossen wurde,

- oder mit Hilfe der neuen Operation PREPARE-TO-COMMIT, die das DBS die Phase 1 ausführen, aber die Transaktion noch nicht beenden und weiterhin alle Sperren halten läßt. Erst nach einem abschließenden COMMIT ist die Transaktion für das DBS vollständig.

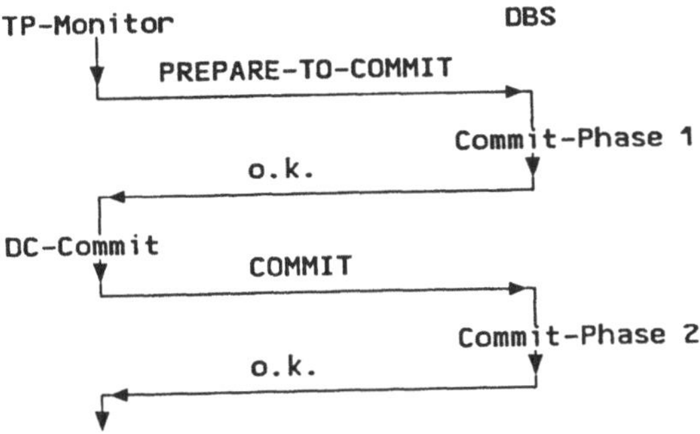

a) erfolgreiches Ende der Transaktion in beiden Systemen

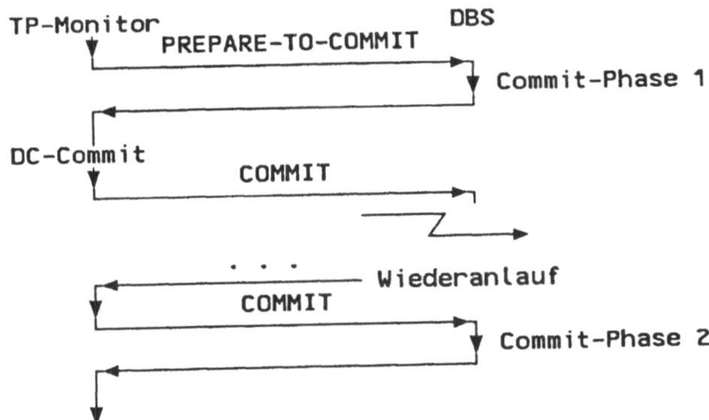

b) Ausfall und Wiederanlauf des DBS

Abb. 3.7: Zwei-Phasen-Freigabeprotokoll zwischen TP-Monitor und DBS (mit zwei DB-Aufrufen: PREPARE-TO-COMMIT und COMMIT)

3.3.3. Erkennung von Verklemmungen (Deadlocks)

Im TP-Monitor wie im Datenbanksystem können sich Wartesituationen ergeben, wenn die angeforderten Betriebsmittel von anderen Tasks oder Transaktionen gesperrt sind. Dabei kann auch einmal der Task A im TP-Monitor auf den Task B warten, während der gerade auf das Ende einer DB-Operation wartet. Wenn in dieser DB-Operation eine Sperre angefordert wird, die die Transaktion von Task A hält, ist der Wartezyklus geschlossen. Natürlich können auch noch mehr Tasks und Transaktionen beteiligt sein. Die beiden Systeme müssen also Vorkehrungen treffen, um solche übergreifenden Verklemmungen zu erkennen. Drei Verfahren kommen in Frage:

– ein gemeinsamer Sperrverwalter

Dieser Sperrverwalter kann in einen der vorhandenen Prozesse (DB-Prozeß, TP-Prozeß) gelegt werden oder in einem separaten Prozeß ablaufen. Er bearbeitet die Sperranforderungen beider Systeme und kann deshalb Verklemmungen erkennen. Nun bedeutet die Einrichtung eines solchen zentralen Sperrverwalters allerdings gravierende Änderungen in der Implementierung beider Systeme. Genaugenommen bewegen sich gekoppelte DB/DC-Systeme damit einen großen Schritt in Richtung auf die integrierten Systeme. Das entscheidende Argument gegen diese Methode liefern allerdings die hohen Kommunikationskosten, die nur in den Einbettungsvarianten a und i erträglich wären.

– Mitteilung der Wartezustände

Jedes System hat weiterhin seinen eigenen Sperrverwalter und gewährt die Sperren lokal. Einer wird ausgewählt, die globale Deadlock-Erkennung durchzuführen. Dazu muß der andere (verallgemeinert: müssen die anderen) ihm zwar nicht mehr sämtliche Sperren, aber alle Wartesituationen mitteilen. Auch das erfordert einen Eingriff in die Implementierung beider Systeme und erweitert die Schnittstelle zwischen ihnen. Der Kommunikationsaufwand ist, wenn er über Prozeßgrenzen geht, wiederum nicht zu vernachlässigen.

– Zeitschranken (Timeouts)

Jedes System kann die Wartezeit eines Task bzw. einer Transaktion auf die Freigabe einer Sperre überwachen. Wenn eine vorgegebene Zeitschranke dabei überschritten wird, nimmt es einen Deadlock an und setzt die wartende Transaktion zurück, so daß ihre Sperren freigegeben werden. (Falls andere Transaktionen auf diese Sperren gewartet haben, werden sie einer davon direkt zugeteilt. Die zurückgesetzte Transaktion, die von neuem gestartet wird, kann sie also erst wieder nach ihnen erhalten.) Im Gegensatz zu den beiden anderen Verfahren wird die Verklemmung dabei nicht definitiv festgestellt, sondern nur aufgrund bestimmter Symptome vermutet. Darin liegt eine Unschärfe, die die Festlegung der Zeitschranke (durch den Administrator) sehr kritisch macht. Wird sie zu niedrig angesetzt, so kann in einer vorübergehenden Überlastsituation auch schon einmal eine Verklemmung ''erkannt'' werden, obwohl sie in Wirklichkeit nicht vorliegt. Setzt man sie dagegen zu hoch an, wird eine tatsächliche Verklemmung erst sehr spät erkannt, und alle beteiligten Transaktionen bleiben so lange blockiert.

Trotzdem werden Zeitschranken eingesetzt (z.B. bei UTM und UDS [UTM85a]), denn sie sind am einfachsten zu implementieren. Bei manchen Betriebssystemen ist allerdings schon absehbar, daß sie mit einer sehr hohen Zahl von Timern, sprich von Interrupts, die nach Ablauf einer Zeitspanne auszulösen sind, ihre Schwierigkeiten haben werden. Und bei einem Transaktionssystem mit mehreren Tausend Terminals kommen schon einige Zeitschranken zusammen. Vor allem aber wegen der Unschärfe in der Deadlock-Erkennung sollte speziell bei den Einbettungsvarianten, bei denen es auf den Kommunikationsaufwand nicht so ankommt, weil er sich innerhalb eines Prozesses oder im Betriebssystem abspielt (a, b und j), besser die zweite Methode, Mitteilung der Wartezustände, eingesetzt werden.

3.3.4. Logging und Recovery

In gekoppelten DB/DC-Systemen findet das Logging nach wie vor in beiden Teilsystemen getrennt statt. Es ändert sich also nur sehr wenig an den in 2.3.4. und [HR83b] beschriebenen Verfahren. Es kommen noch Typen von Log-Sätzen hinzu, je nachdem, welche Methode des Zwei-Phasen-Freigabeprotokolls benutzt wird. Beim geschachtelten Protokoll muß das DBS die Zustände der offenen und zurückgesetzten Transaktionen festhalten, falls es sie nicht aus der Log-Datei erkennen kann. Der TP-Monitor muß den Abschluß der Phase 1 markieren und evtl. noch die Bestätigung des DB-COMMIT. Wird dagegen das Protokoll mit den beiden DB-Aufrufen PREPARE-TO-COMMIT und COMMIT verwendet, hat daß DBS das Ende seiner Phase 1 festzuhalten. Für den TP-Monitor sind keine zusätzlichen Log-Informationen erforderlich; er kann allerdings noch die Rückmeldung des Final COMMIT vom DBS aufzeichnen, um die Wiederholung des COMMIT-Aufrufs (die das DBS abfangen würde) zu vermeiden.

Es fallen dabei einige E/A-Operationen an, die synchron abgewartet werden müssen und die sich wegen der Trennung der Systeme nicht zusammenfassen lassen. Eine weitere Optimierung des Zwei-Phasen-Freigabeprotokolls könnte die Phase 1 mit den dabei notwendigen Schreiboperationen in beiden Systemen parallel ablaufen lassen. Danach müssen sie sich wieder synchronisieren, und das als Koordinator wirkende System protokolliert synchron (!) den Abschluß der Phase 1. Phase 2 kann dann anschließend wieder in beiden Systemen parallel ausgeführt werden (Abb. 3.8). Selbst wenn dabei überhaupt keine Sicherungsinformation mehr auf Platte ausgeschrieben wird (und das bedeutet für den Wiederanlauf in jedem Fall die Wiederholung der COMMIT-Aufrufe), so bleibt es damit doch bei mindestens zwei hintereinander auszuführenden E/A-Operationen, die vollständig in der Antwortzeit enthalten sind.

Nur in integrierten Systemen können sie geblockt und zu einer einzigen zusammengefaßt werden.

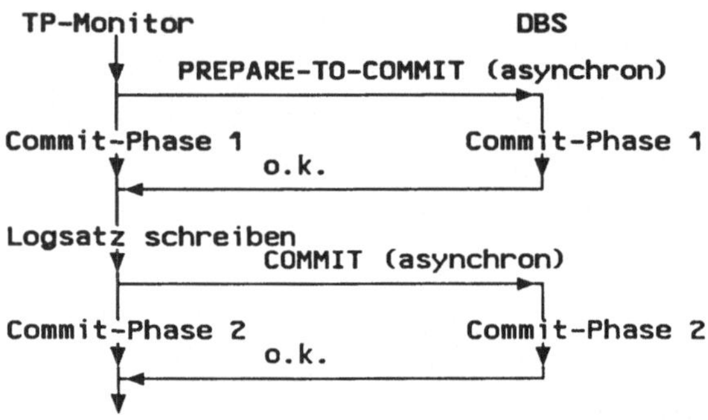

Abb. 3.8: Optimiertes Zwei-Phasen-Freigabeprotokoll

3.3.5. Ablauf eines Dialogschritts

Die Konsequenzen der Trennung der beiden Teilsysteme lassen sich am besten veranschaulichen, wenn man den dynamischen Pfad darstellt, der zur Abwicklung eines Dialogschritts durchlaufen werden muß (Abb. 3.9). Die Länge der Zeitabschnitte ist dabei nicht proportional zur tatsächlich verbrauchten Zeit, besonders die externen Operationen wie Platten-E/A und Terminal-E/A sind stark verkürzt gezeichnet. Je nachdem, welche Einbettungsvariante aus 3.2. man zugrundelegt, muß zwischen den Systemen eine Prozeßgrenze gezogen werden. In Abb. 3.9 wurde die Variante c (TP-Monitor und TAPs in einem Prozeß, DBS im anderen) angenommen. Die Überquerung einer Prozeßgrenze nimmt die Inter-Prozeß-Kommunikation des Betriebssystems in Anspruch und muß zwangsläufig einen Prozeßwechsel enthalten. Dies verbraucht ebenfalls Prozessorzeit, die jedoch in Abb. 3.9 nicht dargestellt ist. Berücksichtigt wurde aber, daß jeder DB-Aufruf eines TAPs über den TP-Monitor abgewickelt werden muß.

Es handelt sich um eine einfache Ein-Schritt-Transaktion, die einen Satz aus der Datenbank liest (FETCH), modifiziert und wieder zurückschreibt (MODIFY). Es kann sich dabei um den letzten Dialogschritt eines Vorgangs handeln, in dem derselbe Satz vorher schon gelesen und angezeigt wurde. Diese Transaktion ist noch einfacher als die Kontenbuchung, und sie bewirkt doch bei Variante c schon mehr als vier

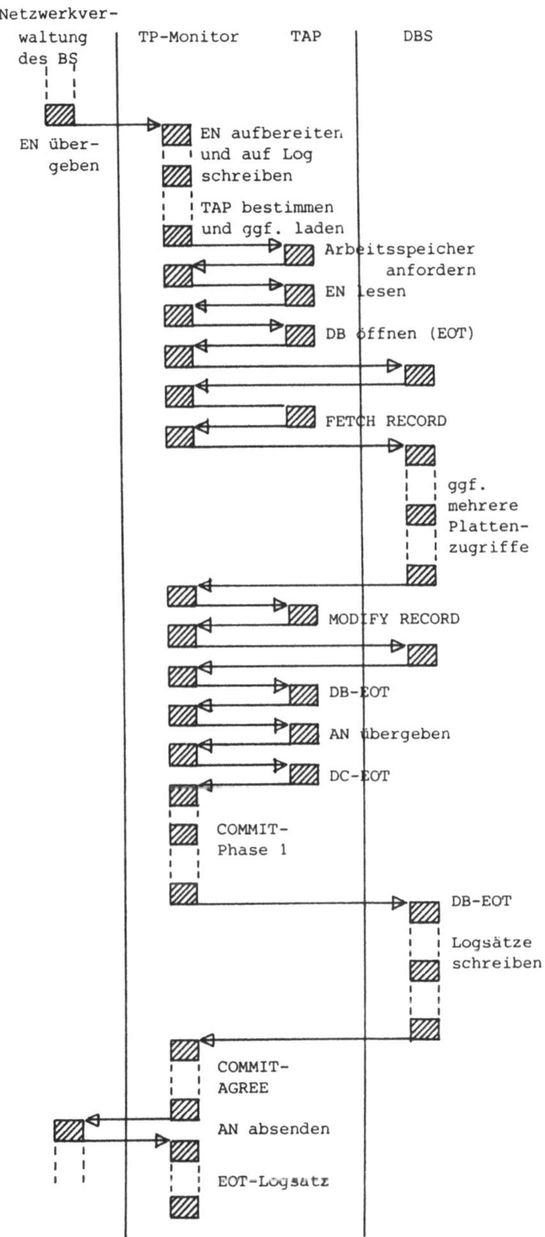

Abb. 3.9: Ablauf eines Dialogschritts in gekoppelten DB/DC-Systemen

zusätzliche Prozeßwechsel. In der Antwortzeit sind sogar mindestens alle acht Prozeßwechsel enthalten. Für jede weitere DB-Operation kommen noch zwei dazu. Sie können einen großen Anteil an den Gesamtkosten für die Abwicklung des Dialogschritts ausmachen. Auch begibt man sich damit in starke Abhängigkeit von der Scheduling-Strategie des Betriebssystems, die bei jedem Prozeßwechsel einen anderen als den im Sinne des Dialogschritts gewünschten Prozeß aktivieren kann. Die in 2.2.4. beschriebenen Cross-Memory-Services könnten in dieser Konfiguration zu einer starken Verbesserung beitragen.

3.3.6. Vorteile und Nachteile der Trennung

Zusammenfassend lassen sich als *Vorteile* gekoppelter DB/DC-Systeme aufführen:

- Die beiden Teilsysteme können von verschiedenen Herstellern stammen, so daß der Anwender sich jeweils das ihm am geeignetsten erscheinende auswählen kann. Zwar müssen beide Teilsysteme, wie in den Abschnitten oben erläutert, einige zusätzliche Funktionen aufweisen, was zur Folge hat, daß durchaus nicht jeder TP-Monitor mit jedem DBS zusammenarbeiten kann. Andererseits ist die Realisierung dieser Funktionen aber in den meisten Fällen nicht sehr aufwendig; die Hersteller bieten normalerweise an, ein ggf. nicht verfügbares ''Interface'' für den neuen Kunden zu erstellen.

- Der Zugang zur Datenbank ist auch für Stapelprogramme unproblematisch. Das läßt sich bei integrierten Systemen prinzipiell auch realisieren, nur wurde es bei den wenigen Systemen, die bisher im Einsatz sind, noch nicht getan (wohl um ihre Komplexität nicht noch weiter zu erhöhen).

- Die Transaktionsprogramme können mit Unterstützung des TP-Monitors auch auf konventionelle Dateien zugreifen. Hier gilt das gleiche Argument: Integrierte Systeme könnten das auch leisten, tun es nur meist (noch) nicht.

- Es können verschiedene Datenbanksysteme und Dateiverwaltungssysteme nebeneinander eingesetzt werden. Das ist der generelle Vorteil des Baukasten-Prinzips. Ob der Bedarf in dieser Richtung sehr groß ist, kann allerdings bezweifelt werden. Die meisten Anwender begnügen sich mit einem Verfahren zur Datenhaltung.

Diesen Vorteilen stehen einige *Nachteile* gegenüber, die sicher nicht vernachlässigt werden dürfen:

- Wenn die beiden Teilsysteme nicht zusammen in einem Prozeß (oder im Betriebssystem) ablaufen, ist der Aufwand zur Inter-Prozeß-Kommunikation beträchtlich. Ohne eine starke Unterstützung durch das Betriebssystem (z.B. in Form von Cross-Memory-Services) macht er diese Lösung für den Hochlastbetrieb unbrauchbar.

- Die Log-Funktion ist in beiden Systemen mit gleicher Aufgabenstellung redundant realisiert. Die getrennt durchgeführten E/A-Operationen lassen sich nicht zusammenfassen, auch wenn es aus globaler Sicht sinnvoll wäre.

- Zur Synchronisation beim erfolgreichen Abschluß einer Transaktion ist ein Zwei-Phasen-Freigabeprotokoll erforderlich, das weitere Interaktionen zwischen den Teilsystemen und zusätzliche Logsätze notwendig macht.

- Um systemübergreifende Deadlocks zu erkennen, müßte entweder ein System das andere über seine Wartesituationen informieren, was sicher nicht ganz einfach zu implementieren wäre, oder Zeitschranken für das Warten definieren, die immer unscharf sind und u.U. Verklemmungen erkennen, wo gar keine vorliegen.

Auch die beiden zuletzt genannten Punkte betreffen aus der Sicht des Anwenders vor allem die Leistungsfähigkeit des Systems. Sehr verkürzt ausgedrückt, bieten ihm gekoppelte DB/DC-Systeme also größere Flexibilität bei schwächerer Performance. Hinzu kommt, daß es immer noch sehr wenige integrierte DB/DC-Systeme gibt, die diesen Namen verdienen.

3.4. Implementierungsaspekte integrierter DB/DC-Systeme

Wenn man wieder die gleichen Punkte betrachtet wie bei den gekoppelten Systemen, ergeben sich zunächst einige Unterschiede, die die Implementierung vereinfachen: Die Notwendigkeit der Kommunikation zwischen TP-Monitor und DBS entfällt. Falls das System in mehreren Prozessen ablaufen soll, kann die Aufteilung frei vorgenommen werden. Dadurch kann die Kommunikation zwischen den Prozessen minimiert werden. Das Zwei-Phasen-Freigabeprotokoll und die systemübergreifende Deadlock-Erkennung werden überflüssig oder vereinfachen sich stark. Die Zahl der zu schreibenden Logsätze reduziert sich. Was an Sicherungsfunktionen notwendig bleibt, soll im folgenden Abschnitt untersucht werden.

3.4.1. Logging und Recovery

Das gegenüber dem Stapelbetrieb zusätzlich notwendig werdende Nachrichten-Logging kann jetzt mit den Logsätzen für die Datenbereiche zusammengefaßt werden, so daß sich keine zusätzlichen E/A-Operationen ergeben. Die Eingabenachricht kann, falls sie protokolliert werden soll, mit dem Transaktionsanfangssatz (BOT-Satz) aufgezeichnet werden, die Ausgabenachricht entsprechend mit dem Transaktionsendesatz (EOT-Satz). Bei dialogschrittübergreifenden Transaktionen können Ausgabenachricht und die unmittelbar folgende Eingabenachricht geblockt ausgeschrieben werden, denn ohne die Eingabenachricht ist die Ausgabenachricht nicht erforderlich. Sie wird nur verwendet, wenn der erste und der zweite Dialogschritt automatisch wiederholt werden sollen (s. 2.3.4.): Die im ersten erzeugte Ausgabe wird mit ihr verglichen, bevor die zweite Eingabe verarbeitet werden darf. Liegt diese zweite Eingabe gar nicht vor, so kann ohnehin nur der erste Dialogschritt wiederholt werden, dessen Ausgabe in jedem Fall an das Terminal gesendet wird.

In Transaktionssystemen kommt es vor allem auf die *schnelle Wiederherstellung* an, so daß viele der beispielsweise in [Da76] beschriebenen Checkpoint-Verfahren ohnehin nicht in Frage kommen. Das Logging der Eingabenachrichten dient sicherlich nicht dazu, alle Transaktionen seit dem letzten Sicherungspunkt nachzufahren (was außerdem noch in EOT-Reihenfolge geschehen müßte, um die gleichen Ergebnisse zu liefern, und eine sichere Synchronisation schon im normalen Ablauf voraussetzt). Es eignen sich vor allem die transaktionsorientierten Sicherungsverfahren, die nach einem Ausfall allein die offenen Transaktionen zurücksetzen. Die Protokollierung von After-Images kann noch die Funktion haben, die Änderungen abgeschlossener Transaktionen in die DB einzubringen, die bei Transaktionsende nicht aus dem Puffer in die DB geschrieben wurden (NOFORCE-Strategie, s. [HR83b]). Hauptsächlich dienen sie jedoch zur Rekonstruktion zerstörter Dateien und Datenbanken nach einem Plattenfehler. Dazu muß eine Archivkopie vorliegen, in die alle seither erstellten After-Images eingespielt werden.

Das Logging der Eingabenachrichten dient also nur dazu, die automatische Wiederholung einer Transaktion zu ermöglichen, wenn diese an einem Systemfehler (Deadlock, Systemausfall) gescheitert ist. Deshalb kann es auch eine temporäre Protokolldatei verwenden, die mit dem Ende der Transaktion gelöscht werden kann. Abb. 3.10 zeigt am Beispiel von IMS, welche Protokollinformation in einem integrierten DB/DC-System auf die gemeinsame Logdatei geschrieben werden kann. Es handelt sich um zwei aufeinanderfolgende Dialogschritte, die eigentlich zu einer Transaktion

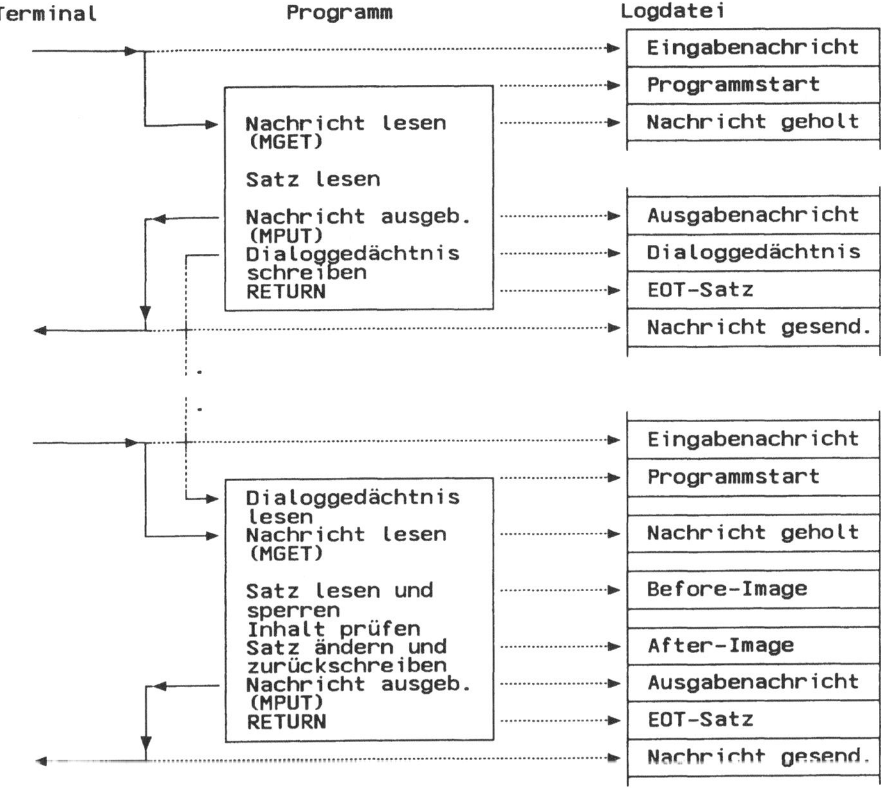

Abb. 3.10: Logging in einem integrierten DB/DC-System am Beispiel von IMS (nach [Bau79b])

zusammengefaßt werden mußten. Dies ist bei IMS jedoch nicht möglich. Da der erste Dialogschritt demnach nur eine Lesetransaktion enthält, besteht keine Notwendigkeit, schon in ihr das Before-Image zu schreiben. Das Vorgangsgedächtnis muß auf jeden Fall gesichert werden.

3.4.2. Ablauf eines Dialogschritts

In Abb. 3.11 ist der Ablauf eines Dialogschritts in einem integrierten DB/DC-System dargestellt. Es handelt sich wieder um die gleiche Transaktion wie in Abb. 3.9. Aus der Sicht des TAP hat sich praktisch nichts geändert, außer daß die beiden EOT-Aufrufe zu einem einzigen zusammengefaßt wurden. Falls die Prozeßgrenze zwischen das TAP und das DB/DC-System gelegt wird, kommt natürlich wieder eine hohe Zahl von Prozeßwechseln zusammen. Diese Art der Einbettung kann, so sehr sie aufgrund des Schutzes der Systemprogramme wünschenswert wäre, nur bei erheblicher BS-Unterstützung effizient sein (Cross-Memory-Services o.ä.). Nicht berücksichtigt wurden eventuelle Prozeßwechsel innerhalb des DB/DC-Systems, weil sie je nach der gewählten Architektur sehr unterschiedlich anfallen können.

3.4.3. Überlegungen zur Architektur von integrierten DB/DC-Systemen

Es wurde schon wiederholt erwähnt, daß es auch in integrierten Systemen sinnvoll, ja aufgrund ihrer Komplexität geradezu notwendig ist, eine interne Strukturierung vorzunehmen, die sicher nicht wieder genau einen TP-Monitor und ein DBS liefern wird, aber doch auch eine Aufteilung auf verschiedene Prozeßtypen vornehmen kann. Bezüglich der Architektur solcher Systeme gibt es bislang praktisch keine Überlegungen, wie sie für die beiden Teilsysteme schon angestellt wurden (s. 2.3., Abb. 2.16, und z.B. [HR83a]). Aus der Forderung, daß es keine redundanten Komponenten für die Synchronisation und das Logging mehr geben sollte, läßt sich ableiten, daß sie als zentrale Funktionen den beiden Restsystemen zur Verfügung stehen werden. Die reinen Datenverwaltungsaufgaben des TP-Monitors übernimmt das DBS.

Was in Abb. 3.12 als TP-Monitor bezeichnet wird, umfaßt nur noch die Funktionen der Nachrichten- und Netzverwaltung sowie der Programmverwaltung. Eine interne Task-Verwaltung könnte wie die Transaktionsverwaltung das DBS mit umfassen. Auch das Fünf-Schichten-Modell eines DBS [HR83a] kann zu einem DB/DC-Schichtenmodell erweitert werden. In Abb. 3.13 sind die Funktionen des TP-Monitors auf zwei Schichten aufgeteilt. Die über den TAPs liegende nimmt die Nachrichten der Terminals in Empfang und veranlaßt die Ausführung des gewünschten Programms. Die untere wickelt die Aufrufe der TAPs ab, mit denen z.B. auf Speicherbereiche, Dateien

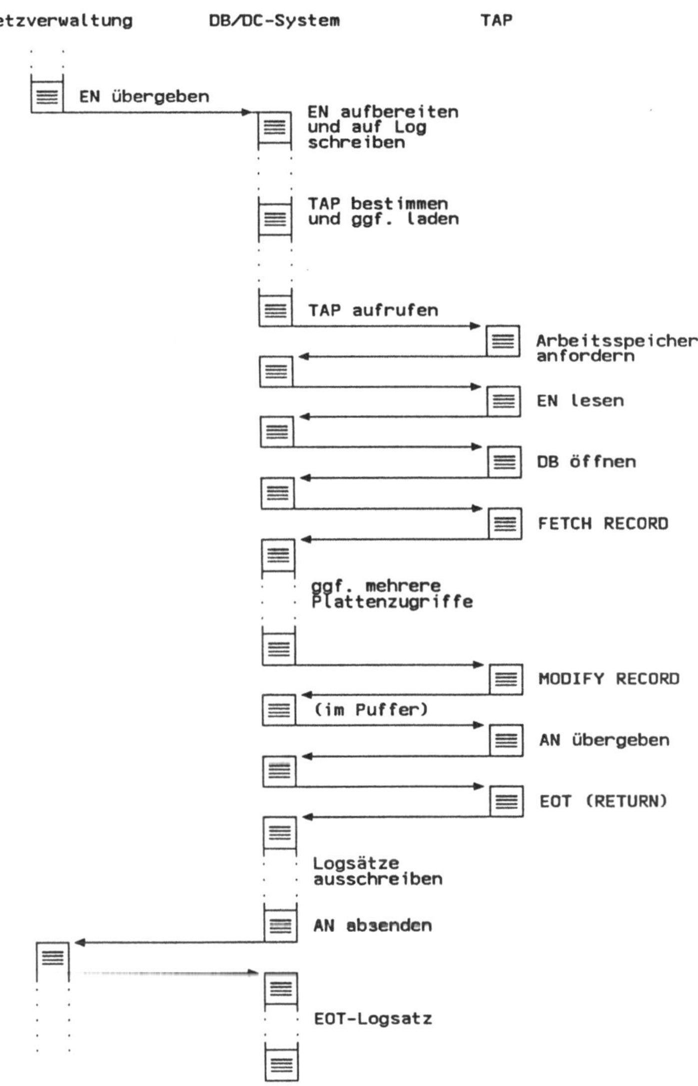

Abb. 3.11: Dynamischer Pfad bei der Abwicklung eines Dialogschritts in einem integrierten DB/DC-System

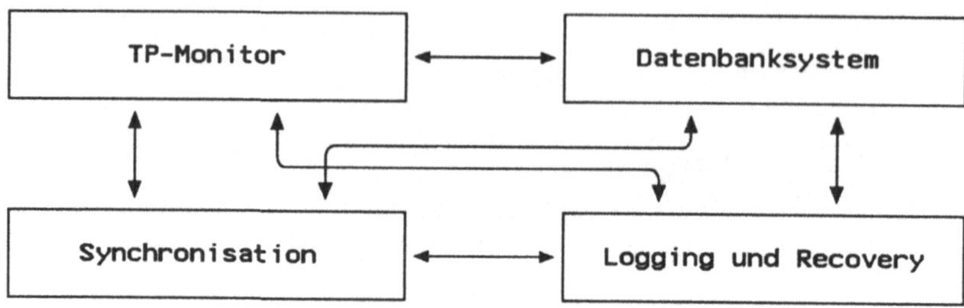

Abb. 3.12: Zentrale Komponenten für Synchronisation, Logging und Recovery in einem integrierten DB/DC-System

und die Datenbank zugegriffen wird. Dessen Fünf-Schichten-Modell ist nur angedeutet; es kann in [HR83a] nachgelesen werden. Diese Sicht auf ein DB/DC-System ist rein funktional und enthält keine Angaben zur parallelen Abwicklung von Vorgängen (Tasks), zur Synchronisation oder zur Transaktionsverwaltung.

Deshalb sind die beiden Strukturierungsansätze in Abb. 3.12 und 3.13 noch nicht aussagekräftig. Die Entscheidung, die zuerst getroffen werden muß, betrifft die Zuordnung von Funktionen zu selbständigen Ablaufeinheiten, die parallel arbeiten können und entweder Prozessen oder Tasks zugeordnet werden. Erst dann kann über das Zusammenwirken der Funktionen innerhalb dieser Ablaufeinheiten, ihre Über- und Unterordnung entschieden werden.

In den vorangegangenen Abschnitten ist deutlich geworden, wie stark die Leistungsfähigkeit einer bestimmten Einbettungsvariante von den Funktionen des zugrundeliegenden Betriebssystems beeinflußt wird. Eine grobe Einteilung kann die "klassischen" BS mit ihrem relativ teuren Prozeßkonzept unterscheiden von neueren BS mit vielen "billigen" Prozessen. (In Wirklichkeit ist der Übergang natürlich fließend; wo könnte man schon eine präzise Grenze zwischen "teuer" und "billig" ziehen). Und bei den klassischen BS ist entweder ein Mechanismus wie die Cross-Memory-Services verfügbar, um mit wenig Aufwand die Auftragsbeziehung zwischen Prozessen zu realisieren, oder nicht. Es ergeben sich drei Klassen von Betriebssystemen, für die jeweils eigene Architekturüberlegungen angestellt werden müssen.

Eine weitere Voraussetzung soll sein, daß ein sicherer Schutz der systemnahen Software vor den Anwendungsprogrammen nur gewährleistet ist, wenn beide in verschiedenen Adreßräumen liegen. Es gibt einige Ausnahmen [Org72]; in den meisten BS ist

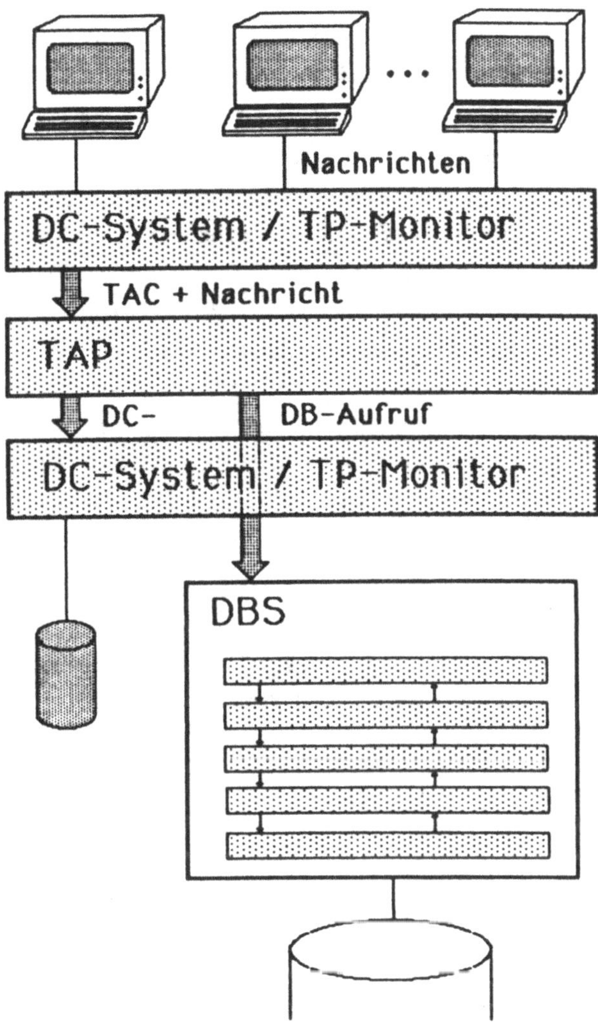

Abb. 3.13: Schichtenmodell eines DB/DC-Systems

diese Voraussetzung jedoch erfüllt. Sehr oft muß auch noch von den teuren Prozessen ohne Cross-Memory-Services ausgegangen werden. Die Bewertung von Einbettungsvarianten in Tabelle 3.1 macht genau diese Annahme. Sie liefert aber auch keinen eindeutigen Favoriten; von der Performance her ist die Lösung a (alles in einem Prozeß) sicher unschlagbar, die Schutzbedürfnisse werden dagegen von den Lösungen b, f, h und j (TAPs im eigenen Prozeß, TP-Monitor und DBS im Prozeß oder im BS) befriedigt. Von denen dürfte j (DB/DC-Betriebssystem) in bezug auf die Performance am besten abschneiden.

Wenn die Lösung a verworfen wird, lautet die erste Frage bei der Diskussion der übrigen, was zusammen mit den TAPs in einem Prozeß ablaufen soll. Da es ihrem Zugriff ausgesetzt ist, darf es keine kritischen Funktionen enthalten. Multi-Tasking innerhalb der TAP-Prozesse setzt eine lokale Task-Verwaltung voraus. Die Programmverwaltung muß ebenfalls dort stattfinden. Und alle Datenbereiche, die ohnehin nur für einen Task oder eine Transaktion Gültigkeit haben, können auch dort verwaltet werden. Dadurch kann schon eine Reihe von TP-Aufrufen lokal bearbeitet werden: INIT, MGET (die Nachricht wird mit dem Aufruf des Programms an den TAP-Prozeß übergeben), SPUT für LSSBs usw. Nur die Zugriffe auf globale Datenbereiche, auf Dateien und auf die Datenbank müssen zum übrigen DB/DC-System weitergeleitet werden.

Dieses kann ganz innerhalb des BS ablaufen (j), ganz in einem Prozeß (b) oder sich zwischen beiden aufteilen (f und h). Eine allgemeingültige Entscheidung ist hier nicht möglich. Der Zielkonflikt liegt darin, daß eine Integration ins BS sicherlich eine bessere Performance bedeutet (SVCs anstelle von Prozeßwechseln), aber wesentlich schwieriger zu implementieren ist und einen höheren Grad von BS-Abhängigkeit mit sich bringt.

Wenn dagegen Cross-Memory-Services oder vergleichbare Funktionen zur Verfügung stehen, ist die Integration ins BS nicht mehr notwendig, weil der Aufruf eines Programms in einem anderen Adreßraum zu sehr geringen Kosten möglich ist. Dies entspricht der Lösung von IMS, die allerdings kein Multi-Tasking in den TAP-Prozessen vorsieht.

Wenn das Betriebssystem darauf eingerichtet ist, sehr viele Prozesse effizient zu verwalten, und auch einen Mechanismus zur Realisierung der Auftragsbeziehung zur Verfügung stellt (z.B. den Remote Procedure Call), können zunächst einmal sehr viel mehr Prozesse eingesetzt werden. Es bietet sich auch an, auf das Multi-Tasking innerhalb der TAP-Prozesse zu verzichten (Tandems PATHWAY, das im BS Guardian solche Voraussetzungen vorfindet, führt es in den Terminal Control Processes allerdings trotzdem aus [Tan82b]). Dann könnte auch der DB/DC-Prozeß noch weiter funktional zergliedert werden, indem z.B. die Synchronisations- und Logging-Komponenten in separaten Prozessen zusammengefaßt werden und eine Vielzahl von DB/DC-Prozessen bedienen. Damit käme wieder die in Abb. 3.12 angedeutete Aufteilung zum Tragen.

Alle diese Ansätze gehen von vorliegenden Betriebssystemen aus und versuchen, mit den angebotenen Einrichtungen zurechtzukommen. Neuerdings gibt es aber auch den umgekehrten Ansatz: Entwurf eines Betriebsystems mit integriertem DB/DC-System speziell für die Realisierung von Transaktionssystemen. Ein Beispiel dafür sind die Systeme von Synapse, die vor allem als fehlertolerante Systeme etikettiert werden, aber (wie alle anderen fehlertoleranten Systeme auch) primär auf die Unterstützung des Transaktionsbetriebs abzielen. Das BS-Konzept ist in [BC84] angedeutet und soll hier kurz wiedergegeben werden.

Das BS ist in vier Schichten oder Ringe aufgeteilt, die von innen nach außen immer weniger Zugriffsrechte (''Privilegien'') haben. Der Einfachheit halber wurde in Abb. 3.14 die Darstellung in Schichten gewählt, wobei die Rechte von oben nach unten zunehmen. Als fünfte Schicht ist oben das Anwendungsprogramm aufgesetzt.

```
┌─────────────────────────────────────────────┐
│                                              │
│ Anwendungsprogramm                           │
│                                              │
├─────────────────────────────────────────────┤
│ TP-Verwalter                                 │
│ (Anmelden und Abmelden, Masken-              │
│ verarbeitung, Transaktionen)                 │
├─────────────────────────────────────────────┤
│ BS-Erweiterung                               │
│ (Namensverwaltung, logische                  │
│ E/A, Benutzerfunktionen)                     │
├─────────────────────────────────────────────┤
│ relationales DBVS                            │
├─────────────────────────────────────────────┤
│                                              │
│ BS-Kern                                      │
│ (Prozesse, elementare E/A)                   │
│                                              │
└─────────────────────────────────────────────┘
```

Abb. 3.14: Strukturierung des Betriebssystems bei Synapse N+1 [BC84]

Für jedes angemeldete Terminal wird nun wieder (wie in den bekannten Betriebssystemen im Teilnehmerbetrieb) eine eigener Prozeß eingerichtet, und zwar vom TP-Verwalter. Jeder Funktionsaufruf der Programme an BS, TP-Monitor oder DBS wird in Form von privilegierten Unterprogrammen abgewickelt. Mit dem Aufruf erhält der Prozeß die Rechte der Schicht, in der das gerufene Unterprogramm angesiedelt ist, so daß er auf alle dort verfügbaren Informationen zugreifen kann. Beim Rücksprung werden diese Rechte automatisch wieder aufgehoben (Da ist eine Verwandschaft zu den beiden Befehlen ''Program Call'' und ''Programm Transfer'' der Cross-Memory-

Services zu erkennen, s. 2.2.4). Das Zuteilen und Aberkennen von Zugriffsrechten ist sehr einfach realisiert durch Manipulation von einigen Bits in Hardware-Registern, die von der Speicherverwaltung des BS benutzt werden. Dadurch kostet ein solcher Aufruf von Systemfunktionen nur wenige Mikrosekunden.

Diese Idee klingt interessant. Leider muß Synapse inzwischen wohl zu den Start-up-Unternehmen gezählt werden, die bereits wieder aufgegeben haben. Daher ist nicht bekannt, ob eine Realisierung vorgenommen wurde, die zur praktischen Erprobung taugt.

4. Leistungsuntersuchungen an DB/DC-Systemen

In den beiden letzten Kapiteln wurden zu TP-Monitoren und DB/DC-Systemen zahlreiche Realisierungsverfahren vorgestellt, deren Vergleich auf groben Abschätzungen beruhte: Variante a wird "mehr" Paging bewirken als Variante b, weil es mehr Programmkopien gibt und die Lokalität geringer ist, und ähnliche Argumente dieser Art. Thema dieses Kapitels ist es nun, den Vergleich der Verfahren auf präzisere Angaben zu gründen und festzustellen, was die Auswirkungen auf das Verhalten des Gesamtsystems sind.

Auch an den in der Praxis eingesetzten DB/DC-Systemen werden intensive Leistungsuntersuchungen durchgeführt, die jedoch meist eine andere Zielsetzung haben. Der Unterschied soll anhand von Tabelle 4.1 verdeutlicht werden. Der *Entwickler eines DB/DC-Systems* muß Verfahren auswählen, beim anschließenden Einsatz laufend ihre Effizienz überprüfen und sie ggf. durch bessere ersetzen. Dies geschieht relativ zu einer ganz bestimmten Betriebssystem- und Hardware-Umgebung. (Der Fall, daß ein DB/DC-System für mehrere Umgebungen entwickelt wird, ist sehr selten. Die Auswahl der Verfahren sollte dann auch - bei gleichen Funktionen für den Anwender - unabhängig voneinander erfolgen). Solange noch kein System zur Verfügung steht, können Leistungsuntersuchungen nur mit Hilfe von analytischen Modellen oder Simulationsmodellen durchgeführt werden. Messungen können frühestens am ersten Prototyp stattfinden. Sie gewinnen jedoch stark an Bedeutung, wenn das System bereits vorliegt und verbessert werden soll.

Eine schwierige Aufgabe ist es für den Entwickler, das Spektrum der zu erwartenden Anwendungen abzuschätzen. Vor allem die quantitativen Fragen können für die Systemgestaltung wichtig sein: Wie viele Programme und Masken gibt es? Wie groß sind sie? Welchen Umfang nehmen die Datenbestände an? Wie hoch ist der Anteil von Änderungstransaktionen? Es gibt noch viele Fragen dieser Art, und der Entwickler muß die Größenordnungen abschätzen, damit er entscheiden kann, ob das System durch Installationsparameter an die unterschiedlichen Anforderungen anpaßbar sein oder bestimmte Dinge eben ganz bewußt nicht können soll, dafür in anderen aber um so effizienter ist (Ein Beispiel: Es sind nur wiederverwendbare TAPs zugelassen).

Der *Anwender* hat dagegen eine ganz konkrete Aufgabenstellung vorliegen. Für ihn ist es wichtig, dafür das geeignete DB/DC-System zu finden. Falls er noch Vorstellungen davon hat, wie sich die Anwendung in der Zukunft entwickelt, kann er das in der Auswahl berücksichtigen. Es geht also in erster Linie um Kapazitätsplanung und -überwachung. Tabelle 4.1 deutet an, daß daran auch noch der Anbieter eines Systems beteiligt ist, weil er unter Beweis stellen muß, daß sein Produkt für die Anwendung jetzt und in der Zukunft geeignet ist. Er unterstützt den Kunden bei der Planung und Auswahl des Systems. Messungen kommen dabei praktisch nicht in Frage, weil außer in besonderen Fällen [GBL81] solche Systeme nicht "auf Probe" installiert werden können. Es bleibt also nur die Methode der Leistungsvorhersage durch Hochrechnung (mit analytischen oder Simulationsmodellen) aus Meßwerten, die an bereits installierten Systemen gewonnen wurden.

Wenn sich der Anwender für ein System entschieden hat, muß er dessen Leistungsfähigkeit im laufenden Betrieb ständig überwachen und ggf. durch Veränderung der Installationsparameter erhöhen. Das reicht von der Auswahl der Speicherungsstrukturen in der Datenbank bis zur Zahl der Prozesse bei der Aktivierung des Systems. Zur Unterstützung bei dieser Systemeinstellung gibt es eine Vielzahl von Meßwerkzeugen [Ter79].

	Hersteller (Entwickler)		Anwender
	System-entwicklung Auswahl und Ersetzung von Algorithmen	System-auswahl Kapazitätsplanung und -überwachung	System-einstellung Parametereinstellung, Tuning
Messungen:	wenig	nein	ja
anal. Modelle:	für Teilprobl.	ja	nein
Simulationen:	ja	ja	nein

Tabelle 4.1: Zwecke und Mittel der Leistungsuntersuchungen an DB/DC-Systemen

Da es in diesem Kapitel um die Bewertung von Implementierungsalternativen für DB/DC-Systeme geht, muß eher die Sicht des Entwicklers eingenommen werden, allerdings nicht vor dem Hintergrund eines ganz bestimmten Betriebssystems. Es sollen gerade auch die wichtigsten Merkmale der Umgebung parametrisierbar sein (z.B. die Zahl der Instruktionen beim Prozeßwechsel), um so auch die Abhängigkeiten zwischen Betriebssystem und DB/DC-System aufzeigen zu können.

Deshalb stellt sich, wie für den Entwickler auch, zuerst das Problem, eine geeignete Last auszuwählen, die als typisch für den Einsatz von Transaktionssystemen gelten kann.

4.1. Typische Lasten für Transaktionssysteme

Das Spektrum ist sehr weit gespannt. Es reicht von kleinen Anlagen mit fünf bis zehn Terminals, die z.B. für Großmärkte Transaktionssysteme realisieren, bis hin zu dem Flugreservierungssystem von TWA [GS84a] oder dem Girosystem der Bank of America [Bur85], an die jeweils über 10 000 Terminals angeschlossen sind und die heute bereits 70 bis 200 Transaktionen pro Sekunde abwickeln müssen. Für die Extreme bieten sich immer noch Speziallösungen an: Die kleinen Systeme können die Schnittstelle eines Transaktionssystems oft zu akzeptablen Kosten im Teilnehmerbetrieb realisieren. Hochleistungssysteme bedienen sich spezieller DB/DC-Systeme wie ACP [Si77] im Fall von TWA und IMS Fast Path [Mc77] bei der Bank of America, die zugunsten der höheren Leistungsfähigkeit auf bestimmte Funktionen verzichten.

Aber auch über den Einsatz ''normaler'' Transaktionssysteme liegen einige Berichte vor. Pawlita hat in einer Veröffentlichung von 1980 vier Dialogsysteme beschrieben, deren Verkehrscharakteristika er mit einem Hardware-Monitor aufgezeichnet und statistisch analysiert hat [Paw80]. Bei den letzten beiden Systemen handelt es sich um Transaktionssysteme, zum einen um ein Kontenbuchungssystem, das allerdings mit Druckern als Terminals zu arbeiten scheint und daher keine Masken kennt, und zum anderen um ein Datenerfassungssystem mit Bildschirmen. Angeschlossen waren 257 bzw. 139 Terminals. Die Antwortzeit beider Systeme lag bei etwa zwei Sekunden. Interessant ist, daß beim Kontenbuchungssystem eine Benutzerzeit von 37 und sogar 58 Sekunden gemessen wurde. Die Benutzerzeit entspricht dabei dem, was oben als Denkzeit eingeführt wurde. Pawlita mach deutlich, daß das ''Denken'' in Wirklichkeit nur den kleinsten Teil davon ausmacht; das meiste wird für das Eintippen, allgemeiner: die Bedienung verbraucht. Das ist auch der Grund für den erhöhten zweiten Wert von 58 s; er bezieht sich auf die Sparbuchtransaktion, zu der auch das Einführen des Sparbuchs in den Drucker gehört.

Im Datenerfassungssystem waren ganze Bildschirmmasken auszufüllen, was wiederum zu einer Denkzeit von 24 bis 40 Sekunden (je nach Maskentyp) führte. Dies sind praktisch reine Eintippzeiten, da keine Bedienung eines Kunden (Auszahlen von Geld etc.) stattzufinden braucht, sondern bestenfalls ein Umblättern in den Erfassungsvordrucken. Die Werte sind weitgehend unabhängig von der Antwortzeit und der Zahl der angeschlossen Terminals und in ihrer Größenordnung für Transaktionssysteme repräsentativ. Die Transaktionstypen sind dagegen sehr einfach; über ihre Realisierung in den verwendeten Rechensystemen macht Pawlita auch weiter keine Angaben.

Genauer ist in dieser Hinsicht eine Benchmark-Beschreibung der amerikanischen Gesundheitsbehörden, die bei der Auswahl eines Transaktionssystems (einschl. Hardware) verwendet wurde [GBL81]. Die Anforderungen an das zu implementierende System waren vor allem in bezug auf die Verfügbarkeit sehr hoch, so daß alle Änderungen im laufenden Betrieb durchführbar sein mußten. Im ersten Jahr sollten 72 Terminals angeschlossen werden, bis zum vierten Jahr sollte ihre Zahl auf 400 steigen. Für die Transaktionslast bedeutet das eine Steigerung von 0,2 TA pro Sekunde auf 4,5, wobei 90 % aller Antworten innerhalb von 4 Sekunden vorliegen müssen. Daraus errechnet sich (nach der Formel aus Abschnitt 4.3) eine mittlere Denkzeit 356 s im ersten und 85 s im vierten Jahr - noch mehr als von Pawlita festgestellt wurde.

Die Zahl der Transaktionscodes sollte im ersten Jahr 40 betragen und im Laufe der Zeit auf 200 erhöht werden. Die Datenbank wächst dabei von 1 Million Sätzen auf 50 Millionen Sätze. 22 ausgewählte Transaktionstypen mußten vom Anbieter des Systems selbst realisiert werden; die Datenbank war mit 1 Million Sätzen zu laden, die die Gesundheitsbehörden zur Verfügung stellten. Ein zweiter Rechner emulierte die Terminals und wickelte insgesamt vier Benchmarks ab, die ebenfalls vom Auftraggeber vorgeschrieben waren und der erwarteten Last in den ersten vier Einsatzjahren entsprachen. Nachdem das Tuning des Systems es erlaubte, die vorgegebenen Antwortzeitgrenzen einzuhalten, mußten noch drei weitere Aufgaben bewältigt werden, die den sonst nur schwer quantifizierbaren Verwaltungsaufwand ermitteln sollten: Hinzufügen eines Datenelements in der Datenbank, Programmierung eines weiteren Transaktionsprogramms und Erstellen von vier ad-hoc-Auswertungen ("Reports"). Unter der Gesamtheit aller Anforderungen (die hier nicht vollständig wiedergegeben sind) schnitt das System von Tandem am besten ab.

Auch dieses System ist nur bedingt repräsentativ; die Verfügbarkeitsanforderungen sind höher als im Normalfall, die Durchsatzforderungen dagegen eher harmlos. Ansonsten liefert es eine rechte gute Vorstellung von den Mengenverhältnissen in einem "mittleren" Transaktionssystem.

In der Komplexität durchaus vergleichbar ist das Transaktionssystem, das von der Siemens AG als Vorführanwendung von UDS und UTM für die Hannover-Messe 1981 erstellt wurde [KKMP84, Hä85]. Im Rahmen eines Projekts mit dem Titel "Zuverlässigkeit und Kosten von Sicherungs- und Recovery-Techniken bei integrierten DB/DC-Systemen einschl. Konsistenzprüfung und Revisionsunterstützung", das vom Januar 1981 bis September 1985 an der Universität Kaiserslautern unter der Leitung von Prof. Dr. T. Härder durchgeführt wurde, stand diese Vorführanwendung zu zahlreichen Leistungsuntersuchungen an den Systemen UDS und UTM zur Verfügung. Sie eignete sich deshalb gut dafür, weil sie auch aus der Sicht des Projektpartners Siemens als realitätsnah galt. Über die Ergebnisse der Messungen wird in Abschnitt 4.2 berichtet.

Im Februar 1985 erschien dann der Artikel von 24 anonymen Fachleuten in "Datamation", in dem das Leistungsmaß für die Verarbeitungskapazität von Transaktionssystemen vorgeschlagen wurde, von dem bereits in der Einleitung die Rede war [An85]. Genaugenommen geht es in dem Artikel um drei typische Transaktionen für ein Datenbanksystem, aber nur eine davon, die Kontenbuchung aus Abb. 1.4, wird von einem Transaktionsprogramm initiiert. Die beiden anderen sind für Stapelprogramme gedacht. Natürlich ist ein einzelnes TAP nicht repräsentativ für alle Transaktionssysteme; es hat aber den Vorteil, sehr einfach zu sein und trotzdem schwierige Anforderungen an ein Datenbanksystem zu stellen, insbesondere was die Behandlung von Zugriffskonflikten angeht. Aus diesem Grund wurden auch mit diesem Transaktionstyp Messungen durchgeführt. Beide Lasten, die Vorführanwendung ("MESSEDB") und die Kontenbuchungstransaktion ("TP1"), ergänzen sich. Die erste ist realitätsnah, aber dafür auch relativ komplex, was die ermittelten Ergebnisse manchmal schwer interpretierbar macht. Die andere ist einfach und wesentlich leichter zu untersuchen, sie kann aber nur bedingt zu Aussagen über Transaktionssysteme im allgemeinen herangezogen werden.

4.2. Messungen an den Systemen UDS und UTM

Die verschiedenen Meßserien sind in den Meßberichten [KKP83, HM86c] und im Projektabschlußbericht [Hä85] ausführlich dokumentiert; hier sollen nur die wesentlichen Ergebnisse kurz wiedergegeben werden. Eingesetzt wurden, wie gesagt, die Systeme UDS und UTM der Siemens AG unter dem Betriebssystem BS2000. Es handelt sich bei ihnen um ein gekoppeltes DB/DC-System mit der BS-Einbettungsvariante f (s. Abb. 3.4): UTM läuft zum größten Teil im Betriebssystem ab und führt in seinen Prozessen intern Single-Tasking durch. Das Datenbanksystem UDS belegt eine eigene Gruppe von Prozessen und setzt ein eingeschränktes Multi-Tasking ein. Nur wenn die Bearbeitung einer DB-Operation auf eine Sperre stößt, wird sie deaktiviert und der Prozeß für die Bearbeitung einer anderen DB-Operation freigegeben. E/A-Operationen werden dagegen synchron ausgeführt.

4.2.1. Aufbau der Meßumgebung

Bei der Anwendung "MESSEDB" handelt es sich um die Abwicklung der Kundenauftragsbearbeitung und der Nachbestellungen beim Lieferanten in einem Getränkegroßhandel. Die *Datenbank* enthält 8 Satztypen in 3 Areas, die über 17 Set-Typen miteinander verknüpft sind (UDS ist ein Datenbanksystem nach dem CODASYL-Netzwerk-Modell). Das Mengengerüst war in der von Siemens gelieferten Version zunächst sehr bescheiden: die Datenbank enthielt nur ca. 1200 Sätze. Für die Messungen wurde sie mit Hilfe eines Datengenerierungsprogramms erheblich vergrößert (s.u.).

Die *UTM-Anwendung*, die naheliegenderweise "MESSEDC" getauft wurde, besteht aus 17 Programmen, die 18 externe TACs verarbeiten können und sich dazu 45 Bildschirmmasken bedienen. Alle Programme können durch mechanische Änderungen im Quellcode (SECTION 50) ablaufinvariant gemacht werden. Einer der TACs hat nur eine HELP-Funktion und liefert eine Liste der übrigen TACs. Fünf davon haben eine reine Auskunftsfunktion, die übrigen greifen ändernd auf die DB zu, wobei aber oft auch Dialogschritte mit reinen Retrieval-Transaktionen vorkommen. Welches Zugriffsmuster auf der Datenbank jede Transaktion bewirkt, ist in [KKP83] ausführlich beschrieben.

Mit den Messungen an diesem Transaktionssystem sollten folgende *Ziele* erreicht werden [Hä85]:

– Das Verhalten der einzelnen Komponenten sollte unter genau kontrollierbaren Bedingungen so präzise wie möglich aufgezeichnet werden, um das Verhalten des Systems und die internen Zusammenhänge erkennen, die Effizienz der eingesetzten Verfahren beurteilen und ggf. Verbesserungsvorschläge machen zu können.

– Die Aufzeichung von Ereignissen im System in Form von "Traces" sollte es erlauben, Prototypen oder Simulationsmodelle mit diesen Traces direkt zu versorgen und so auf die Nachbildung des restlichen Systems verzichten zu können. Ein Beispiel dafür sind Folgen von Seitenreferenzen, die bei der Untersuchung verschiedener Pufferverwaltungstechniken oder Synchronisationsverfahren [Pei86] Verwendung finden können.

– Die detaillierte Kenntnis der Arbeitsweise des Systems sollte die Voraussetzungen schaffen für die Entwicklung eines DB/DC-Simulationsmodells, in dem außer den Betriebsparametern auch interne Algorithmen und die

Einbettungstechnik geändert werden können. Die ermittelten Meßwerte können zugleich zur Validierung und Kalibrierung des Simulationsmodells herangezogen werden.

Eine wesentliche Voraussetzung für die Erreichung dieser Ziele war der Aufbau einer Meßumgebung, die die Reproduzierbarkeit aller Messungen sicherstellen konnte. Dazu mußte sie einen *Terminal-Emulator* enthalten, der stets die gleichen Eingaben in der gleichen Reihenfolge an mehreren Terminals parallel veranlaßte, und u.a. auch die Datenbank nach jeder Messung in den Ausgangszustand zurückversetzen.

Als Terminal-Emulator wurde ein internes Werkzeug der Siemens AG verwendet, das aus zwei Komponenten namens DUNST und SIMUS besteht [Ber85]. Der DUNST läuft im Datenübertragungs-Vorrechner (Front-End) ab und hat vor allem zwei Aufgaben: In den Nachrichten, die an ihn adressiert sind, kann er die Sendeadresse so manipulieren, daß die Nachricht exakt so aussieht wie die Eingabenachricht von einem (fiktiven) Terminal. Sie nimmt vom Vorrechner aus auch den gleichen Weg zum Verarbeitungsrechner (Host) wie eine echte Nachricht. Die Ausgabenachricht des Systems an das fiktive Terminal fängt der DUNST in gleicher Weise ab und sendet sie an seinen Auftraggeber weiter. Zusätzlich versieht er beide Nachrichten mit einem Zeitstempel, damit aus der Differenz die Antwortzeit des Systems (aus der Perspektive des Vorrechners) ermittelt werden kann. Ein solcher Auftraggeber kann nun der SIMUS sein, der als normales Anwendungsprogramm in einem der Verarbeitungsrechner des Netzes abläuft und Verbindung mit dem DUNST unterhält. Er liest die Eingabenachrichten aus einer Eingabedatei, sendet sie nach vorgebbaren Denkzeiten an den DUNST und unterzieht auf Wunsch auch die Antwort des Systems einer Prüfung. Er kann sogar Teile dieser Antwort zwischenspeichern und bei einer der nächsten Eingaben wieder verwenden. Das erlaubt eine sehr realitätsnahe Gestaltung der Abläufe an den Terminals. All dies kann der SIMUS für zahlreiche Terminals parallel ausführen und dabei gleiche oder verschiedene Eingabenachrichten verwenden.

Die Durchführung einer einzelnen Messung bestand aus zahlreichen Einzelmaßnahmen zum Starten der beteiligten Systeme, die immer in derselben Reihenfolge auszuführen waren und von denen keine vergessen werden durfte. Da sie obendrein für jede Messung zu wiederholen waren und sich die Messungen oft über Nacht hinzogen, wurde nach zahlreichen manuellen Versuchen eine *Ablaufsteuerung* als Programm implementiert, die als automatischer Operateur für die korrekte Abwicklung aller Messungen Sorge trug.

Für die Reproduzierbarkeit war weiterhin Voraussetzung, daß das Transaktionssystem allein auf einer Anlage ablaufen konnte und nicht durch parallele Aktivitäten beeinflußt wurde. Die Arbeitsgruppe verfügte über eine eigene, wenn auch relativ kleine Anlage des Typs Siemens 7.531 (mit 2 Megabyte Hauptspeicher und 0,2 MIPS Rechnerleistung), auf der diese Voraussetzung leicht zu erfüllen war. Anfang 1985 wurde sie durch eine Siemens 7.536-20 ersetzt (4 MB, 0.5 MIPS), die die Siemens AG der Arbeitsgruppe im Rahmen des Projekts und für Ausbildungszwecke zur Verfügung stellte. Auf diesen beiden Anlagen wurden die Messungen durchgeführt. Sie waren über eine HDLC-Strecke mit den Anlagen des Hochschulrechenzentrums verbunden, so daß diese den Terminal-Emulator aufnehmen konnten. Wenn er mit UDS und UTM zusammen im selben Rechner abgelaufen wäre, hätte das die Messungen beeinträchtigt.

Die ersten benutzten noch die kleine Datenbank von 1200 Sätzen, die von Siemens mitgeliefert worden war und deshalb sofort zur Verfügung stand. Es war jedoch klar, daß so eine Größenordnung nicht realistisch ist. Deshalb wurde ein Werkzeug entwickelt, mit dem es möglich ist, in großem Umfang Daten für die DB zu generieren, und zwar nicht einfach zufällig, sondern nach bestimmten Verteilungen. Auch Namen werden z.B. nicht als zufällige Zeichenketten erzeugt, sondern durch Kombination von Vornamen und Nachnamen aus Tabellen. Mit diesem Werkzeug, *GENDB* genannt, wurde eine Datenbank von 500 000 Sätzen eingerichtet.

Die Eingabedateien für den Terminal-Emulator wurden zunächst von Hand erstellt. Da die in ihnen enthaltenen Eingabenachrichten aber nicht für jedes emulierte Terminal gleich sein sollten, wurden diese Dateien sehr umfangreich. Zudem war für 4, 8 oder 16 Terminals jeweils eine eigene Datei nötig. Die Erstellung nahm so viel Zeit in Anspruch, daß sich auch hier die Entwicklung eines Programms lohnte, das auf der Basis einer sehr kompakten Eingabe unter Kenntnis des Datenbankinhalts und der typischen Dialogabläufe eine Eingabedatei für den Terminal-Emulator erstellt. Wie GENDB ist auch dieses Programm *SILGAM* ("SIMUS Load Generation for Application MESSEDC") extrem auf die spezielle Anwendung zugeschnitten, es bietet aber dadurch die Möglichkeit zu sehr realistischer Nachbildung des Benutzerverhaltens. Beide Systeme sind in [KKMP84, Hä85] beschrieben.

Mit allen diesen Einrichtungen und Werkzeugen war es nun möglich, kontrollierbare, wiederholbare und doch realitätsnahe Experimente mit UDS und UTM durchzuführen. Um aber das extern sichtbare Verhalten der Systeme analysieren zu können, mußten außerdem noch *Meßinstrumente* angebracht werden. Einige Informationen fallen immer an; so zeichnet der SIMUS z.B. die Eingabenachrichten jedes Terminals mit dem Sendezeitpunkt relativ zum Beginn der Messung und die Ausgabenachrichten mit der im DUNST ermittelten Antwortzeit des Systems auf. Im Konsolprotokoll erscheint die von jedem Prozeß verbrauchte CPU-Zeit, und UDS gibt beim

Beenden die Zahl der bearbeiteten DB-Operationen aus. Diese Angaben kann man auswerten; sie reichen jedoch zu einer Erklärung des Systemverhaltens bei weitem nicht aus.

Für das Betriebssystem BS2000 gibt es zwei *Software-Monitore*, die allgemein das Leistungsverhaltens eines Rechensystems aufzeigen sollen, aber auch einige spezielle Messungen für UTM und UDS vornehmen können. Der erste, *COSMOS* (ein internes Siemens-Produkt), ist ereignisorientiert und verursacht dadurch einen beträchtlichen Zusatzaufwand im System, der die Messungen verfälschen würde. Er kommt daher nur für die Analyse ganz bestimmter Abläufe in Frage; ein Beispiel für seinen Einsatz ist in [KKP83] dokumentiert. Der zweite Monitor, *SM2* [Sie82b], zieht in einstellbaren Intervallen Stichproben und kommt deshalb mit sehr viel weniger Aufwand aus. Er ermittelt z.B. die Aufteilung der Rechenzeit in Benutzer-, System- und Leerlaufzeit, die Zahl der Platten-Ein-/Ausgabeoperationen pro Sekunde, die Auslastung des Hauptspeichers und die Auslastung der peripheren Geräte. Da dies schon recht viel Information über die Abläufe im System liefert, wurde der SM2 in allen Messungen aktiviert. Die Beeinflussung liegt nach Auskunft von Siemens und nach eigenen Erfahrungen unterhalb von 5 %.

Auch zu UDS gehört ein Monitor, der das interne Verhalten in unterschiedlichem Detaillierungsgrad wiedergeben kann (*UDSMON* [UDS85]). Er kann sowohl als Stichproben-Monitor arbeiten, der periodisch Zählerstände in UDS (die ohnehin verwaltet werden) abliest, als auch ereignisorientierte Aufzeichnungen (Traces) in den UDS-Prozessen aktivieren, die erheblich mehr Aufwand benötigen. Für die Messungen bot sich wieder der Stichproben-Monitor an, der u.a. die Zahl der bisher abgeschlossenen Transaktionen, der ausgeführten DB-Operationen, der Sperranforderungen, der Sperrkonflikte und der Deadlocks ausgibt.

Für den UTM gibt es entsprechende Aufzeichnungsmöglichkeiten noch nicht; sie mußten daher eigens für die Messungen erstellt werden. Ein Eingriff in das System selbst kam nicht in Frage, weil das sehr genaue Kenntnisse über die Implementierung verlangt hätte. Genau bekannt war aber die Realisierung der Programmschnittstelle, die zum größten Teil ja auch durch die KDCS (s. 2.1.2.7) vorgegeben war. Das an dieser Schnittstelle extern sichtbare Leistungsverhalten kann durch einen Modul aufgezeichnet werden, der zwischen die TAPs und den TP-Monitor eingeschoben wird, sich aus beiden Richtungen völlig transparent verhält und nur die Ausführungszeit jedes Aufrufs an den TP-Monitor mit Hilfe der Hardware-Uhr mißt. Ein solcher Meßmodul lag für UDS allein bereits vor und war erfolgreich in zahlreichen Untersuchungen eingesetzt worden (MESIFACE [EHRS81]). Die Erfahrungen daraus konnten direkt bei der

Entwicklung des Moduls *KDCMESS* für UDS und UTM berücksichtigt werden [Dör83]. Neue Aspekte ergaben sich dadurch, daß die UTM-TAPs in mehreren Prozessen ablaufen und es daher mehrere Ausprägungen des Moduls gibt. Diese synchronisieren sich jedoch sehr einfach untereinander und können deshalb auf eine gemeinsame Datei schreiben, so daß nachträgliche Mischvorgänge entfallen.

Im Gegensatz zu den Programmen GENDB und SILGAM ist KDCMESS anwendungsunabhängig und kann ohne Modifikation der Anwendungsprogramme bei jeder UDS/UTM-Anwendung eingesetzt werden. Wichtig ist auch, daß die Aufzeichnung der Zeiten die normalen Abläufe so wenig wie möglich beeinflußt. Wie das erreicht wird, zeigt die kurze Beschreibung der Ausführung einer UDS- oder UTM-Operation, an der KDCMESS beteiligt ist. Das Programm ruft das jeweilige System wie immer auf; dieser Aufruf wird jedoch von KDCMESS abgefangen, der die gleichen externen Einsprungadressen anbietet wie sonst UTM und UDS (die echten Entry-Namen wurden geändert). Der Meßmodul liest nur die Hardware-Uhr, merkt sich die Zeit und leitet den Aufruf dann unverändert an das richtige System weiter.

Die Versorgung der Register stellt sicher, daß der Rücksprung anschließend wieder zum KDCMESS erfolgt. (Tatsächlich wird er schon auf dem Hinweg noch ein zweites Mal aufgerufen, und zwar dann, wenn der Verbindungsmodul KDCROOT, der mit den TAPs zusammen im TP-Prozeß abläuft, den Auftrag an den BS-Teil von UTM oder die UDS-Prozesse weitergibt. Für die prinzipielle Beschreibung der Aufzeichnungstechnik ist das hier ohne Bedeutung). KDCMESS liest erneut die Hardware-Uhr ab und baut nun einen Meßsatz auf, der außer den beiden Zeiten auch noch die wesentlichen Parameter des Aufrufs enthält: Operationscode, TAC, Terminal, Rückgabecode des Systems usw. Diese Meßsätze werden in einem Puffer gesammelt und blockweise ausgeschrieben, jeweils ca. 40 auf einmal. Das Ausschreiben auf einen bestimmten physischen Block der Datei, der diesem Prozeß nach Absprache mit den anderen exklusiv zugeteilt wurde, erfolgt asynchron. Falls währenddessen weitere Meßsätze anfallen, werden sie in einem zweiten Puffer untergebracht (Wechselpuffertechnik). Diese Vorgehensweise hält die Belastung des Systems durch die zusätzliche Aufzeichnung so gering wie möglich; sie dürfte sich auf rund hundert Instruktionen pro Aufruf beschränken.

Generell wurden nur die Meßinstrumente eingesetzt, die nicht zuviel Zusatzaufwand verursachten (SM2, UDSMON, s.o.). Dennoch fielen in jedem Meßlauf zahlreiche Meßdaten an, die ohne *Auswertungshilfsmittel* nur schwer zu interpretieren waren. Dies galt auch schon für die vielen Sendezeitpunkte und Antwortzeiten in der SIMUS-Protokolldatei. Die mit dem SIMUS gelieferte Auswertungsprozedur ist nicht sehr mächtig und zudem auch etwas umständlich zu bedienen; daher wurde auch hier ein eigenes Programm namens *SIMAU* ("SIMUS-Auswertung", bisweilen auch SEVA - "Special Evaluation") erstellt, das zum einen berücksichtigen kann, daß eine UTM-Anwendung vorliegt, und dabei Vorgänge und einzelne Dialogschritte unterscheidet, zum anderen aber auch weit mehr Auswertungen durchführt.

```
                     SUMME    08A1   08A2   08A3   08A4   08A5   08A6   08A7
                              DS61   DS62   DS63   DS64   DS65   DS66   DS67
-----------------------------------------------------------------------------
DIALOGDAUER        08:32:52  25:15  26:16  26:21  25:26  26:22  25:45  25:47
ANTWORTDAUER       08:35:06  25:42  26:26  26:12  26:17  26:07  25:36  26:23
DENKZEIT           00:02:21  00:00  00:00  00:08  00:00  00:14  00:09  00:00
DIALOGSCHRITTE         2560    128    128    128    128    128    128    128
ANTWORTEN              2600    130    130    130    130    130    130    130
VORGAENGE                40      2      2      2      2      2      2      2
#DIALOGSCHR./MIN       96.6    5.1    4.9    4.9    5.0    4.9    5.0    5.0
#VORGAENGE/MIN          1.5    0.1    0.1    0.1    0.1    0.1    0.1    0.1
ANTWORTZEIT/BEFEHL    00:12  00:12  00:12  00:12  00:12  00:12  00:12  00:12
DENKZEIT/BEFEHL       00:01  00:00  00:00  00:00  00:00  00:00  00:00  00:00


   1.6638 DIALOGSCHRITTE PRO SEKUNDE
   0.0251 VORGAENGE PRO SEKUNDE
  12.0728 SEKUNDEN MITTLERE ANTWORTZEIT
```

Abb. 4.1: Beispiel einer Auswertung der SIMUS-Protokolldatei durch SIMAU: Ausschnitt mit den Werten für die einzelnen Terminals

So errechnet es pro Terminal mittlere Antwortzeit, mittlere Denkzeit, Dauer des Dialogs, Durchsatz (in Dialogschritten pro Minute) und weitere Werte (Abb. 4.1). Es kann die Häufigkeiten der einzelnen TACs aufzeigen und die Zahl der Dialogschritte pro Vorgang. Außerdem gibt es Dichte und Verteilung der Antwortzeit für alle Terminals zusammen aus. Sehr interessant, wenngleich etwas aufwendig ist auch die von SIMAU optional erstellte Synopse der Abläufe an den emulierten Terminals. Abb. 4.2 zeigt einen Ausschnitt. BEF steht für "Befehl" und kennzeichnet das Absenden einer Eingabenachricht. Die Sternchen veranschaulichen die Antwortzeit des Transaktionssystems. Folgt auf ein Sternchen sofort wieder eine Eingabe, so hat SIMUS eine Denkzeit von weniger als einer Sekunde realisieren können. In einer solchen Darstellung war gerade bei den ersten Messungen manchmal deutlich zu erkennen, daß der SIMUS die Nachrichten mehrerer Terminals erst sammelte und dann zusammen abschickte, was sicher nicht dem Verhalten im realen Betrieb entspricht.

Für die mit dem SM2 aufgezeichneten Meßwerte steht ein umfassendes Auswertungsprogramm zur Verfügung (*SM2R1* [Sie82b]). Die vom UDSMON erstellten Trace-Dateien können mit einer Prozedur bearbeitet werden, die von der UDS-Gruppe

```
DATENSTATIONEN :   20         UDS-SUBTASKS :   3          UTM-TASKS :   6
DSTNEN:    08A1   08A2   08A3   08A4   08A5   08A6   08A7   08A8   08A9   08AA
SEQENZ:    DS61   DS62   DS63   DS64   DS65   DS66   DS67   DS68   DS69   DS70
-----------------------------------------------------------------------------
02:00       *      *      *     BEF     *      *     BEF     *      *      *
02:01       *      *      *      *     BEF    BEF     *      *      *      *
02:02       *      *      *      *      *      *      *      *      *      *
02:03       *      *      *      *      *      *      *      *      *      *
02:04      BEF    BEF     *      *      *      *      *      *     BEF    BEF
02:05       *      *      *      *      *      *      *      *      *      *
02:06       *      *      *      *      *      *      *      *      *      *
02:07       *      *      *      *      *      *      *      *      *      *
02:08       *      *      *      *      *      *      *     BEF     *      *
02:09       *      *     BEF    BEF     *      *      *      *      *      *
02:10       *      *      *      *             *      *      *      *      *
02:11       *      *      *      *     BEF    BEF     *      *      *      *
02:12       *      *      *      *      *      *     BEF     *      *     BEF
02:13       *      *      *      *      *      *      *      *      *      *
02:14       *      *      *      *      *      *      *      *      *      *
02:15       *      *      *      *      *      *      *      *      *      *
02:16      BEF    BEF     *      *      *      *      *      *     BEF     *
```

Abb. 4.2: Weitere SIMAU-Auswertungen: Synopse der Abläufe an den Terminals

bei Siemens zur Verfügung gestellt wurde. Da sie bei den ersten Messungen noch
nicht vorhanden war, wurde auch hier ein sehr simples Programm zur Druckauf-
bereitung erstellt (TRAU). Mehr Arbeit war notwendig bei der Auswertung der
KDCMESS-Dateien, da für dieses eigene Produkt alle Programme selbst erstellt werden mußten. Dies begann mit GERSOMM ("GEneration of Reports and Statistics from
the Output of the Measurement Module"), das sich allerdings sehr bald als fehlerbe-
haftet, umständlich und langsam erwies. Die Erfahrungen, die mit dem ersten Prototyp
gemacht worden waren, führten zur Weiterentwicklung und Zerlegung in Einzelpro-
gramme, die von verschiedenen Sortierungen der Meßsätze ausgehen und Auswertungen nach Operationstypen, TACs oder Prozessen durchführen können. Sie werden in
[MW85d, Hä85] beschrieben.

Zusammenfassend kann gesagt werden, daß die Meßumgebung es einfach macht, die
folgenden Systemparameter gezielt einzustellen und zu variieren:

- die Größe der Datenbank mit einer beliebigen Zahl von Ausprägungen pro
  Satztyp und verschiedenen Verteilungen in den Sets (mit dem Programm
  GENDB)

- die Verteilung der Datenbankdateien (Areas) auf die verfügbaren Plattengeräte
  (mit BS-Kommandos)

- die Größe des Datenbankpuffers und die Zahl der DB-Prozesse (mit den Startparametern für UDS)

- die Zahl der redundanten Kopien von TAPs und Masken in den TP-Prozessen
  (mit verschiedenen Startprozeduren für UTM, die gemeinsame Speicherabschnitte einrichten oder nicht)

- die Zahl der TP-Prozesse (mit den Startparametern für UTM)

- die Zahl der zu emulierenden Terminals sowie für jedes von ihnen die abso-
  lute Häufigkeit, mit der es einen TAC abruft, und die Denkzeit (mit SILGAM)

Darüber hinaus konnten die Meßinstrumente einzeln aktiviert werden. Nach ihrer
Integration in die Meßumgebung wurden ständig eingesetzt: die Antwortzeitmessung
im DUNST, SM2, KDCMESS und UDSMON. Mit Hilfe der Auswertungswerkzeuge
konnten aus ihren Aufzeichnungen u.a. die folgenden Leistungskenngrößen in jeder
Messung ermittelt werden:

- mittlere Antwortzeit in Sekunden
- Durchsatz in Dialogschritten pro Sekunde
- mittlere Denkzeit in Sekunden
- Durchsatz in UDS-Transaktionen pro Sekunde (UDSMON)
- Anzahl der Sperrkonflikte
- Anzahl der physischen Schreib- und Leseoperationen pro Transaktion
- Anzahl der Schreiboperationen auf die Before-Image-Datei pro TA
- mittlere Ausführungszeit einzelner DB-Operationen
- mittlere Auslastung der Zentraleinheit in Prozent
- mittlere Anzahl von Platten-Ein-/Ausgabeoperationen (ohne Paging)
  pro Sekunde
- mittlere Anzahl von Paging-Ein-/Ausgabeoperationen pro Sekunde
- mittlere Anzahl von Prozessen in der CPU-Warteschlange
- insgesamt verbrauchte CPU-Zeit der UTM- und UDS-Prozesse

Eine detaillierte Beschreibung der anfallenden Protokolldateien, der Auswertungen
und der aus ihnen extrahierten Leistungskenngrößen kann [HM86c] entnommen werden. Dort ist der Versuchsaufbau so beschrieben worden, daß er auf anderen Rechensystemen nachvollziehbar sein sollte. In dieser komfortablen Meßumgebung, deren
Entwicklung sich über mehrere Jahre hingezogen hatte, konnten nun zahlreiche
Meßreihen abgewickelt werden, die im folgenden kurz beschrieben werden sollen.

4.2.2. Messungen mit der UDS/UTM-Vorführanwendung

Meßserie	1	2	3	4
Anlage Siemens	7.531	7.531	7.531	7.536-20
Anzahl Sätze in der DB	1200	500 000	500 000	500 000
SIMUS-Denkzeit	0	10/30	10/30	10/30
Erstellung der SIMUS-Eingabe	manuell	SILGAM	SILGAM	SILGAM
KDCMESS-Einsatz	nein	ja	ja	ja
UDSMON-Einsatz	nein	nein	ja	ja

Tabelle 4.2: Die Messungen mit der MESSEDB im Überblick

An Tabelle 4.2 kann man erkennen, wie die Meßumgebung nach und nach entwickelt wurde: GENDB, SILGAM und KDCMESS kamen ab der zweiten Serie zum Einsatz, UDSMON ab der dritten. Die dem SIMUS vorgegebene Denkzeit gibt an, ob es um die Maximierung des Durchsatzes ging (Denkzeit null) oder um realistische Bedingungen. Im zweiten Fall, bei einer Denkzeit größer als null, kann SILGAM noch unterscheiden zwischen Denkzeiten innerhalb eines Vorgangs und Denkzeiten zwischen Vorgängen, wobei die letzteren meist etwas größer sein werden. Für die Messungen wurden nach Absprache mit Siemens 10 und 30 Sekunden eingesetzt; die Überlegungen in Abschnitt 4.1 haben gezeigt, daß vergleichbare Werte auch an realen Systemen gemessen wurden.

Um auch bei der kleinen Datenbank ein signifikantes Ein-/Ausgabeverhalten zu erzwingen, wurde in der ersten Meßserie der Datenbankpuffer auf 32 Blöcke (zu je 2048 Byte) beschränkt. Zur Realisierung des Transaktionskonzepts wurde nur das Before-Image-Logging eingeschaltet; auf After-Images wurde verzichtet. Das erste Augenmerk galt der Art und Weise, wie die TAPs im Hauptspeicher bereitgestellt werden. UTM bindet alle Programme statisch und führt kein dynamisches Nachladen durch; die virtuellen Adreßräume der TP-Prozesse werden dadurch recht groß. Tatsächlich stieg auch schon bei relativ wenigen Prozessen im System die Paging-Rate, die Zahl der Ein- und Auslagerungen von Seiten des virtuellen Speichers pro Sekunde, auf so hohe Werte, daß sie das Verhalten des Systems dominierte.

Diese Art der Einbettung ist also nur praktikabel, wenn die Programme in gemeinsame Speicherabschnitte gelegt werden können und systemweit nur noch in einer einzigen Kopie vorliegen. Natürlich müssen sie dazu ablaufinvariant sein. Im BS2000 gibt es zwei Einrichtungen, mit denen dies zu realisieren ist: den Klasse-4-Speicher, der schreibgeschützt ist und automatisch Bestandteil aller virtuellen Adreßräume wird, und den Common-Memory-Pool, der auch geändert werden darf und nur den Prozessen zugänglich ist, die sich explizit anmelden [Sie82a]. (Sehr ähnlich ist in MVS die Unterscheidung von "Link Pack Area" und "Common Service Area", s. Abschnitt 2.2.3 und [Sch73]). Für UTM war zunächst nur die Benutzung des Klasse-4-Speichers vorgesehen; während der Vorbereitungen zu den Messungen wurde jedoch ein Zusatz realisiert, mit dem die TAPs auch in einem Common-Memory-Pool verwaltet werden können.

Aus den Messungen ging hervor, daß beide Verfahren deutlich bessere Ergebnisse lieferten als der redundante Fall, sich aber voneinander kaum unterschieden. Der Common-Memory-Pool hat aber einige Vorteile in der Benutzung: Er belegt nur in den Prozessen virtuellen Adreßraum, die tatsächlich auch auf ihn zugreifen wollen oder müssen. Und mit dem Beenden der UTM-Prozesse wird er wieder gelöscht, während der Klasse-4-Speicher bis zum Beenden des Betriebssystems existiert. Um ein TAP zu modifizieren, müssen also beim Pool nur die UTM-Prozesse terminiert werden, während im anderen Fall das ganze Betriebssystem herunterzufahren ist. Bei gleichem Leistungsverhalten haben diese Vorteile den Ausschlag gegeben, die Verwendung eines Common-Memory-Pools für die TAPs fest in UTM einzubauen. Der Vollständigkeit halber muß noch erwähnt werden, daß auch die Maskenabbildungsmoduln in diesen Pool gelegt werden können und gerade das noch einmal erhebliche Verbesserungen in den Messungen brachte (die MESSEDC verwendet 45 verschiedene Masken).

Auf diese Weise konnte schließlich ein Durchsatz von 13 Vorgängen pro Minute bei 16 aktiven Terminals erreicht werden. Ein Vorgang besteht zwar aus mehreren Dialogschritten, von denen jeder eine eigene DB-Transaktion enthalten kann, der Durchsatz aus Sicht von UDS dürfte jedoch deutlich unter einer Transaktion pro Sekunde gelegen haben. Die Antwortzeit lag dabei zwischen 19 und 24 Sekunden, die CPU-Auslastung betrug fast 100 %, mit einem Wort: die kleine Anlage war hoffnungslos überlastet. Nur bei 4 Terminals ergaben sich mit einem Durchsatz von 10 Vorgängen pro Minute und einer Antwortzeit von 4 Sekunden einigermaßen akzeptable Werte.

Unabhängig von der Zahl der Terminals stellten sich die besten Ergebnisse stets bei 2 bis 3 UTM-Prozessen und 1 bis 2 UDS-Prozessen (Subtasks) ein. Trotz der Redundanzfreiheit bei den TAPs stieg das Paging bei einer höheren Zahl von

Prozessen rasch an und erreichte bei 16 Terminals, 5 UTM- und 3 UDS-Prozessen schon 10 Ein-/Auslagerungen pro Sekunde. Nach den Erfahrungen des Siemens-Kundendienstes liegt die sinnvolle Obergrenze für eine Anlage dieses Typs bei etwa 4 Paging-I/Os pro Sekunde.

Damit war der Rahmen abgesteckt, in dem weitere Messungen noch sinnvoll sein konnten. Sie wurden zum einen realistischer gemacht durch die große, mit GENDB erzeugte DB von 500 000 Sätzen, die von SILGAM erzeugten Terminal-Eingaben und Denkzeiten von 10 bzw. 30 Sekunden. Das bedeutete eine Abkehr von der Durchsatz-maximierung. Zum anderen wurde erstmals KDCMESS eingesetzt, um noch mehr Meßwerte zu erhalten. Generell ging es nun um die Frage, wie viele Terminals man an einer Anlage dieses Typs mit einem Transaktionssystem überhaupt noch betreiben kann, ohne daß die Antwortzeit im Mittel 5 Sekunden überschreitet.

Die Antwort darauf war schnell gefunden, denn die Antwortzeit stieg fast linear mit der Zahl der angeschlossenen Terminals: 5 Sekunden bei 5 Terminals, 8 bei 8 und 11 bei 10. Dieser Wert änderte sich kaum mit der Zahl der eingesetzten UTM- oder UDS-Prozesse, die allerdings auch nur geringfügig variiert wurde (2+1, 3+1, 3+2). Interessant ist, daß dabei die Paging-Rate deutlich anstieg (z.B. von 1,6 Paging-I/Os pro Sekunde auf 3,0 bei 5 Terminals), ohne daß dies zu einer Störung führte. Sie lag ja aber auch noch unterhalb der bereits erwähnten Grenze von 4. Weitere Ergebnisse aus dieser zweiten Meßserie sind in [Hä85] dokumentiert.

Die mit KDCMESS erstmalig gemessenen Ausführungszeiten der UTM- und UDS-Aufrufe zeigten, daß bei dieser Anwendung die UTM-Aufrufe praktisch keine Rolle spielen; es wurden keine Speicherbereiche von UTM verwaltet, und die einzig nen-nenswerten Zeiten, die beim PEND auftraten, konnten nicht vollständig erfaßt werden, weil aus dem PEND-Aufruf kein Rücksprung mehr ins Programm erfolgt. Den Haupt-anteil der Programmausführungszeit nahmen eindeutig die UDS-Aufrufe in Anspruch, und sie zeigten zugleich auch Unterschiede bei den verschiedenen Prozeßkonfiguratio-nen. Eine höhere Zahl von UDS-Prozessen reduziert die Wartezeit vor UDS, steigert jedoch die Zahl der Sperrkonflikte zwischen parallel arbeitenden Transaktionen. Ein einzelner UDS-Prozeß ist offensichtlich überlastet; der Gewinn durch einen weiteren fällt aber wegen der Sperrkonflikte nur bescheiden aus. Eine Korrelation der UDS-Ausführungszeiten mit der Antwortzeit ist aber trotz ihres großen Anteils an der Pro-grammzeit nicht festzustellen, weil ihre Veränderung meist an anderer Stelle, vor allem in den Wartezeiten vor den UTM-Prozessen ausgeglichen wird.

Die dritte Meßserie war nichts weiter als eine Wiederholung der zweiten, allerdings nach einem Versionswechsel in der Systemsoftware. Vom BS2000 wurde jetzt Version

7.1 eingesetzt, von UDS Version 4.0 und vom UTM Version 2.2. Alle übrigen Parameter blieben gleich. Etwas erstaunlich war die deutliche Verringerung der Antwortzeit um 5 bis 25 %; der Durchsatz stieg nicht in dem Maße, weil er auch noch wesentlich von der unveränderten Denkzeit bestimmt wird. Das neue und größere Betriebssystem brachte, wie erwartet, einen Anstieg des Paging mit sich, der aber noch nicht die Größenordnung erreichte, die sich störend ausgewirkt hätte. Die Ursache für die Verbesserung lag letztlich in den stark verkürzten UDS-Bearbeitungszeiten, die sich in den meisten Fällen um 25 % verringerten (Abb. 4.3). Wodurch sie sich ergaben, ist von außen nur schwer zu beurteilen; es kann auf neue Algorithmen in UDS zurückgeführt werden. Der Gewinn wird zu einem Teil von dem erhöhten Paging wieder aufgewogen.

Erstmals wurde in dieser Meßserie der UDSMON eingesetzt, der eine genauere Charakterisierung der Last aus der Sicht von UDS ermöglichte.

Nur zwei Drittel aller Dialogschritte enthalten überhaupt eine UDS-Transaktion, und davon ist nur ein Fünftel ändernd. Deshalb führen die von UDSMON erhobenen 30 Schreiboperationen auf Platte pro Änderungstransaktion auch nicht zu einer Überlastung der Geräte; sie fallen einfach zu selten an. Die Leistungsfähigkeit des Systems war nach wie vor durch die Rechnergeschwindigkeit begrenzt. Der niedrige Anteil von Änderungstransaktionen ist jedoch gar nicht so untypisch für Transaktionssysteme, die in allen Vorgängen mit komfortablen Auskunftsfunktionen versehen sind.

Mit UDSMON konnte zum ersten Mal auch die Gesamtzahl der Sperrkonflikte von Messung zu Messung verglichen werden. Erstaunlich war dabei vor allem der starke Anstieg, der sich ergab, als bei 3 UTM-Prozessen die Zahl der UDS-Prozesse von 1 auf 2 erhöht wurde. Der Durchsatz wie die Antwortzeit blieben praktisch gleich; die geringere Wartezeit vor UDS wurde durch die Blockierungszeiten in UDS also ausgeglichen. Dies ist nicht unmittelbar einsichtig, denn die Parallelität bleibt gleich (durch die Zahl der UTM-Prozesse festgelegt) und die Verweildauer einer Transaktion im System auch. Dieses Phänomen konnte in den Simulationen (Abschnitt 4.4) nachgebildet werden und wird dort noch einmal diskutiert.

Für die vierte Meßserie mit der MESSEDB stand schließlich der neue Rechner 7.536-20 mit doppelter Geschwindigkeit (0,5 MIPS) und doppeltem Realspeicher (4 MB) zur Verfügung. Die Betriebssystemversion mußte erneut gewechselt werden (jetzt V7.5), und die Plattengeräte waren nun an zwei verschiedenen Steuerungen angeschlossen statt wie bisher an einer. Ansonsten wurde alles gelassen, wie es war. Die Antwortzeit fiel von Werten zwischen 4 und 10 Sekunden auf 1,2 bis 1,6! An diese Anlage könnten also durchaus noch mehr als 10 Terminals angeschlossen

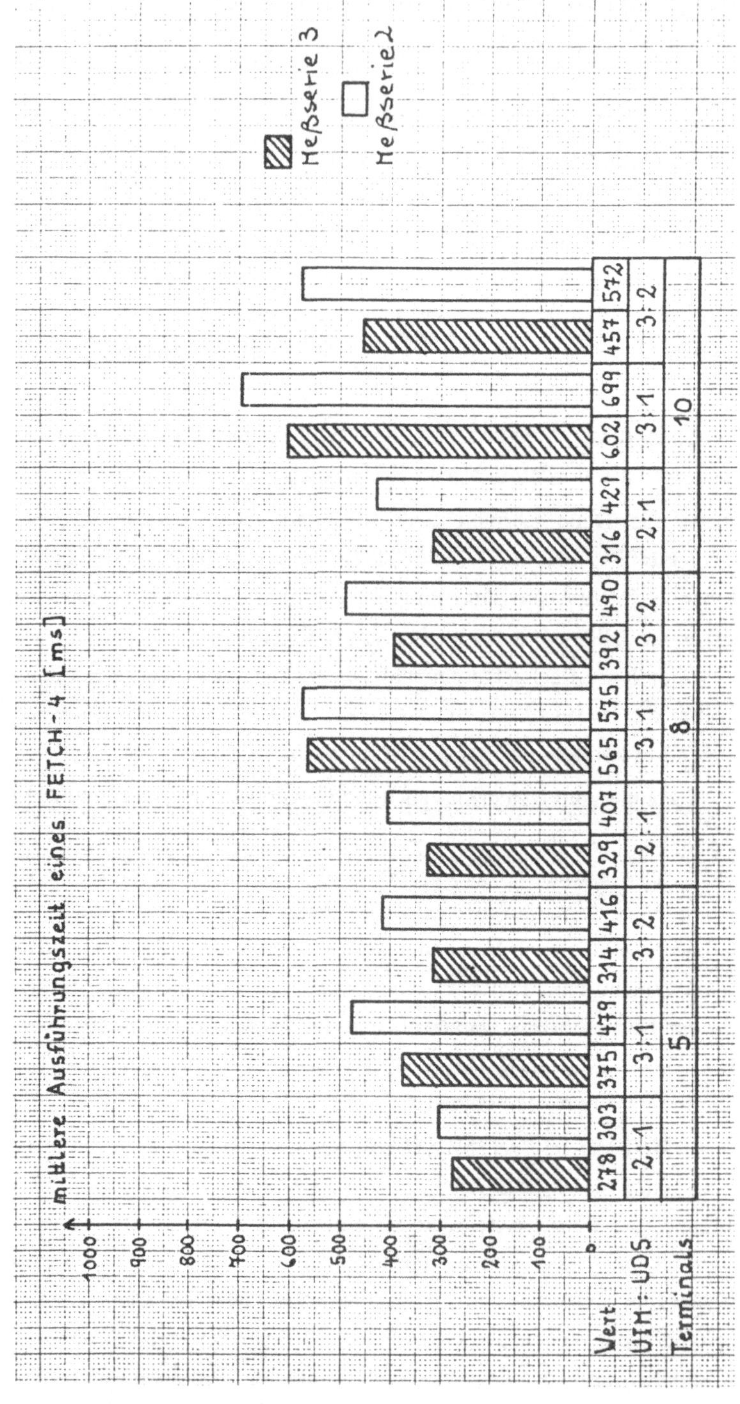

Abb. 4.3: Mittlere Ausführungszeiten für ein FETCH-4 (sequentielles Lesen) in Meßserie mit den Vergleichswerten aus Meßserie 2

werden, bevor wieder eine mittlere Antwortzeit von 4 s erreicht ist. Der beste Wert ergab sich jetzt auch nicht mehr bei 2 UTM-Prozessen und einem UDS-Prozeß, sondern bei 3 und 2. Das kann heißen, daß eine höhere Zahl von Prozessen, die nach den Erfahrungen mit der kleinen Anlage nicht mehr untersucht worden war, noch bessere Ergebnisse liefert. Ursache waren wieder die UDS-Zeiten, die laut KDCMESS oft auf ein Viertel ihres alten Wertes zurückgingen. Die CPU-Auslastung betrug nur 18 bis 31 %; Paging war praktisch nicht mehr feststellbar.

Damit wurden die Untersuchungen an der MESSEDB zunächst abgeschlossen. So viele Trends sich daran, wie oben angedeutet, auch ablesen ließen, so war einer ihrer wesentlich Vorzüge, die Realitätsnähe, wegen der damit verbundenen Komplexität auch ein Nachteil. Meßwerte wie die mittlere Zahl von Plattenoperationen pro Sekunde oder die Zahl der Sperrkonflikte ließen sich eben deshalb kaum zuordnen, weil es so viele Typen von Transaktionen gab: UTM-Transaktionen mit und ohne UDS-Transaktionen, lesende und ändernde Transaktionen, lange und kurze usw. Gerade das interne Verhalten von UTM und UDS ließ sich aufgrund dieser Vielfalt kaum entwirren.

4.2.3. Messungen mit der Debit-Credit-Anwendung (Kontenbuchung)

In dieser Situation kam der Vorschlag in [An85] zur Definition der DB/DC-Standard-Transaktion gerade recht. Mit ihr (der schon in der Einführung vorgestellten Kontenbuchung) als einzigem Transaktionstyp konnte eine sehr viel einfachere UTM/UDS-Anwendung realisiert werden, die aber doch einiges von den Problemen vieler Transaktionssysteme in sich vereinigt. Die Meßumgebung wurde ohne große Probleme auf diese Anwendung übertragen; anwendungsspezifische Programme wie GENDB und SILGAM mußten natürlich komplett neu erstellt werden, was aber bei der einfachen Struktur der Daten wie der Vorgänge keine Schwierigkeiten bereitete. Die ausführliche Dokumentation ist in einem eigenen Meßbericht zu finden [HM86c]. Was zur Beurteilung notwendig ist, wird im folgenden kurz dargestellt.

Das Datenbank-Schema besteht nur aus vier Satztypen ohne Set-Beziehungen:

- BRANCH-RECORD (Zweigstelle, 100 Byte, gestreute Speicherung)
- TELLER-RECORD (Kassenschalter, 100 Byte, gestreute Speicherung)
- ACCOUNT-RECORD (Konto, 100 Byte, gestreute Speicherung)

– HISTORY-RECORD (Buchung, 50 Byte, sequentielle Speicherung)

Als Attribute wurden in jedem Satztyp nur die definiert, die in der Kontenbuchungstransaktion auch angesprochen werden. Die angegebene Länge (nach [An85]) konnte mit Leerfeldern eingestellt werden. Die gestreute Speicherung bot sich für die ersten drei Satztypen an, da auf sie direkt über einen Schlüssel zugegriffen wird, die Zahl der Sätze sich aber nie ändert. In der vierten Satzart kommt dagegen durch jede Ausführung der Kontenbuchungstransaktion TP1 genau eine weitere Ausprägung hinzu.

Jeder Satztyp wurde in einer eigenen Area abgelegt, die für das Betriebssystem eine Datei darstellt und deshalb unabhängig von anderen Areas auf bestimmten Platten eingerichtet werden kann. Das Äquivalent zu GENDB erzeugte 250 000 ACCOUNT-Sätze, 1000 TELLER-Sätze und 100 BRANCH-Sätze. HISTORY-Sätze entstehen durch die Ausführung der TP1 von selbst. Was davon in der Testphase der Anwendung anfiel, blieb in der Datenbank, um einen "Einschwingvorgang" für die DB vorwegzunehmen.

Die UTM-Anwendung ist ebenfalls sehr einfach; sie besteht praktisch nur aus einer Maske und einem Programm. Die Maske entspricht der von Abb. 1.4, nicht im Layout, aber in der Zusammenstellung der ein- und ausgegebenen Daten. Ein weiteres Feld ist hinzugekommen, das die "persönliche Identifikationsnummer" (PIN) aufnehmen soll. Sie spielt die gleiche Rolle wie die Geheimzahl beim Geldausgabeautomaten und soll zum Ausdruck bringen, daß auch diese Automaten die Ausführung der Kontenbuchungstransaktion veranlassen; nicht zuletzt deshalb ist sie so wichtig geworden. Das Transaktionsprogramm entspricht Abb. 1.5, nur eben mit den entsprechenden Aufrufen von UTM und UDS, die sich aber 1:1 aus den dort angegebenen Aufrufen ergeben, und einigen zusätzlichen Prüfungen. Es gibt nur einen einzigen "unendlichen" Vorgang, in dem jeder Dialogschritt eine Kontenbuchung ausführt und wieder in die gleiche Maske zurückkehrt. Das ist notwendig, um auch auf der Datenbank eine Maximierung des Durchsatzes zu erreichen und "leere" Dialogschritte, die nur eine Maske ausgeben, zu vermeiden.

Weil die Dialogstruktur so einfach ist, bereitete es auch keine Probleme, das Äquivalent zu SILGAM zu programmieren, das die Eingabedatei für den SIMUS mit allen Eingabenachrichten erzeugt. Auch dieses Programm benutzt den Inhalt der Datenbank, um nur richtige Eingabedaten zu generieren. Für die Interpretation der gemessenen Werte ist es wesentlich, daß jeder Dialogschritt eine vollständige Transaktion enthält und keine dabei ist, die wegen ungültiger Kontonummer o.ä. abgebrochen wurde. Auf diese Weise wurden SIMUS-Eingabedateien mit 625, 1500 und 2500 Transaktionen erzeugt, die entweder von einen einzigen Terminal abgewickelt werden oder sich auf 5,

10 oder 20 Terminals verteilen. Die Denkzeit war, da es um den Durchsatz gehen sollte, stets auf null eingestellt.

Die erste Messung orientierte sich noch sehr stark an den Erfahrungen mit der MESSEDB und verwendete daher 3 UTM-Prozesse, 2 UDS-Prozesse, 10 Terminals und 625 Transaktionen. Der Datenbankpuffer wurde allerdings schon auf 512 Blöcke vergrößert, was sich bei den sehr kleinen UTM-Prozessen und dem Realspeicher von 4 MB anbot. Die Ergebnisse: eine Antwortzeit von 2,76 s bei einem Durchsatz von 1,18 Dialogschritten pro Sek., eine CPU-Auslastung von 50 % und eine Paging-Rate von 1,1 I/Os pro Sek. Die Anlage hatte also noch freie Kapazität; beim Anschluß von mehr Terminals und einer größeren Zahl von UTM-Prozessen war ein höherer Durchsatz zu erwarten. Die Antwortzeit lag jedoch schon deutlich oberhalb der in [An85] vorgegebenen Grenze, und selbst eine Ein-Benutzer-Messung ergab nur den Wert von 1,12 s. Daher wurde die Forderung, daß 95 % der Antworten innerhalb einer Sekunde vorliegen müssen, als auf einer solchen Anlage unrealistisch fallengelassen.

Die weiteren Probemessungen konzentrierten sich darauf, den Durchsatz weiter zu erhöhen. Nachdem die Datenbank-Dateien mehrfach zwischen den verschiedenen Platten hin- und hergeschoben worden waren und, da das vollständige Transaktionskonzept realisiert werden sollte, auch noch das After-Image-Logging aktiviert worden war, konnte eine Serie von 45 einzelnen Messungen auf der Basis der folgenden Grundeinstellung durchgeführt werden:

- 20 Terminals
- 2500 Transaktionen (125 pro Terminal)
- Datenbankpuffer von 512 Blöcken (eine Vergrößerung hatte nichts bewirkt)

Was bei der MESSEDB nie möglich gewesen war, stellte jetzt kein Problem mehr dar: die Zuordnung der E/A-Operationen zu den Transaktionen wie zu den Dateien. Es ergab sich, daß UDS (in Version 4.0) für die Abwicklung der TP1 im eingeschwungenen Zustand (BRANCH-AREA und TELLER-AREA vollständig im Puffer) insgesamt 19 E/A-Operationen benötigt. Durch Optimierungen kann diese Zahl im Mehr-Benutzer-Betrieb auf den Mittelwert von 17,5 gedrückt werden. UTM veranlaßt weitere 3 Ein-/Ausgaben. Wenn man also von 20 ausgeht und für jede (sehr optimistisch) 30 ms berechnet, kommt man allein damit schon auf 600 ms pro Transaktion - ein Grund mehr, warum die Antwortzeitgrenze von 1 s so schwer einzuhalten ist.

Die 45 Messungen unterschieden sich allein in der Zahl der UTM- und UDS-Prozesse. Sie wurde jeweils von 1 bis 9 variiert, wobei es allerdings immer höchstens so viele UDS-Prozesse geben durfte wie UTM-Prozesse. Das Single-Tasking

- 192 -

gewährleistet ja, daß niemals mehr UDS-Aufrufe gleichzeitig abgesetzt sein können, als
es UTM-Prozesse gibt. Somit ergeben sich gerade 45 Messungen, die am besten in
Form eines Dreiecks dargestellt werden. Tabelle 4.3 zeigt dies für die gemessenen
Antwortzeiten. Eine solche Tabelle kann in drei Richtungen gelesen werden, horizontal, vertikal und diagonal.

1	2	3	4	5	6	7	8	9	# UDS-Subtasks
								16,3	9
							8,8	12,3	8
						8,7	8,9	9,2	7
					8,3	7,6	7,7	9,1	6
				7,6	7,4	7,5	7,8	8,1	5
			8,2	7,2	7,2	6,8	7,0	7,2	4
		8,2	7,6	7,1	6,7	6,6	6,6	6,7	3
	11,8	8,8	8,5	8,2	7,8	7,5	7,3	7,8	2
17,6	12,4	12,3	12,6	12,7	12,1	12,2	13,9	13,8	1

UTM-Prozesse

Tabelle 4.3: Messungen mit der Kontenbuchungstransaktion: Mittlere Antwortzeit in
Sekunden

Horizontal erhöht sich von links nach rechts die Zahl der UTM-Prozesse bei
gleichbleibender Zahl von UDS-Prozessen. Die Antwortzeit beschreibt dabei eine sog.
''Wannenkurve'': Sie nimmt zunächst ab, weil sich die Wartezeit vor UTM reduziert.
Zugleich steigen aber auch die Last für die UDS-Prozesse und die gegenseitigen
Behinderungen (Sperren), und bei einer bestimmten Zahl von UTM-Prozessen wiegen
sie den Gewinn auf, so daß sich die Antwortzeit wieder erhöht. Dies ist auch in der
graphischen Darstellung von Abb. 4.4 gut zu erkennen.

Vertikal erhöht sich von unten nach oben die Zahl der UDS-Prozesse bei gleichbleibender Zahl von UTM-Prozessen. Das ergibt erneut eine Wannenkurve für die
Antwortzeit: Wenige UDS-Prozesse bilden zunächst einen Engpaß, der durch jeden
weiterer etwas abgebaut wird. Zugleich steigt aber mit der Parallelität in UDS auch
die Zahl der Sperrkonflikte, und das wirkt schließlich auf die Antwortzeit zurück.

Diagonal bleibt von links unten nach rechts oben die Differenz zwischen der Zahl der UTM-Prozesse und der Zahl der UDS-Prozesse konstant. Besonders interessant ist dabei die Hauptdiagonale (mit Differenz null), auf der jedem UTM-Prozeß sozusagen sein eigener UDS-Prozeß zur Verfügung steht. Orthogonal dazu, nämlich von links oben nach rechts unten, bleibt die Zahl der Prozesse im System konstant, nur daß immer mehr davon UTM zugeordnet werden. Das kann vor allem in bezug auf die Rechnerauslastung und das Paging aufschlußreich sein.

Die kürzeste Antwortzeit ergab sich in zwei Messungen, die mit nur 3 UDS-Prozessen durchgeführt wurden. Die erste benutzte 7 UTM-Prozesse, die zweite 8. In der ersten wurde mit 1,5 Dialogschritten pro Sekunde auch der höchste Durchsatz erreicht, der sich allerdings noch in zwei anderen Messungen einstellte (Tabelle 4.4). Wie schon in den anderen Meßserien waren die Schwankungen beim Durchsatz weitaus geringer als bei der Antwortzeit. So zeigt denn auch die graphische Darstellung in Abb. 4.5 eine gleichmäßige "Hochebene", die nur zu den Rändern hin etwas abfällt.

# UDS-subtasks \ # UTM-Prozesse	1	2	3	4	5	6	7	8	9
9									1,01
8								1,43	1,23
7							1,40	1,38	1,41
6						1,43	1,46	1,45	1,37
5					1,47	1,47	1,47	1,42	1,42
4				1,45	1,47	1,45	1,49	1,44	1,44
3			1,46	1,48	1,50	1,47	1,50	1,47	1,46
2		1,26	1,40	1,44	1,48	1,49	1,50	1,47	1,46
1	0,94	1,12	1,16	1,16	1,22	1,24	1,24	1,15	1,16

Tabelle 4.4: Messungen mit der Kontenbuchungstransaktion: Durchsatz in Dialogschritten pro Sekunde

Daß der Durchsatz nicht höher war, lag nicht so sehr an UTM und UDS als vielmehr am SIMUS, der anstelle der eingestellten Denkzeit von null tatsächlich, wie die Auswertung mit SIMAU ergab, eine Denkzeit zwischen 3 und 6 s realisierte. Die Ursachen konnten nicht eindeutig ausgemacht werden; es kommen sowohl eine Blockung

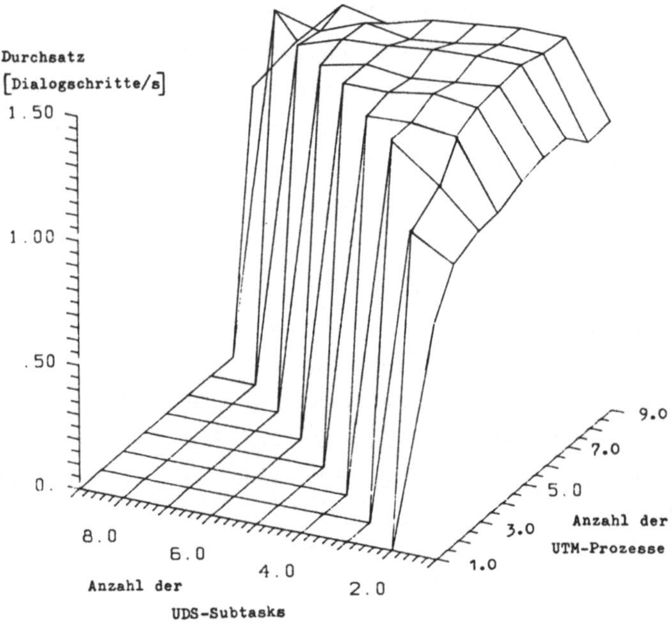

Abb. 4.4: Messungen mit der Kontenbuchungstransaktion: Graphische Darstellung der Antwortzeit (zu Tabelle 4.3)

der Nachrichten auf den Übertragungsstrecken als auch eine Verzögerung beim Reaktivieren des SIMUS durch das BS (trotz hoher Priorität) in Frage. Erst die Simulationen konnten später diesen Einfluß eliminieren und dabei zeigen, wie stark er die Meßergebnisse verfälscht hat (s. 4.4).

Weitere Auswertungen zu diesen Messungen sind in [HM86c] zu finden. Es sollen hier nur noch zwei Aspekte hervorgehoben werden: Wenn man von einer bestimmten Prozessorgeschwindigkeit ausgeht (0,5 MIPS), kann man aus der CPU-Auslastung - sie lag zwischen 52 und 89 % - und dem Durchsatz einen Schätzwert für die Anzahl der Instruktionen pro Transaktion berechnen. Dieser Schätzwert schwankt von Messung zu Messung beträchtlich: zwischen 226 000 und 389 000. Der Mittelwert liegt bei 265 000. Eine solche Anzahl wird in [An85] als ''normal'' eingestuft; sie hat aber auf dieser Anlage zur Folge, daß auch bei 100 % CPU-Auslastung nur knapp 2 Transaktionen pro Sekunde durchgeschleust werden können.

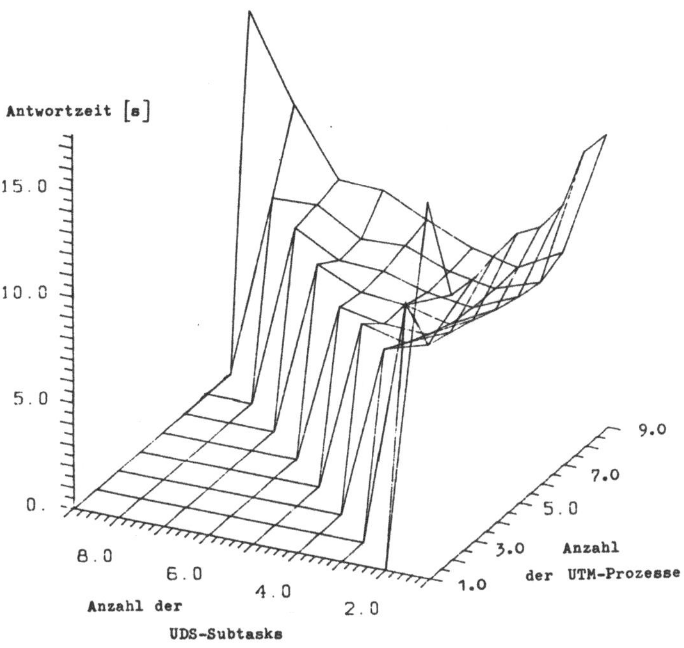

Abb. 4.5: Messungen mit der Kontenbuchungstransaktion: Graphische Darstellung des Durchsatzes (zu Tabelle 4.4)

Mit KDCMESS und seinen Auswertungsprogrammen war es in dieser speziellen Anwendung mit nur einem Programm ausnahmsweise auch möglich, die reine Bearbeitungszeit in den UTM-Prozessen festzustellen. Sie zeigte ein anderes Verhalten als die Antwortzeit; interessanter war aber noch, daß sie bestenfalls zwei Drittel der Antwortzeit ausmachte (bei 9 UTM-Prozessen), in den meisten Fällen jedoch noch weniger. Der Rest wurde als Wartezeit vor den UTM-Prozessen zugebracht. Eine Verbesserung durch zusätzliche Prozesse könnte sich nur auf größeren Anlagen einstellen, wo der Gewinn nicht durch erhöhtes Paging ausgeglichen wird. Die Wartezeit wird ja aber auch durch das Single-Tasking von UTM verursacht; ließe sich auch auf kleineren Anlagen durch Multi-Tasking noch etwas mehr herausholen? Beide Fragen konnten durch Messungen nicht mehr untersucht werden. Mittlerweile stand aber genug Information über das interne Verhalten der Systeme zur Verfügung, um Modelle von ihnen anfertigen zu können. Sie sollten auch solche Versuche möglich machen, die an realen Systemen mit vertretbarem Aufwand nicht mehr durchführbar sind.

4.3. Analytische Modelle

Es gibt in der Literatur zahlreiche Modelle für das Verhalten von Dialogsystemen; eine systematische Zusammenstellung hat Kleinrock in [Kle76] vorgenommen. Die meisten davon sind auf Teilnehmersysteme ausgerichtet, lassen sich aber auch auf Transaktionssysteme übertragen. Das einfachste Modell ist ein Warteschlangensystem mit einer einzigen Bedienstation ("Server"), dem Transaktionssystem, und einer endlichen Zahl von Kunden, den angeschlossenen Terminals, die zyklisch einen Dialogschritt ausführen und eine Denkzeit verstreichen lassen ("Repairman-Modell", Abb. 4.6).

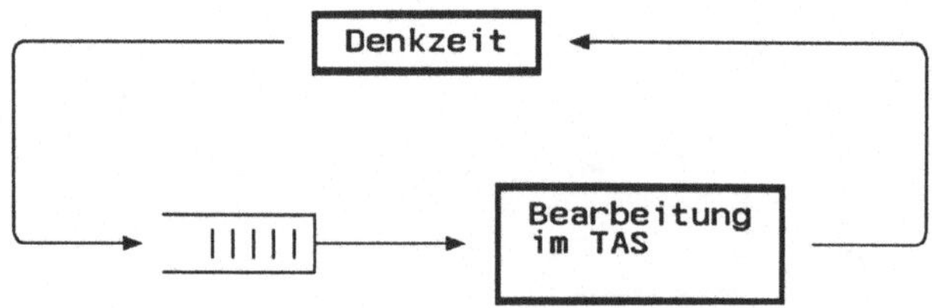

Abb. 4.6: Einfaches Warteschlangensystem mit endlicher Population zur Nachbildung eines Transaktionssystems

Schon dieses einfache Modell führt (unter der Annahme bestimmter Verteilungen für Denkzeit und Bedienungszeit) auf den fundamentalen Zusammenhang [Kle76, S. 208]:

$$\text{Antwortzeit} + \text{Denkzeit} = \frac{\text{Anzahl der Terminals}}{\text{Durchsatz}}$$

Diese Beziehung gilt oft auch dann noch, wenn die vorausgesetzten Verteilungen nicht eingehalten werden. In den Messungen hat sie sich ebenfalls bestätigt. Mit dieser Formel und dem Modell lassen sich schon zahlreiche Überlegungen anstellen; so kann z.B. eine Sättigung des Systems erkannt werden, wenn die Zykluszeit der Terminals (Summe von Denkzeit und Antwortzeit) dividiert durch die Bearbeitungszeit kleiner wird als die Zahl der Terminals. Vereinfacht ausgedrückt reicht die Denkzeit eines Terminals dann nicht mehr aus, um alle anderen Terminals einmal bedienen zu können.

Das große Problem besteht bei diesem einfachen Modell jedoch darin, daß die Bearbeitungszeit als Eingabeparameter vorgegeben sein muß, und sie ist selbst bei realen Systemen nicht immer bekannt. Um einer Nachbildung der Messungen etwas näher zu kommen, müßte das Modell zumindest so erweitert werden, wie es in Abb. 4.7 dargestellt ist.

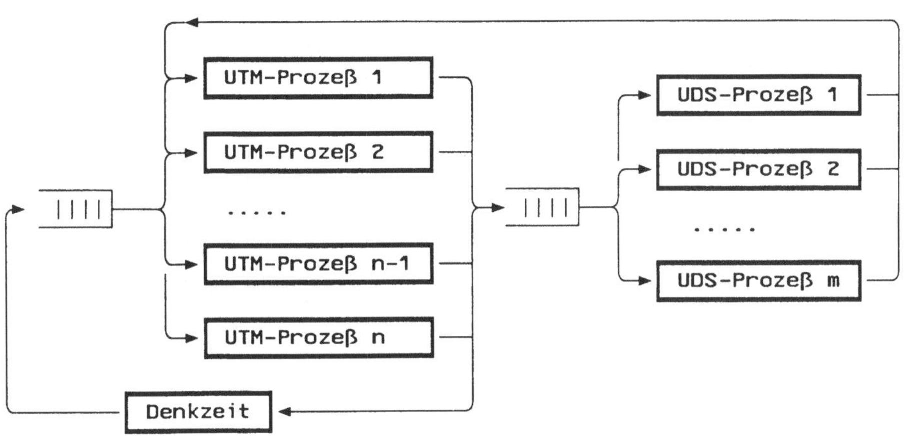

Abb. 4.7: Die Prozeßkonfiguration von UTM und UDS als Warteschlangenmodell

Es handelt sich dabei um ein geschlossenes Warteschlangennetz, für das es in [Kle76] einige Lösungsansätze gäbe. Es fehlt jedoch auch in diesem Modell noch zu viel: Alle Prozesse konkurrieren um einen Prozessor, sie führen Ein-/Ausgabeoperationen durch, Paging findet in Abhängigkeit von der Größe der virtuellen Adreßräume statt, in beiden Prozeßtypen sollte evtl. auch einmal Multi-Tasking ausprobiert werden können usw.

Nun gibt es in der Literatur einige Vorschläge für analytische Modelle, die speziell auf TP-Monitore und DB/DC-Systeme zugeschnitten sind. Die einen sind vor allem für die Kapazitätsplanung gedacht, beziehen sich deshalb auf ein konkretes System und sind nur so genau, wie dafur gerade eben notwendig [Sea80, Sch80, Dei82]. Andere betrachten einen kleinen Ausschnitt des Gesamtsystems, so daß es die Hauptarbeit machen würde, die Eingabeparameter für das Modell zu ermitteln [We76].

Keines der betrachteten Modelle konnte auch nur annähernd die Genauigkeit bieten, die für den Vergleich der Implementierungskonzepte gewünscht wurde. Nach der

Sichtung der verschiedenen Vorschläge blieb daher nur noch der Ausweg, es mit dem aufwendigeren Verfahren der Simulation zu versuchen.

4.4. Entwicklung eines Simulationsmodells

4.4.1. Festlegung des Modellumfangs und der Modellierungsgenauigkeit

Die Untersuchung der analytischen Modelle hat gezeigt, wie wichtig die Klärung der Frage ist, was eigentlich alles in einem Modell enthalten sein muß, damit es die gewünschten Auskünfte liefern kann. Dazu ist zu entscheiden, welche Parameter man variieren möchte. Dies läßt sich am einfachsten anhand des Schichtenmodells eines DB/DC-Systems aus Abb. 3.13 darstellen. Grundsätzlich kann man ein Modell auf die unteren Schichten beschränken, wenn man die Aufrufe, die aus den darüberliegenden abgesetzt werden, von einem Treiber erzeugen läßt (der dazu entweder einen Zufallsgenerator oder die Aufzeichnung aus einem realen System benutzt). Das wäre für die Folgen von DB/DC-Aufrufen aus den Programmen möglich und sogar für Folgen von Seitenreferenzen innerhalb des Datenbanksystems; eine Technik, die in [Pei86] intensiv eingesetzt wird. Es bedeutet jedoch, daß das Modell überhaupt keine Aussagen über die Schichten machen kann, die durch den Treiber ersetzt wurden. Ihr Verhalten muß schon genau bekannt sein.

Daraus folgt, daß ein DB/DC-Simulationsmodell alle Schichten umfassen muß und nur die Terminals und das Übertragungsmedium durch einen Treiber ersetzen darf. Mit ihnen soll auch die Erörterung der Modellierungsgenauigkeit beginnen, die im Gegensatz zu [MW85c] von oben nach unten im Schichtenmodell erfolgt. Der Treiber generiert die Last des Systems in Form von Eingabenachrichten, die keine Daten enthalten, sondern nur das Programm bestimmen, das zur Bearbeitung dieser Nachricht ausgeführt werden muß. Nun könnte man hier in Analogie zu den Messungen für jedes Terminal eine lange Liste abarbeiten, in der nacheinander die in jedem Dialogschritt auszuführenden Programme stehen. Sie ließe sich mit etwas Aufwand sogar mechanisch aus der SIMUS-Eingabedatei gewinnen, so daß in der Simulation genau dieselbe Last benutzt würde wie in den Messungen. Diese Lösung hat aber den entscheidenden Nachteil, daß die Zahl der Terminals nur sehr umständlich zu ändern ist;

man müßte zusätzliche Folgen von Programmaufrufen erstellen. Daher wurde die Last nur durch eine Häufigkeitsverteilung der Programme charakterisiert nach dem Schema: x % der Eingabenachrichten veranlassen die Ausführung von TAP i. Diese Darstellung ist invariant gegenüber der Zahl der Terminals. Bei jeder Eingabe wird ein Zufallsgenerator, über den die Häufigkeitsverteilung gelegt ist, abgefragt.

Der Terminal-Treiber muß außerdem Denkzeiten kennen, die er zwischen dem Eintreffen einer Antwort und dem Senden der nächsten Eingabe verstreichen läßt. Wie die Messungen gezeigt haben, ist diese Zeitspanne für den Durchsatz von großer Bedeutung. Falls das System dem Treiber mitteilen kann, ob er sich im TAC-Modus oder im Dialogmodus befindet, sind sogar wieder zwei verschiedene Denkzeiten möglich.

Auf der nächsten Stufe liegen das Basiskommunikationssystem und der TP-Monitor. Hier konnte nicht mehr das volle Spektrum der in 2.3 dargestellten Möglichkeiten ins Auge gefaßt werden, weil sie zum Teil einfach zu verschieden voneinander waren. So sollte das BKS zwar Mehr-Prozeß-Lösungen unterstützen, dabei die Nachrichten aber stets dynamisch verteilen. Die statische Zuordnung wurde ausgeklammert. Die Komponente für den TP-Monitor sollte auf jeden Fall alle vier Prozeß- und Task-Konzepte nachbilden können, nicht aber die Master-Slave-Variante, sondern nur gleichrangige TP-Prozesse. Diese Entscheidungen gehen in Richtung auf die UTM/UDS-Realisierung, die ja unbedingt auch nachgebildet werden sollte, weil für sie umfangreiche Validierungen möglich waren. Sie lassen aber weit mehr Implementierungsvarianten zu und halten trotzdem den Modellierungsaufwand einigermaßen in Grenzen.

Die Programme sollten sowohl dynamisch geladen wie statisch gebunden werden können, und in Abhängigkeit von der Mehrfachverwendbarkeit des Programmcodes sollte auch der Effekt von Multi-Threading nachbildbar sein. Das führt zur nächsten Schicht mit den Anwendungsprogrammen. Schon die Lastbeschreibung war so gewählt worden, daß zu jeder Eingabe erkennbar ist, welches Programm sie ausführt. Das Modell sollte also die einzelnen Programme unterscheiden können, und dann macht es auch keine Probleme, sich zu jedem die Verwendbarkeit des Codes zu merken. Natürlich muß zur Verwertung dieser Information eine Hauptspeicherverwaltung simuliert werden.

Die Programme erzeugen ihrerseits wieder Last für die tieferliegenden Schichten, indem sie den TP-Monitor oder das DBS aufrufen oder auch Rechenzeit verbrauchen. Wie sie dies tun, hängt sehr von der gewählten Anwendung ab. Und während eine globale Häufigkeitsverteilung sehr stark von den Implementierungsentscheidungen bestimmt wird, ist die lokale Aufruffolge des einzelnen Programms davon völlig unabhängig. Sie ist außerdem sehr leicht festzustellen, man braucht nur den Programmcode zu lesen. (Einfacher geht es für eine existierende Anwendung, die mit KDCMESS analysiert wurde. Das Programm TACANAL [MW85d] wurde auch im Hinblick auf die Simulationen geschrieben und erstellt genau das benötigte Ausführungsprofil).

Jedes Programm wird also durch eine alternierende Folge von Rechenzeitanforderungen und DB/DC-Aufrufen dargestellt. Da es je nach Eingabe verschiedene Pfade durchlaufen kann, kann sich eine solche Folge baumartig verzweigen. Für die verschiedenen Zweige können im Modell, da keine Daten vorliegen, nur Wahrscheinlichkeiten verwendet werden. Die DB/DC-Aufrufe sind durch den Typ des Aufrufs gekennzeichnet, der sich an den Operationstypen von UTM (KDCS) und UDS (CODASYL) orientiert. Diese Kennzeichnung erlaubt es den tieferliegenden Schichten, unterschiedlich viele E/A-Operationen zu generieren. Ein typisches Beispiel für ein Ausführungsprofil ist in Abb. 4.8 dargestellt. Der linke Teil wird bei einer fehlerhaften Eingabe durchlaufen, während der rechte die Datenbank öffnet und mit dem Lesen eines Satzes die DB-Transaktion beginnt.

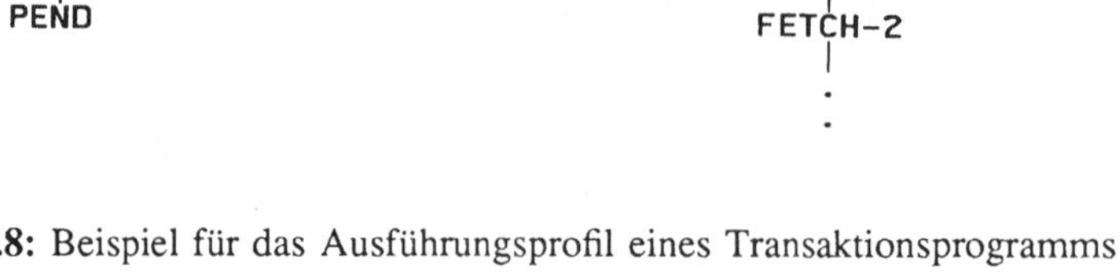

Abb. 4.8: Beispiel für das Ausführungsprofil eines Transaktionsprogramms

Die Ausführungsprofile werden von der jeweiligen Anwendung bestimmt. Nun geht es ja aber nicht um die Beurteilung einer bestimmten Anwendung, sondern um die Implementierungskonzepte für DB/DC-Systeme, so daß man fragen kann, inwieweit die Anwendung variabel gehalten werden muß oder fest ins Modell eingebaut werden kann. Zum einen gibt es trotz der in 4.1 genannten Vorschläge keine allgemein akzeptierte Standard-Last für Transaktionssysteme; auch die Kontenbuchung testet nur einen kleinen Teilbereich der Funktionen. Zum anderen spart man nur wenig, wenn man eine einzige Last fest im System verankert; die Datenstrukturen für ihre Verwaltung müssen ohnehin eingerichtet werden. Deshalb sollte die Anwendung variabel gehalten werden, ohne daß für ihre Eingabe sehr viel Komfort geboten wird. Sie besteht im wesentlichen aus der Beschreibung der Programme, jeweils mit der Häufigkeit des Aufrufs, der Mehrfachverwendbarkeit und dem Ausführungsprofil. Dazu kommen noch die Denkzeit an den Terminals und leider die Anzahl der E/A-Operationen für jeden Typ von DB-Aufruf. Die letzteren schwanken so stark von Anwendung zu Anwendung, daß es auch mit Unterstützung von Siemens und damit der Erfahrung aus sehr vielen Einsatzfällen von UDS nicht gelang, allgemein verwendbare Mittelwerte zu finden.

Dies betrifft nun eigentlich schon die nächsttiefere und unter den Programmen liegende Schicht, die die DB/DC-Aufrufe bearbeitet. Die TP-Operationen werden entsprechend den Einträgen in einer Tabelle in Rechenzeitanforderungen und E/A-Operationen umgesetzt. Bei Multi-Tasking werden die Ein-/Ausgaben asynchron ausgeführt, und es findet ein Task-Wechsel statt. Auch im Modell muß also eine Task-Verwaltung durchgeführt werden. Gleiches gilt für die DB-Operationen, nur daß sie nicht im selben Prozeß bearbeitet werden (die Einbindung des DBS als Unterprogramm ist nicht vorgesehen). Stattdessen werden sie in einen Aufruf zur Inter-Prozeß-Kommunikation umgesetzt.

Das DBS soll nämlich in einer eigenen Gruppe von Prozessen ablaufen, in denen ein striktes Single-Tasking stattfindet. Dies ist sogar eine kleine Einschränkung gegenüber UDS, das bei Sperrkonflikten auf Multi-Tasking übergeht. Da das Modell nichts von den bearbeiteten Daten weiß, keine Dateien, Areas, Satztypen oder Satzausprägungen unterscheiden kann, ist eine Nachbildung von Sperrkonflikten nicht möglich und somit auch kein derartiges Multi-Tasking. Als wesentlich für die realistische Nachbildung wurde aber angesehen, daß die DB-Prozesse mit den TP-Prozessen um den Prozessor wie um den Realspeicher konkurrieren. Sie wickeln gemäß den Tabelleneinträgen zu einer DB-Operation eine bestimmte Anzahl Instruktionen ab und veranlassen E/A-Operationen. Nach Abschluß der Bearbeitung benutzen sie wieder einen Aufruf zur Inter-Prozeß-Kommunikation, um das Ergebnis an den TP-Prozeß zurückzuliefern.

Sowohl im TP-Monitor (bzw. der Modellkomponente, die ihn nachbildet) als auch im DBS liegt also eine Tabelle vor, in der zu jedem Typ von Aufruf verzeichnet ist, wie viele Maschineninstruktionen und E/A-Operationen seine Ausführung verlangt. Diese Tabellen sollten idealerweise fest in das Modell eingebaut werden, so daß sich der Benutzer mit ihnen überhaupt nicht zu befassen braucht. Wie bereits erwähnt, war dies besonders bei der DB-Tabelle nicht praktikabel. Auch die gegenseitige

Behinderung gleichzeitig ablaufender Transaktionen sollte ausdrücklich nicht modelliert werden, da das sehr viel mehr Komplexität in das Modell gebracht hätte. Die Erfahrungen mit dem so realisierten Modell machten hier eine Anpassung notwendig, von der später noch die Rede sein wird.

Die Betriebssystem-Komponente im Modell muß die verschiedenen Prozesse unterscheiden und verwalten können, ihre Funktionsaufrufe synchron oder asynchron entgegennehmen und ggf. Prozeßwechsel mit einer einstellbaren Zahl von Instruktionen ausführen können. Sie überwacht die Zuteilung von Zeitscheiben an die einzelnen Prozesse, die vor allem beim Multi-Tasking sehr wichtig ist, um den Prozessen überhaupt einmal die Kontrolle zu entziehen. Bei der Verwaltung des virtuellen Speichers für die Prozesse kommt es darauf an, daß der Vorteil, der durch Mehrfachnutzung einer Programmkopie erreicht wird, berücksichtigt werden kann. Die Überprüfung von Adressen bei jeder einzelnen Instruktion kommt natürlich nicht in Frage; zu Beginn einer Instruktionsfolge kann von den Prozessen jedoch das Programm genannt werden, in dem sie abzuarbeiten sind, und das BS kann die ganzen Programme in den Realspeicher einlagern oder wieder verdrängen.

Während die Modellierung des Betriebssystems den größten Aufwand erfordert, ist die Hardware als unterste Schicht dagegen vergleichsweise einfach. Der Prozessor ist allein durch seine Verarbeitungsgeschwindigkeit (in MIPS) gekennzeichnet. Für den Realspeicher muß eine bestimmte Größe eingestellt werden, die für das Betriebssystem die Menge der eingelagerten Programme bestimmt. Und die Plattengeräte schließlich sollen nur durch die mittlere Zugriffszeit nachgebildet werden; Warteschlangen vor einem Gerät werden vernachlässigt.

4.4.2. Struktur und Realisierung des Modells

Mit diesen Vorgaben konnte die Suche nach einem geeigneten Simulationswerkzeug begonnen werden. Sie ist in [MW85c] beschrieben und soll hier nicht wiedergegeben werden. Die Wahl fiel letztlich auf das System BORIS [Sie85], das die notwendigen Freiheitsgrade einer höheren Programmiersprache (PASCAL) bot, dabei aber immerhin eine Verwaltung von Ereignissen zur Verfügung stellte. Ein weiterer Grund war die hierarchische Modellstruktur, die eine ''top-down''-Vorgehensweise bei der Modellerstellung unterstützt. Die elementaren Modellbausteine sind die sog. ''Instanzen'', die als PASCAL-Prozeduren realisiert werden. Sie werden genau dann aufgerufen, wenn sich ihre Eingangsvariablen ändern (und das sind die Ausgangsvariablen anderer Instanzen) oder ein von ihnen beim letzten Aufruf genannter Modellzeitpunkt erreicht ist. Dieses Prinzip kann an der obersten Entwurfsebene des DB/DC-Modells einfach demonstriert werden (Abb. 4.9).

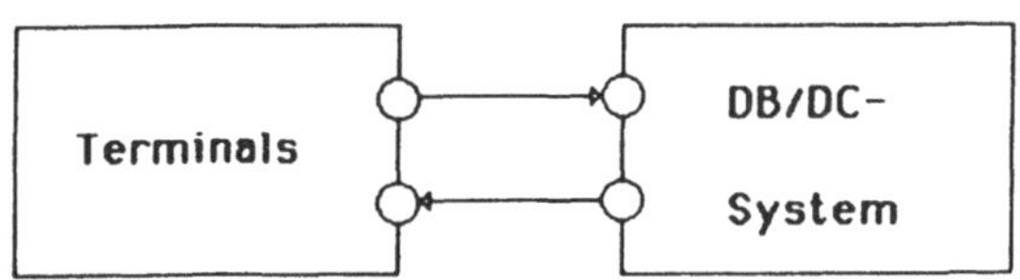

Abb. 4.9: Die oberste Entwurfsebene des DB/DC-Simulationsmodells

Die Kreise stellen die Eingabe- und Ausgabeparameter der Instanzen dar. Wenn ein Terminal eine Eingabenachricht sendet, schreibt die Terminal-Instanz sie in ihren Ausgabeparameter. Das löst im Steuerungssystem von BORIS den Aufruf der DB/DC-Instanz aus, der dabei die Nachricht als Eingabeparameter übergeben wird. Sie kann jetzt im einfachsten Fall die Bearbeitungszeit zu dieser Nachricht berechnen und sie dem Steuerungssystem mitteilen (das geschieht über spezielle Ausgabeparameter, die standardmäßig in allen Instanzen vereinbart sind und in Abb. 4.8 nicht gezeichnet wurden). Dann beendet sie sich. Das Steuerungssystem schaltet die Systemuhr weiter und ruft die DB/DC-Instanz mit der neuen Zeit wieder auf. Sie schreibt eine Antwort in ihren Ausgabeparameter und veranlaßt dadurch einen Aufruf der Terminal-Instanz, für die der Dialogschritt damit abgewickelt wurde und die jetzt dem Steuerungssystem eine Denkzeit mitteilt. Wird sie nach deren Ablauf erneut aufgerufen, beginnt der Zyklus von vorn.

Natürlich ist das Modell auch auf dieser Ebene schon wesentlich komplizierter, weil diese Zyklen für mehrere Terminals gleichzeitig ausgeführt werden müssen. Mit der obigen Schilderung sollte nur das Prinzip der Aufgabenverteilung zwischen den in PASCAL erstellten Instanzen und dem Steuerungssystem von BORIS verdeutlicht werden. Die hierarchische Strukturierung läßt es nun zu, das DB/DC-System in ein Netz von mehreren Instanzenprozeduren aufzulösen, die auf die gleiche Weise zusammenarbeiten und nach außen dieselben Parameter versorgen (Abb. 4.10). Hier wird ein weiterer Vorteil von BORIS sichtbar, der erhebliche Programmierarbeit einsparen hilft:

Die Instanzen sind grundsätzlich Typen, von denen mehrere Ausprägungen in einem Modell verwendet werden können. Es wurde nur eine Prozedur "TP-Prozeß" erstellt; im Modell sind davon zehn Exemplare vorhanden. Das gleiche gilt für die DB-Prozesse. Für alle TP-Prozesse zusammen wurde noch eine Instanz "Virtueller Speicher" geschaffen, die den Inhalt der virtuellen Adreßräume verwaltet. Sie hätte auch in die TP-Prozesse eingebettet werden können; für die gemeinsamen Speicherabschnitte wäre aber auch dann eine eigene Instanz notwendig gewesen, und die konnte sehr einfach so ergänzt werden, daß sie auch die privaten Abschnitte kontrolliert.

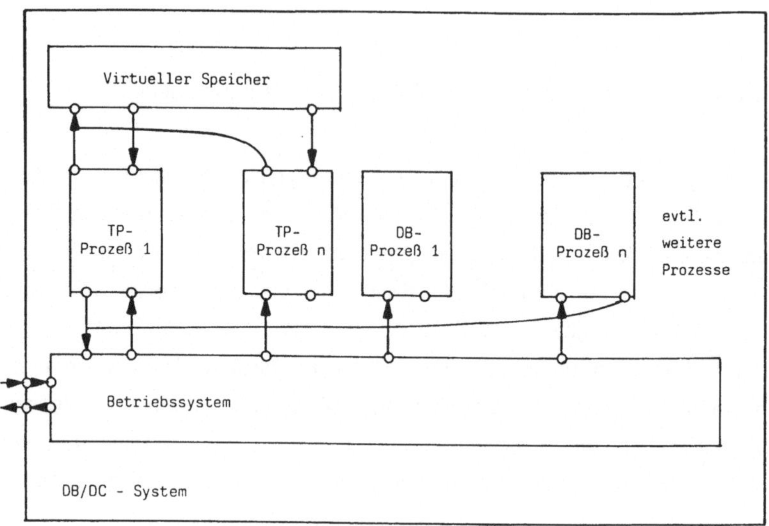

Abb. 4.10: Verfeinerung des Netzes "DB/DC-System"

Die größte Aufmerksamkeit verlangen auf dieser Ebene die Beziehungen zwischen den Prozessen und dem Betriebssystem. Die Prozesse können Aufträge an das Betriebssystem übergeben, und zwar wie in realen Systemen:

- E/A-Operationen
- Senden und Empfangen von Terminal-Nachrichten (BKS)
- Deaktivieren eines Prozesses für eine bestimmte Zeit
- Inter-Prozeß-Kommunikation

Das Deaktivieren eines Prozesses sollte dazu helfen, Sperrkonflikte in DB-Prozessen nachzubilden. Weil es zunächst völlig ungeklärt war, wie die Blockierungszeit berechnet werden könnte, wurde diese BS-Funktion nicht genutzt. Bei der Validierung des Modells erwies es sich dann aber doch als sehr nützlich, daß sie vorhanden war.

Ein fünfter Typ von BS-Auftrag fällt etwas aus dem Rahmen: die Abarbeitung einer bestimmten Zahl von Maschineninstruktionen. Sie ist deshalb nicht als Zeitverbrauch in den Prozessen selbst realisiert worden, weil das BS zum einen den Realspeicher kontrolliert und vor der Abarbeitung ggf. eine Fehlseitenbedingung auslöst. Zum anderen kann es nur so die Einhaltung einer Zeitscheibe überwachen und dem Prozeß vorzeitig den Prozessor entziehen. Die Simulationsuhr wird daher nur in der Betriebssystem-Instanz weitergeschaltet.

Es gibt höchstens einen aktiven Prozeß. Nur er kann Aufträge an das BS absetzen. Wenn er zu einem solchen Auftrag die Fertigmeldung erhält, ist er, u.U. nach zahlreichen Prozeßwechseln, wieder aktiver Prozeß geworden und kann unmittelbar den nächsten Auftrag formulieren, ohne daß dabei Simulationszeit verstreicht. Ein Auftrag kann, wie gesagt, auch aus der Abarbeitung von Instruktionen bestehen.

Asynchrone Aufträge werden auf die gleiche Weise gestartet. Das BS verbraucht, wenn es sie entgegennimmt, etwas Rechenzeit für die Verwaltung. Dann gibt es eine Quittung an den rufenden Prozeß zurück, der dadurch aktiv bleibt, und veranlaßt intern die Abwicklung des Auftrags. Das BS ist, wie man sich jetzt leicht vorstellen kann, so komplex in der Realisierung, daß eine weitere Zergliederung in ein Netz von Instanzen angemessen erschien (Abb. 4.11).

Für jeden Auftragstyp wurde ein eigener Funktionsblock eingerichtet. Diese erhalten ihre Aufträge über einen Verteiler, der so viele Ein- und Ausgänge haben muß, wie es Prozesse gibt, und natürlich auch für die Rücksendung der Quittung zu den richtigen Prozessen sorgt. Im Mittelpunkt steht die Dispatcher-Instanz, die den Prozessor (die CPU) in sich birgt. Sie wird von allen anderen Instanzen aufgerufen, wenn Instruktionen abzuarbeiten sind, und dabei auch darüber informiert, ob der aktive Prozeß durch diesen Auftrag in eine Wartesituation gerät.

Vor dem Abarbeiten von Instruktionen - und das heißt hier nun tatsächlich, daß die Simulationsuhr fortgeschaltet wird - prüft der Dispatcher mit einer Anfrage bei der Realspeicher-Instanz, ob die benötigten Code-Stücke, die auch zum Betriebssystem gehören können, überhaupt verfügbar sind. Ggf. muß eine Einlagerung vorgenommen werden. Das Seitenwechselgerät steckt mit in der Realspeicher-Instanz, es ist also völlig von den Benutzerdateien getrennt, für die die Instanz ''Externspeicherzugriff'' zuständig ist. Die Beziehung zwischen den beiden rührt nur daher, daß vor einer E/A-

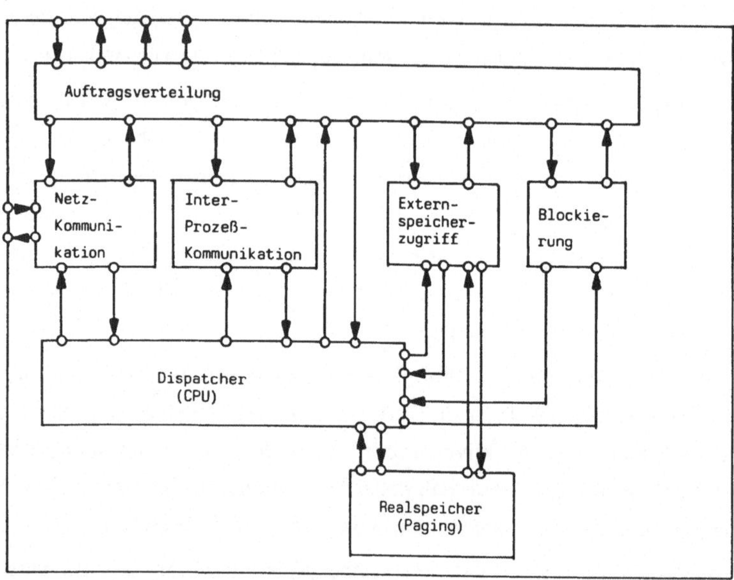

Abb. 4.11: Verfeinerung des Netzes "Betriebssystem"

Operation geprüft werden muß, ob sich der Pufferbereich, aus dem gelesen oder in den geschrieben werden soll, im Hauptspeicher befindet.

Weitere Details des Modells sollen hier nicht mehr beschrieben werden; sie können bei Bedarf in [MW85c] und vor allem in [Kle86] nachgelesen werden. Es handelt sich, das ließ sich nicht vermeiden, bei diesem Simulationsmodell in manchen Teilen eher um eine Re-Implementierung denn um eine Modellierung, vor allem in der Betriebssystem-Komponente. Die Realisierung des Modells in dieser aufwendigen Form war Thema einer Diplomarbeit [Kle86]. Alle dabei erstellten Instanzen enthalten zusammen etwa 10000 Zeilen PASCAL-Code.

4.5. Simulationsergebnisse

4.5.1. Validierung des Modells

Die Aufgabe bestand zunächst darin, im Modell genau die Bedingungen herzustellen (durch geeignete Wahl der Parameter), die in den Messungen an UDS und UTM geherrscht hatten. Dadurch sollte das Modell validiert werden. Bei der MESSEDB gelang das auch in sehr vielen Versuchen mit einem Fein-Tuning der Parameter nicht; es stellte sich vielmehr heraus, daß wegen der Vielzahl der verschiedenen Transaktionen nach der Zeitspanne, die auch in den Messungen verwendet worden war, noch gar kein eingeschwungener Zustand im System herrschte. Deshalb wurde wieder auf die Kontenbuchung gewechselt. Mit ihr konnten die Modellparameter tatsächlich so eingestellt werden, daß sich eine sehr genaue Übereinstimmung mit den Messungen ergab. An zwei Stellen traten dabei jedoch Probleme auf, die eine genauere Untersuchung notwendig machten.

Zum einen mußte stets genau die in der Messung von SIMUS realisierte Denkzeit eingegeben werden anstelle der gewünschten von null, sonst war keine Übereinstimmung zu erzielen. Der Einfluß dieser Größe ist sehr groß und macht den Vergleich der Messungen, in denen SIMUS je nach Systemauslastung ganz unterschiedliche Denkzeiten erzeugte (zwischen 3 und 7 Sekunden) etwas fragwürdig. Nach Einstellung der gemessenen Denkzeit ergab die Simulation aber die gleichen Werte wie die Messung.

Dabei mußte allerdings noch ein zweiter Parameter von Messung zu Messung angepaßt werden: die Zugriffszeit auf der Platte. Sie sollte behelfsmäßig nachbilden, was bewußt ausgeklammert worden war, nämlich die Blockierung eines DB-Prozesses aufgrund von Sperrkonflikten. Ohne sie wichen die Simulationsergebnisse sehr deutlich von den Meßergebnissen ab, vor allem dort, wo mit UDSMON eine hohe Zahl von Sperrkonflikten festgestellt worden war. Natürlich konnte die Erhöhung der Plattenzugriffszeiten nicht als endgültige Lösung angesehen werden; sie zeigte jedoch, daß mit einer zusätzlichen Blockierung der DB-Prozesse die Übereinstimmung mit den Messungen zu erreichen war.

Die Modellierung von Datenobjekten kam wegen des damit verbundenen Aufwands nicht in Frage; stattdessen konnte nur bei den kritischen DB-Operationen in die Bearbeitung durch die DB-Prozesse ein BS-Aufruf eingebaut werden, der die Deaktivierung des Prozesses für eine bestimmte Zeitspanne bewirkt. Die Dauer der Blockierung mußte dabei von der aktuellen Parallelität im System abhängig gemacht werden. Dazu wurde die Tabelle der DB-Operationen um einen Eintrag ergänzt, der das ''Konfliktpotential'' jeder Operation kennzeichnet. Bei einem IF ist es natürlich geringer als bei einem STORE, dort geringer als bei ERASE usw. Die Feinabstimmung muß leider wieder anwendungsspezifisch erfolgen. Zahlreiche Versuche ergaben, daß die Blockierungszeit vor allem noch von der Zahl der aktiven UDS-Transaktionen und der Zahl der UDS-Prozesse abhängt, und zwar nach der folgenden Formel:

Blockierungszeit in ms = DML-spezifisches Konfliktpotential

$$* \ (\text{Anzahl UDS-Prozesse} - 2)$$

$$* \ (18 * \text{Anzahl Transaktionen} + 25)$$

Diese Formel ist rein empirisch; eine Interpretation fällt schwer. Sie erspart jedoch die Anpassung der Plattenzugriffszeit in jeder Messung und liefert dennoch die in Tabelle 4.5 zusammengefaßten Ergebnisse.

# UTM-Prozesse	# UDS-Prozesse	Denk-zeit	Antwortzeit Mess.	Sim.	Durchsatz Mess.	Sim.
6	1	4,03	12,1	15,25	1,24	1,04
	2	5,62	7,8	7,9	1,49	1,49
	3	6,91	6,73	6,53	1,47	1,49
	4	6,59	7,2	7,03	1,45	1,47
7	1	3,93	12,2	15,37	1,24	1,04
	2	5,83	7,5	7,65	1,50	1,48
	3	6,73	6,62	6,74	1,50	1,49
	4	6,59	6,83	7,22	1,49	1,45
8	1	3,49	13,9	15,78	1,15	1,04
	2	6,31	7,3	7,2	1,47	1,48
	3	7,01	6,6	6,56	1,47	1,47
	4	6,89	7,0	7,13	1,44	1,43

Tabelle 4.5: Simulationsergebnisse im Vergleich zu den Messungen

Es ergibt sich eine recht gute Übereinstimmung, die vor allem die gleichen Tendenzen zeigt wie die Messungen. Stärkere Abweichungen finden sich nur bei den

Konfigurationen mit einem DB-Prozeß, die möglicherweise auf Sonderbehandlungen dieses Falles in UDS zurückzuführen sind. Diese Konfigurationen sind für den realen Betrieb ohnehin nicht so relevant. Die Abweichung bei 7 UTM- und 4 UDS-Prozessen kann als Ausreißer betrachtet werden; sie paßt auch nicht in die allein in den Messungen erkennbaren Regelmäßigkeiten.

4.5.2. Gleiche Konfiguration wie in den Messungen mit einheitlicher Denkzeit

Das Vertrauen in das Modell war damit so weit gefestigt, daß erste Simulationen ohne den Hintergrund der Messungen durchgeführt werden konnten. Die erste Maßnahme, die die Tabelle 4.5 auch noch einmal drastisch nahelegt, bestand aus der Nivellierung der Denkzeiten, die die Vergleichbarkeit der Messungen bzw. Simulationen untereinander verbessern sollte. Tatsächlich ergab sich ein etwas anderes Bild (Tabelle 4.6).

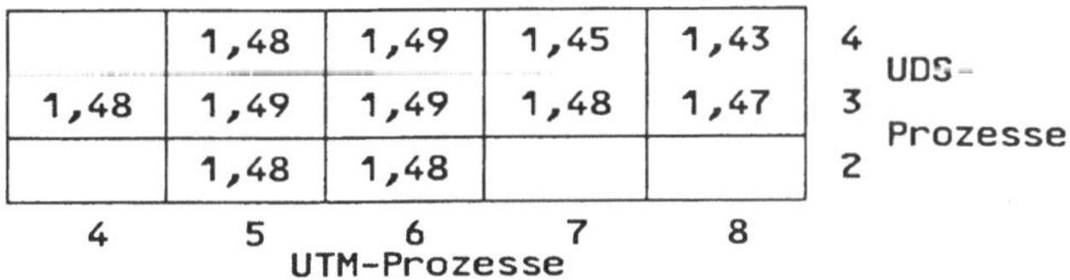

	5	6	7	8	UDS-Prozesse
	8,54	8,60	8,80	9,02	4
8,50	8,41	8,44	8,48	8,62	3
	8,52	8,48			2

(UTM-Prozesse: 4, 5, 6, 7, 8)

a) Antwortzeit in Sekunden

	5	6	7	8	UDS-Prozesse
	1,48	1,49	1,45	1,43	4
1,48	1,49	1,49	1,48	1,47	3
	1,48	1,48			2

(UTM-Prozesse: 4, 5, 6, 7, 8)

b) Durchsatz in Dialogschritten pro Sekunde

Tabelle 4.6: Simulation mit einer einheitlichen Denkzeit von 5 Sekunden

Wie man erkennt, wurden nicht alle Messungen nachsimuliert, sondern nur die Konfigurationen, die um das bisherige Optimum herumlagen. Es ergab sich jetzt ein neues Optimum bei 5 UTM- und 3 UDS-Prozessen. Die weitere Reduktion der Denkzeit lieferte gleiche Relationen bei höheren Antwortzeiten und praktisch gleichbleibendem Durchsatz.

4.5.3. Die Auswirkungen von höherer Rechnerleistung und niedrigerer E/A-Rate pro Transaktion

Alle Simulationen hatten bisher die Rechenanlage nachgebildet, die auch in den Messungen zur Verfügung stand. Mit ihren 0,5 MIPS und 4 MB Hauptspeicher stellt sie allerdings nicht die typische Anlage für die Realisierung von Transaktionssystemen dar. Der Hauptspeicher war bei dieser Anwendung kein Engpaß, die Paging-Rate lag sehr niedrig. In den folgenden Experimenten mit dem Modell wurde deshalb nur die Rechnerleistung schrittweise bis auf 5,0 MIPS erhöht. Die Auswirkung auf die Antwortzeit ist in Abb. 4.11 graphisch dargestellt. Je höher die Rechnerleistung war, desto stärker wirkte sich die Zahl von 20 E/A-Operationen aus. In realen Systemen dürfte das sogar noch schlimmere Folgen haben, weil dann Wartezeiten vor Platten und Kanälen auftreten, die das Modell nicht berücksichtigt. Nun ist in den kommenden Versionen (ab 5.0) von UDS geplant, durch optimierte Logging-Techniken die Zahl der E/A-Operationen bei Änderungstransaktionen drastisch zu reduzieren. Auch das konnte sehr leicht am Modell durchgespielt werden: für die FINISH-Operation waren in den Validierungsmessungen als Mittelwert 10,1 E/A-Operationen eingestellt worden (vgl 4.2.3). Wenn man sie auf 4 reduziert, ergibt sich die zweite in Abb. 4.12 gezeigte Kurve.

Daraus läßt sich noch ein wenig mehr ablesen. Bei 0,5 MIPS ist die Leistungsfähigkeit des Systems offenbar durch den Prozessor beschränkt; deshalb bewirkt die Steigerung auf 1,0 MIPS fast eine Halbierung der Antwortzeit. Auch von 1,0 auf 1,5 MIPS sinkt sie noch deutlich. Im nächsten Schritt ist jedoch erstmals der Gewinn durch die Reduktion der E/A-Operationen höher: Er bringt bei 1,5 MIPS eine um 1,1 s geringere Antwortzeit, während sie beim Übergang auf 2,0 MIPS nur um 0,5 sinkt. Weitere Simulationen haben ergeben, daß die Antwortzeit mit der Zahl der E/A-Operationen beim FINISH nahezu linear zurückgeht. Für die weiteren Experimente wurde daher die zu erwartende Version von UDS zugrundegelegt (mit 6

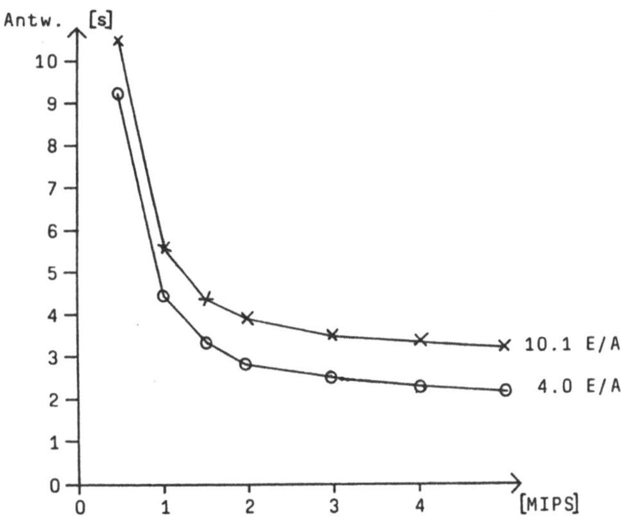

Abb. 4.12: Verhalten der Antwortzeit bei steigender Rechnerleistung

E/A-Operationen beim FINISH) und eine Rechnerleistung von 2,0 MIPS eingesetzt.

4.5.4. Das Verhalten des Systems bei einer höheren Zahl von Terminals und Multi-Tasking in den TP-Prozessen

Die Anzahl von 20 aktiven Terminals ist für typische Transaktionssysteme zu gering. Wie das Modell reagiert, wenn sie auf 30 und 40 erhöht wird, zeigt die Abb. 4.13. Auch hier bleibt die Relation der Prozeßkonfigurationen zueinander gewahrt. Daß mehr Prozesse auch bei einer höheren Zahl von Terminals keine Entlastung schaffen, liegt vor allem an der gegenläufigen Auswirkung der Sperrkonflikte in UDS, also letztlich an der oben aufgestellten Formel. Die Tendenz ist dabei sicherlich plausibel. Es kann aber nicht völlig ausgeschlossen werden, daß die Formel die Bedingungen der Messungen in irgendeiner Form ''verinnerlicht'' hat und sie deshalb auch bei anderen Konfigurationen reproduziert. Die absoluten Zahlen sind also, solange keine Validierung durch Messungen auch auf sehr viel größeren Anlagen durchgeführt werden konnte, nur mit Vorsicht zu verwenden.

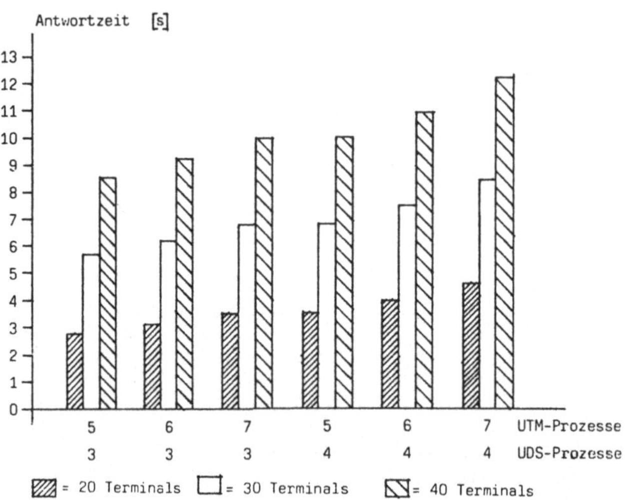

Abb. 4.13: Verhalten der Antwortzeit bei 20, 30 und 40 Terminals

Ein ähnlicher Effekt stellt sich ein, wenn in den UTM-Prozessen ein Multi-Tasking eingeschaltet wird. Wie sich dadurch das Leistungsverhalten verändert, war eine der offenen Fragen aus Kapitel 2. Die Aussage des Modells ist auch hier plausibel, weil es sich bei der Kontenbuchungstransaktion um eine sehr konflikträchtige DB-Transaktion handelt. Die Antwortzeit erhöht sich nämlich deutlich. Zwar sinkt die Wartezeit vor den UTM-Prozessen erwartungsgemäß auf null, die Antwortzeit der DB-Prozesse steigt jedoch auf ein Vielfaches, und zwar einerseits durch die erhöhten Blockierungszeiten, andererseits aber auch dadurch, daß sehr viel mehr Transaktionen gleichzeitig aktiv sind und DB-Operationen absetzen, was die Wartezeit vor den UDS-Prozessen in die Höhe treibt. Bei 30 Terminals ist dieser Effekt noch viel stärker; eine Messung mit 40 Terminals wurde deshalb gar nicht mehr durchgeführt.

Die sehr kurze Denkzeit von 3 s war um der Durchsatzmaximierung willen gewählt worden; wie die Überlegungen von Abschnitt 4.1 zeigten, kommen sie in der Realität praktisch nicht vor. Erhöht man die mittlere Denkzeit auf zehn Sekunden, so können im Single-Tasking auch noch 100 Terminals bewältigt werden. Bei einer gleichzeitigen Halbierung des Konfliktpotentials der DB-Operationen (die sich gegenüber der jetzigen UDS-Technik durch die Einführung von Satzsperren wohl erreichen ließe) beträgt die Antwortzeit im Mittel 8,02 Sekunden, der Durchsatz 5,58 Dialogschritte pro Sekunde

(5 UTM-, 3 UDS-Prozesse). Multi-Tasking wird in dieser Konfiguration völlig absurd, weil in den UTM-Prozessen bis zu 100 Tasks eingerichtet werden, die alle DB-Operationen ausführen und die DB-Prozesse völlig verstopfen; ihre Antwortzeiten liegen im Bereich von 20 Sekunden! Es wäre also auch bei Multi-Tasking zwingend notwendig, die Zahl der gleichzeitig aktiven Tasks nach oben zu begrenzen, wie es die meisten TP-Monitore ja auch vorsehen.

Das Modell hat diese Möglichkeit noch nicht. Multi-Tasking sollte gerade die starre Obergrenze für die Zahl der Tasks im TP-System, die durch die Prozesse vorgegeben ist, aufheben, um die Wartezeiten in der Eingangswarteschlange zu reduzieren. Die Simulation zeigt jedoch, daß zumindest bei dieser Anwendung die Wartezeiten in den TP-Prozessen, z.B. vor dem DBS, so stark ansteigen, daß die Leistung des Systems insgesamt zurückgeht.

Wenn aber auch bei Multi-Tasking die Zahl der Tasks beschränkt werden muß, welche Vorteile hat es dann noch gegenüber Single-Tasking? Nur den, daß weniger Prozesse im System sind. Das wirkt sich u.U. auf das Paging aus, wenn die privaten Abschnitte der Adreßräume groß sind. Task-Wechsel in einem Prozeß sind leider nicht so viel günstiger als Prozeßwechsel, wenn sie durch einen DB-Aufruf ausgelöst werden, denn dann sind sie mit Inter-Prozeß-Kommunikation verbunden, die im BS2000 ungefähr 4000 Instruktionen kostet.

Bei einer hohen Zahl von Tasks kann man die Überlastung der DB-Prozesse nicht abbauen, indem man weitere hinzufügt. Dies erhöht die gegenseitige Blockierung so stark, daß die Verringerung der Wartezeit dadurch aufgewogen wird, und das liegt nicht nur an der Formel zur Ermittlung der Blockierungszeit, sondern hat sich in den Messungen genauso gezeigt. Nun ist die Kontenbuchung ja auch eine besonders konfliktträchtige Transaktion und damit nicht für alle Transaktionssysteme repräsentativ. Es ist kein Wunder, daß bei ihr die Sperrverwaltung des DBS das Verhalten des Gesamtsystems in Antwortzeit und Durchsatz bestimmt. Der TP-Monitor wird dagegen kaum gefordert.

Zahlreiche weitere Simulationen sind möglich. So kann insbesondere noch der Einfluß von Betriebssystemparametern wie der Anzahl der Instruktionen beim Prozeßwechsel oder bei der Inter-Prozeß-Kommunikation untersucht werden. Dies ist aus Mangel an Zeit und Ressourcen nicht weiter verfolgt worden.

5. Schlußfolgerungen und Ausblick

Die problemorientierte Benutzerschnittstelle von Transaktionssystemen war in zweierlei Hinsicht die notwendige Voraussetzung dafür, daß EDV-Leistung direkt an den Arbeitsplatz gebracht werden konnte: Zum einen war ihre Bedienung so einfach, daß sie auch von Laien vorgenommen werden konnte, zum anderen konnte die geringe Zahl von Funktionen ausgenutzt werden, um effiziente Implementierungen bei einer hohen Zahl von angeschlossenen Terminals auch auf herkömmlichen Anlagen zu erreichen. Die Anforderungen steigen noch; der Trend geht zur Integration der Anwendungssysteme, die immer mehr Funktionen (TACs) verlangt und diese in den Dialogabläufen auch noch komplexer werden läßt. Man denke nur an das weite Feld der Büroautomatisierung.

Unbefriedigend, weil zu aufwendig und fehleranfällig, sind aus der Sicht der Anwender Programmierung und Administration. Sicherlich helfen TP-Monitore und DB-Systeme schon viel, indem sie einen Rahmen für die Entwicklung vorgeben und vor allem die Koordination gleichzeitiger Abläufe übernehmen. Das genügt aber noch nicht, wie die Nachfrage nach Werkzeugen wie den Sprachen der Vierten Generation zeigt.

Der Zwang zur Dialogschrittprogrammierung ist durch Effizienzüberlegungen und Implementierungstechnik bedingt; er läßt sich nur im nachhinein als Modularisierungskonzept auch aus der Anwendersicht vertreten. Vorgangsprogrammierung wird in der Regel als der direktere Lösungsweg angesehen, so daß das Idealkonzept einer Programmiersprache für Transaktionssysteme die Formulierung des ganzen Vorgangs mit der Übersetzung in Moduln, die jeweils einen Dialogschritt ausführen, verbinden müßte. Die Mehrfachverwendbarkeit des Codes sollte längst kein Thema mehr für den Programmierer sein.

Die Administration kann vor allem im Hinblick auf die Ausfallsicherheit entlastet werden, wenn ein vollständiges Transaktionskonzept angeboten wird. Auch aus der Sicht der Systeme ist es einfacher, eine Optimierung der Sicherungsmaßnahmen vorzunehmen, wenn ihr Umfang absehbar ist und nicht vom Administrator bestimmt werden muß, indem er z.B. für jede Datei einzeln festlegt, ob sie gesichert wird oder nicht.

Während es für die Programmschnittstelle sogar schon Normen gibt, herrscht bezüglich der Funktionen für die Administration noch ein heilloses Durcheinander. Viele dieser Funktionen werden außerdem stark von Implementierungsentscheidungen wie dem Prozeß- und Task-Konzept beeinflußt.

Die meisten Transaktionssysteme werden immer noch unter Betriebssystemen realisiert, die für den Stapelbetrieb, manchmal auch schon den Teilnehmerbetrieb entworfen wurden. Die Folge ist ein verhältnismäßig teures Prozeßkonzept, das es für alle Transaktionssysteme notwendig macht, mehrere Terminals von einem Prozeß aus zu bedienen. Davon abgesehen sind aber zahlreiche Varianten in der Implementierung möglich, die sich z.B. im Task-Konzept innerhalb dieser Prozesse oder in der Verwaltung der Programme unterscheiden. Die Leistungsfähigkeit dieser Varianten wird vor allem auch durch die Voraussetzungen in dem zugrundeliegenden Betriebssystem bestimmt. Die Tendenz geht zu einer größeren Zahl von Prozessen, die so effizient verwaltet werden können, daß ein internes Multi-Tasking überflüssig wird. Betriebssysteme, die die Programmschnittstellen eines DB/DC-Systems direkt anbieten, existieren erst im Entwurfsstadium.

Um zu einer quantitativen Bewertung der Implementierungskonzepte zu gelangen, wurden umfangreiche Messungen an einem existierenden System durchgeführt. Sehr viel Arbeit wurde in eine Meßumgebung investiert, die den Ablauf jeder einzelnen Messung genau kontrolliert und dadurch die Reproduzierbarkeit der Ergebnisse in hohem Maße gewährleistet. Deren Interpretation erwies sich bei einer halbwegs realistischen Anwendung (MESSEDC) jedoch wegen der verschiedenen Abläufe im System als recht schwierig, so daß alternativ eine sehr viel einfachere Anwendung (Kontenbuchung, TP1) ausgemessen wurde. Sie zeigte ein stabileres Verhalten, stellte jedoch vor allem das Datenbanksystem und seine Sperrverwaltung auf die Probe. Obwohl die Transaktionen sehr kurz waren und nur gezielt auf einzelne Sätze zugriffen (beides ist für Transaktionssysteme typisch), gab es eine hohe Zahl von Zugriffskonflikten. Das lag daran, daß von der einen Satzart nur hundert Ausprägungen vorlagen und das Datenbanksystem außerdem auf Seitenebene sperrte. Etwas unerwartet kam auch der Effekt, das zusätzliche DB-Prozesse die Wartezeit vor dem DBS zwar abbauen halfen, bei gleicher Parallelität und gleichem Durchsatz die gegenseitige Behinderung aber so zunahm, daß sich die Leistung des Systems insgesamt verschlechterte.

Einen weiteren Engpaß bildete der Prozessor, woran aber auch die hohe Zahl von Instruktionen pro Transaktion (ca. 265 000) schuld war. Sie gilt bei heutigen Systemen zwar als normal [An85], bietet aber noch Raum für Optimierungen. Das gleiche gilt für die etwa 20 E/A-Operationen pro TA, von denen 17 auf das DBS entfallen. Sie entstehen vor allem durch das Ausschreiben von geänderten Seiten (4) und After-Images (6) bei Transaktionsende. Ein System wie IMS Fast Path wickelt die gleiche Transaktion mit 50 000 Instruktionen und 4 E/A-Operationen ab [HM86b]. Auch das

System von Tandem konnte schon erheblich beschleunigt werden. Die Techniken, die eine solche Verbesserung (und weitere) möglich machen, sind in [Gr85] skizziert.

Da keine geeigneten analytischen Modelle gefunden werden konnten, wurden die Erfahrungen aus den Messungen in ein Simulationsmodell eingebracht, das dann auch Experimente zuließ, die am realen System nur mit großem Aufwand oder gar nicht möglich gewesen wären. Das Modell wurde im Rahmen einer Diplomarbeit entwickelt; es bildet die realen Abläufe mit zum Teil sehr hoher Genauigkeit nach. Daher war eine Validierung durch Gegenüberstellung der Messungen erfolgreich, allein die Behinderungen im DBS, die trotz der Meßergebnisse unterschätzt worden waren, machten anfänglich noch etwas Probleme. Schließlich konnten mit dem Modell aber doch noch einige Experimente durchgeführt werden, die den Einfluß von Faktoren wie Prozessorgeschwindigkeit, Zahl der E/A-Operationen pro Transaktion oder Anzahl der angeschlossenen Terminals aufzeigen. Das Simulationsmodell kann als allgemeines Werkzeug zu zahlreichen weiteren Untersuchungen vom Entwickler wie auch, da eine spezielle Last verwendet werden kann, vom Anwender genutzt werden.

Für die Zukunft der Transaktionssysteme ergeben sich neue Anforderungen durch das Aufkommen von Bildschirmtext (Btx [Fro84]). Die Schnittstelle für den Benutzer ist genau die gleiche, die Verwandschaft zwischen der Btx-Seitennummer und dem Transaktionscode ist augenscheinlich. Es gibt allerdings auch einige wichtige Unterschiede [GS84b], die das Dialogkonzept und das Terminal-Modell betreffen. So kann der Btx-Benutzer jederzeit, auch mitten in einem Vorgang, auf eine beliebige andere Maske ("Seite" im "Suchbaum") springen und dadurch einen neuen Vorgang zu starten. Er kann auch jederzeit die Verbindung abbrechen. Beides war bisher nur im TAC-Modus erlaubt. Und für die Ausgabe auf das Terminal sollten die graphischen Möglichkeiten von Btx genutzt werden können; eine Aufgabe, die weit über Btx hinaus an Bedeutung gewinnt.

Neben diesen qualitativen Erweiterungen stellt Btx aber auch quantitativ große Anforderungen, weil sich die Zahl der Benutzer vervielfachen kann. Sie steigt auch in den konventionellen Anwendungen immer weiter, so daß hier gemeinsame Lösungen gesucht werden können. In [Gr85] werden 1000 Transaktionen pro Sekunde (vom Typ Kontenbuchung) gefordert, die in den nächsten Jahren erreicht werden sollen. Aber auch von 10 000 TAs ist schon die Rede [Gr84]. Beides läßt sich auf einzelnen Rechenanlagen nicht mehr erreichen, und es gibt verschiedene Ansätze, die mit nah oder eng gekoppelten Mehr-Rechner-Systemen arbeiten. Die Probleme, die dabei aus Datenbanksicht zusätzlich auftreten, sind in [HR85a, HR85b] geschildert. Der TP-Monitor hat vor allem die wichtige Aufgabe der Lastverteilung auf die verschiedenen

Rechner, zu deren Durchführung er zusätzliche Information von den DB-Systemen erhalten muß. Auch hier sind integrierte Systeme im Vorteil.

Eine ganz andere Herausforderung stellen die persönlichen Computer (PCs) dar. Wie die Transaktionssysteme bringen sie EDV-Leistung direkt an den Arbeitsplatz, mit erheblich mehr Funktionen und meist auch sehr viel besseren Benutzerschnittstellen (Ausnutzung von Graphik), jedoch zunächst ohne die Möglichkeit des Zugriffs auf zentrale Datenbestände. Für viele ist schon die Kopplung mit dem Zentralrechner vorgesehen, die nach der Erstellung geeigneter Software wohl dazu führen wird, daß die Funktionen des Transaktionssystems auf dem PC wie auf einem Terminal verfügbar sind und sich mit den lokalen Funktionen verbinden lassen.

Weiter verallgemeinert führt dies auf die verteilte Verarbeitung von Vorgängen in Rechnernetzen. Bei CICS sind entsprechende Funktionen an der Programmschnittstelle bereits verfügbar [CICS82], bei UTM in der Version 3 ebenfalls [Ku84]. Interessant ist dabei vor allem der Punkt, daß die TAPs, die Nachrichten an fremde Rechner senden, dort in gleicher Weise einen Vorgang abwickeln, wie es das rufende Terminal bei ihnen selbst tut. Aus der Sicht des fremden Rechners werden sie also bedient wie ein Terminal. Dies kann vor allem in offenen und heterogenen Netzen sehr nützlich sein. Bevor eine Institution ihre Daten in einem verteilten Datenbanksystem nach außen zugänglich macht, in dem sie die Zugriffsbeschränkungen nur sehr umständlich durchsetzen kann, wird sie eher einen Satz von Transaktionsprogrammen zur Verfügung stellen und den Zugriff allein über diese gestatten (wie bei Abstrakten Datentypen).

Genau die von diesen Programmen realisierten Zugriffsfunktionen sind dann von außen zugänglich, und keine weiteren. Gelingt es noch, in der in 2.1.2.5 skizzierten Weise die Programm-Ein-/Ausgabe auf die Netto-Daten zu beschränken und alle Fragen der Präsentation außerhalb der Programme zu bearbeiten, so können ein und dieselben Programme (bzw. die Funktionen, die sie realisieren) sowohl menschlichen Benutzern an den Terminals (mit Aufbereitung) als auch anderen Rechnern (ohne Aufbereitung) zur Verfügung stehen. Dies führt auf den Begriff des *"DB/DC-Servers"* in offenen Netzen, der z.B. auch wieder den angeschlossenen PCs Dienstleistungen erbringen kann. Aus der jetzigen Sicht könnte das in der Zukunft ein wichtiges Einsatzgebiet für Transaktionssysteme werden.

Literaturverzeichnis

ADR80   Applied Data Research (ADR): DATACOM/DC - Data Communications Control System, Users Guide (Release 4.4), DC2G-UG-10, Dallas, Texas, Juni 1980

ADAB76   ADABAS, Adaptierbares Daten Bank System, Einführung, Software AG, ADA-321-050, Darmstadt, März 1976

AJ73   Auslander, M.A., Jaffe, J.F.: Functional structure of IBM virtual storage operating systems - Part I: Influence of dynamic address translation on operating systems technology, in: IBM Systems Journal, No. 4 (1973), S. 368-381

ALM82   Allen, F.W., Loomis, M.E.S., Mannino, M.V.: The Integrated Dictionary/Directory System, in: ACM Computing Surveys, Vol. 14, No. 2, June 1982, S. 245-286

Am85   Amann, K.: MANTIS, in: computer magazin, Sonderheft Programmiersprachen, 1985, S. 36-38

An85   Anon. et al.: A Measure of Transaction Processing Power, in: Datamation, Feb. 1985, S. 112-118

Bar78   Bartlett, J.F.: A 'NonStop' Operating System, in: Proc. Eleventh Hawaii Int. Conf. on System Sciences 1978, Vol. III: Selected Papers in Mini and Micro Computer Systems, ed. by B. Shriver, R. Eckhouse, R.H. Sprague, jr., S. 103-117

Bar81   Bartlett, J.F.: A NonStop TM Kernel, in: Proc. Eighth Symp. on Operating Systems Principles, (Asilomar, Pacific Grove, California, December 1981), ACM Operating Systems Review, Vol. 15, No. 5, Dec. 1981, ACM Order No. 534 810, S. 22-29

Bas85   Bass, L.J.: A Generalized User Interface for Application Programs (II), in: Comm. ACM, Juni 1985, Vol. 28, No. 6, S. 617-627

Bau76   Bauer, M.: Das Zusammenspiel Datenbank und TP-Systeme, in: online ZfD, 14. Jg. (1976), Nr. 11, S. 699-703

Bau78   Bauer, M.: Wozu braucht man eigentlich einen TP-Monitor?, in: Online-adl-nachrichten 11/78, S. 890-892

Bau79a   Bauer, M.: Was kann ein TP-Monitor? Einige ausgewählte Techniken für Online-Systeme, in: Online-adl-nachrichten 5/79, S. 420-423 (Teil 1) und 6/79, S. 507-510 (Teil 2)

Bau79b   Bauer, M.: Was passiert nach einem Systemabbruch? Wiederanlaufverfahren für Online-Systeme, in: Online-adl-nachrichten 7-8/79, S. 586-589

Bau79c   Bauer, M.: Datenbanken im direkten Zugriff, Teil 1: Welche Vorteile
           bringt eine Datenbank?, in: Online-adl-nachrichten 10/79, S. 839-843, und
           Teil 2: Welche Probleme bringt eine Datenbank?, in: Online-adl-
           nachrichten 11/79, S. 939-942

BC84   Boctor, W., Cohen, K.I.: On-line transaction processing, in: Computer-
           world, 12. März 1984, S. 21-36

Ber85   Berres: Der Datenstationssimulator SIMUS, Version 3.1, Siemens AG, K
           D ST DF222, Software File No. 552.93.22.1.8, München, Oktober 1985

BFS67   Bender, G., Freeman, D.N., Smith, J.D.: Function and Design of DOS/360
           and TOS/360, in: IBM Systems Journal, Vol. 6, No. 1, 1967, S. 2-21

BMP82   Bartsch-Spörl, B., Meyer, H.-M., Pinkert, K.: Einsatz von Interaktionsdia-
           grammen zur Beschreibung und Realisierung von Dialogabläufen, in:
           Notizen zum interaktiven Programmieren, Heft 8 (1982), S. 39-48

Bol85   Bolkart, W.: Sprachen der vierten Generation, in: computer magazin,
           Sonderheft Programmiersprachen, 1985, S. 33

BP77   Bennett, M., Percy, T.: A TP Monitor Interface for Data Base Mana-
           gement Systems, in: [ODB77], Part II, S. 15-26

Bur85   Burman, M.: Aspects of a High-Volume Production Online Banking
           System, in: Proc. IEEE Spring Compcon 1985, S. 244-248

Can84   Cross Memory Services, Candle Computer Report Vol. 6, No. 21, Nov.
           15, 1984 (Introduction and Basic Concepts), Vol. 6, No. 22, Dec. 1, 1984
           (Inter-Address Space Data Movement), Vol. 7, No. 2, Jan. 15, 1985 (The
           PC-Instruction - Part I), Vol. 7, No. 4, Febr. 15, 1985 (The PC-Instruction
           - Part II), Vol. 7, No. 5, Mar. 1, 1985 (Conclusion)

Ch76   Chamberlin, D.D., et al.: SEQUEL 2: A Unified Approach to Data
           Definition, Manipulation, and Control, in: IBM Journal of Research and
           Development, November 1976, S. 560-575

Ch80   Chamberlin, D.D.: A Summary of User Experience with the SQL Data
           Sublanguage, in: Proc. of the Intern. Conf. on Data Bases, Aberdeen 1980,
           S. 181-203

CICS80   Customer Information Control System / Virtual Storage (CICS/VS), Appli-
           cation Programmer's Reference Manual (Command Level), third edition
           (Version 1.5), IBM, White Plains, New York, May 1980, Order No.
           SC33-0077-2

CICS82   Customer Information Control System / Virtual Storage (CICS/VS),
           General Information, IBM 1982, Order No. GC33-0155-1

Cin77   Cincom: ENVIRON/1, Technical Overview, 1977

Cin81   Cincom: Series 80 MANTIS Application Development System, 1981, GSS-31-2/81

Cla82a   Clarke, R.: A Background to Program Generators for Commercial Applications, in: The Australian Computer Journal, Vol. 14, No. 2, May 1982, S. 48-55

Cla82b   Clarke, R.: Teleprocessing Monitors and Program Structure, in: The Australian Computer Journal, Vol. 14, No. 4, November 1982, S. 143-149

CODA71   CODASYL Systems Committee: Feature Analysis of Generalized Data Base Management Systems, May 1971 (zu beziehen über: IFIP Administrative Data Processing Group, 40 Paulus Potterstraat, Amsterdam)

COM   COM-PLETE, Einführung, Software AG, Darmstadt o.J.

Cy78   Cypser, R.J.: Communication Architecture for Distributed Systems, Addison-Wesley Publishing Company, Reading, Mass., 1978

Da76   Davenport, R.A.: A Guide to the Selection of a Teleprocessing Monitor, in: [RTS76], S. 609-621

Da81   Date, C.J.: An Introduction to Database Systems, Addison-Wesley Publ. Comp., The Systems Programming Series, Reading, Mass., 1981 (3rd ed.)

De77   Denert, E.: Specification and Design of Dialog Systems With State Diagrams, in: Morlet, E., Ribbens, D. (Hrsg.): Proc. Intern. Computing Symposium (Liege), North-Holland, Amsterdam 1977, S. 417-424

Dei82   Deitch, M.: Analytic queuing model for CICS capacity planning, in: IBM Systems Journal, Vol. 21, No. 4, 1982, S. 454-469

DIN84a   DIN Deutsches Institut für Normung e.V.: DIN 66 263, Informationsverarbeitung; Bearbeitungsfunktionen für linear geordnete Datenbestände, Berlin, Oktober 1984

DIN84b   DIN Deutsches Institut für Normung e.V.: DIN 66 265, Informationsverarbeitung, Schnittstellen eines Kerns für transaktionsorientierte Anwendungssysteme (KDCS-TAS-Kern), Entwurf August 1984, Beuth Verlag, Berlin

Dör83   Dörrenbächer, H.P.: KDCMESS - eine Schnittstelle zur Performance-Messung für UTM-UDS-Systeme, Universität Kaiserslautern, Fachbereich Informatik, AG Datenverwaltungssysteme, Februar 1983

EHRS81   Effelsberg, W., Härder, T., Reuter, A., Schultze-Bohl, J.: Leistungsanalyse und Vorhersage des Betriebsverhaltens beim Datenbanksystem UDS, Projektabschlußbericht, Universität Kaiserslautern, Fachbereich Informatik, Interner Bericht Nr. 41/81, September 1981

En85   Enright, J.: DP2 Performance, in: Tandem Systems Review, Vol.1, No. 2, Juni 1985, S. 33-43

Fe76   Feltham, P.: Teleprocessing Software: Evaluation Criteria and Survey, in: [RTS76], S. 623-644

Fr83   Franck, R.: Moderne Software-Erstellungsmethoden und Rationalisierung - eine Fallstudie, in: Kupka, I. (Hrsg.): Tagungsband der 13. GI-Jahrestagung (Hamburg, Oktober 1983), Springer-Verlag, Informatik-Fachbericht 73, Berlin Heidelberg New York Tokyo 1983, S. 296-311

Fro84   Fromm, H.: Bildschirmtext (Das aktuelle Schlagwort), in: Informatik-Spektrum, Band 7, Heft 3, August 1984, S. 174-176

GBL81   Gleser, M.A., Bayard, J., Lang, D.D.: Benchmarking for the Best, in: Datamation, Mai 1981, S. 127-136

Gl83   Glass, R.L.: Real-Time Software, Prentice-Hall, Englewood Cliffs 1983

GLPT76   Gray, J.N., Lorie, R.A., Putzolu, G.R., Traiger, I.L.: Granularity of Locks and Degrees of Consistency in a Large Shared Data Base, in: Modelling in Data Base Management Systems, North-Holland Publ. Comp., 1976, S. 365-394

Gr78   Gray, J.: Notes on Database Operating Systems, in: Bayer, R., Grahan, R.M., Seegmüller, G. (Hrsg.): Operating Systems: an Advanced Course, Springer-Verlag, Lecture Notes in Computer Science 60, Berlin Heidelberg New York 1978, S. 393-481

Gr81a   Gray, J.: The Transaction Concept: Virtues and Limitations, in: Proc. of the 7th Intern. Conf. on Very Large Data Bases (VLDB), Cannes, September 1981, S. 144-154

Gr81b   Gray, J.: An Approach to End-User Application Design, Tandem Technical Report 81.1, Cupertino, Ca., March 1981

Gr84   Gray, J.: Report on Trip to MIT, DB Extravaganza at Wang Institute and IBM Yorktown Research Lab., unveröffentlichtes Memorandum, Aug. 1984

Gr85   Gray, J., Good, B., Gawlick, D., Homan, P., Sammer, H.: One Thousand Transactions per Second, in: Proc. IEEE Spring Compcon, San Francisco, Feb. 1985, S. 96-101

GS84a   Gifford, D., Spector, A.: The TWA Reservation System (Case Study), in: Comm. ACM, July 1984, Vol. 27, No. 7, S. 650-665

GS84b   Gonschorek, J., Sattler, H.: Hinweise zu Erweiterungen von KDCS aus Sicht des Bildschirmtext-Dienstes der Deutschen Bundespost, 1. Entwurf, Siemens AG, München, Januar 1984

Ha76   Habermann, A.N.: Introduction to Operating System Design, SRA, Stuttgart 1976 (chapter 5)

Hä78   Härder, T.: Implementierung von Datenbanksystemen, Carl Hanser Verlag, München Wien 1978

Hä79a   Härder, T.: Die Einbettung eines Datenbanksystems in eine Betriebssystemumgebung, in: Niedereichholz, J. (Hrsg.): Datenbanktechnologie, Tagungsband II/1979 des German Chapter of the ACM, Teubner-Verlag, Stuttgart 1979, S. 9-24

Hä79b   Härder, T.: Datenkommunikationssysteme, unveröffentlichtes Vorlesungsskript, Technische Hochschule Darmstadt, Fachbereich Informatik, Wintersemester 1979/80

Hä85   Härder, T., et al.: Datensicherung und Recovery in DB/DC-Systemen, Bundesministerium für Forschung und Technologie, Forschungsbericht DV 86-001, September 1985 (veröffentlicht Juli 1986)

Häu79   Häussermann, F.: Was ist ein Transaktionssystem?, in: Siemens Data Report 14 (1979), Heft 6, S. 22-25

Häu80   Häussermann, F.: Recovery Problems in Transaction Processing Systems, in: Proc. 5th Conf. on Computer Communication, Atlanta 1980, S. 465-469

HM86a   Härder, T., Meyer-Wegener, K.: Transaktionssysteme und TP-Monitore - Eine Systematik ihrer Aufgabenstellung und Implementierung, in: Informatik Forschung und Entwicklung, Bd. 1 (1986), Heft 1, S. 3-25

HM86b   Härder, T., Meyer-Wegener, K.: Die Zusammenarbeit von TP-Monitoren und DB-Systemen in DB/DC-Systemen - existierende Systeme und zukünftige Entwicklungen, in: Informatik Forschung und Entwicklung, Bd. 1 (1986), Heft 3, S. 101-122

HM86c   Härder, T., Meyer-Wegener, K.: Durchsatzmessungen an UTM und UDS mit der DB/DC-Standardtransaktion (Kontenbuchung), Meßbericht, Universität Kaiserslautern, Fachbereich Informatik, Sept. 1985 (gedruckt 1986)

Hoa74   Hoare, C.A.R.: Monitors: An Operating System Structuring Concept, in: Comm. ACM, Vol. 17, No. 10, Okt. 1974, S. 549-557, Corrigendum: Comm. ACM, Vol. 18, No. 2, Feb. 1975, S. 95

HP84   Härder, T., Peinl P.: Evaluating Multiple Server DBMS in General Purpose Operating System Environments, in: Proc. 10th Intern. Conf. on Very Large Data Bases (VLDB), Singapur 1984, S. 129-140

HR83a   Härder, T., Reuter, A.: Concepts for Implementing a Centralized Database Management System, in: Proc. Int. Computing Symposium, März 1983, Nürnberg, Schneider, H.J. (Ed.), Teubner-Verlag, S. 28-60

HR83b   Härder, T., Reuter, A.: Principles of Transaction-Oriented Database Recovery, in: ACM Computing Surveys, Vol. 15, No. 4, Dec. 1983, S. 287-317

HR85a   Härder, T., Rahm, E.: Quantitative Analyse eines Synchronisationsalgorithmus für DB-Sharing, in: Tagungsband 3. GI/NTG-Fachtagung "Messung, Modellierung und Bewertung von Rechensystemen", Springer-Verlag, Informatik-Fachbericht 110, Berlin Heidelberg New York Tokyo 1985, S. 186-201

HR85b   Härder, T., Rahm, E.: Klassifikation und Eigenschaften von Mehrrechner-Datenbanksystemen, Interner Bericht, Fachbereich Informatik, Universität Kaiserslautern, Mai 1985

HV79   Häussermann, F., Viererbl, P.: Universeller Transaktionsmonitor UTM - Das Transaktionssystem des BS2000, in: Siemens telcom report 2, Heft 6, 1979, S. 387-393

IF78   Inselberg, A., Franking, N.: Designing Data Integrity and Security into a Transaction Processing System, in: Systems Reliability and Integrity, Volume 2: Invited Papers, Infotech State of the Art Report, Maidenhead 1978, S. 157-170

IGES83   Initial Graphics Exchange Specification (IGES), Version 2.0, U.S. Department of Commerce, NBS, Washington, DC 20234, USA, Februar 1983

Int77   Intercomm - Concepts and Facilities, Informatics Inc., System Products, New York 1977, Document No. PI-7701-P02A

Ja83   Jacob, R.J.K.: Using Formal Specifications in the Design of a Human-Computer Interface, in: Comm. ACM, April 1983, Vol. 26, No. 4, S. 259-264

JMW86   Janas, J.M., Metzner, S.K., Wiehle, H.R.: Der TAS-Kernaufruf DPUT - Ein Vorschlag zur Ergänzung der DIN 66 265, Universität der Bundeswehr, Neubiberg, März 1986

KDBS79   Der Bundesminister des Innern (Hrsg.): Kompatible Schnittstellen für Datenbanksysteme, KDBS, Beschreibung systemneutraler Datenbankaufrufe, Version 3, O I 3 - 195 250 - 3/1, Bonn, Juni 1979

KDCS79   Der Bundesminister des Innern (Hrsg.): Kompatible Schnittstellen für Datenkommunikationssysteme, KDCS, Beschreibung systemneutraler DC-Aufrufe, Version 1, O I 3 - 195 250 - 3/1, Bonn, Februar 1979

Kin86   Kinzinger, H.: Dictionary-gesteuerte Software-Entwicklung mit einer Sprache der 4. Generation, Software AG, Darmstadt, veröffentlicht im Tagungsband zur EUROSOFT '86 (Hamburg, Mai 1986)

KKMP84   Kinzinger, H., Küspert, K., Meyer-Wegener, K., Peinl, P.: Integrated environment for performance evaluation in a DB/DC system, in: computer performance, vol. 5, no. 4, december 1984, S. 41-57

KKP83   Kinzinger, H., Küspert, K., Peinl, P.: Meßbericht für UTM V2.0 und UDS V3.2 - Anwendung MESSEDC, Meßbericht, Universität Kaiserslautern, Fachbereich Informatik, Februar 1983

Kle76   Kleinrock, L.: Queueing Systems, Vol. II: Computer Applications, John Wiley & Sons, New York 1976

Kle86   Kleboth, E.: Entwurf und Implementierung eines Simulationsmodells für DB/DC-Systeme, Diplomarbeit, Universität Kaiserslautern, Fachbereich Informatik, Mai 1986

Kli82   Klimesch, H.: K-Schnittstellen (Das aktuelle Schlagwort), in: Informatik-Spektrum, Band 5, Heft 4, Dez. 1982, S. 253-254

KMO82   Kupka, I., Maaß, S., Oberquelle, H.: Kommunikation in Mensch-Rechner-Dialogen, in: Nehmer, J. (Hrsg.): Tagungsband der 12. GI-Jahrestagung (Kaiserslautern, Oktober 1982), Springer-Verlag, Berlin Heidelberg New York 1982, S. 211-230

KSDS79   Der Bundesminister des Innern (Hrsg.): Beschreibung der Kompatiblen Systemdatei-Schnittstellen, KSDS, Version 1, O I 3 - 195 250 3/1, Bonn, Februar 1979

Ku84   Kugler, H.: Konzept der verteilten Transaktionsverarbeitung mit UTM, in: Siemens telcom report 7 (1984), Heft 4, S. 249-253

KW82   Kreifelts, T., Wötzel, G.: Rechnergestützte Vorgangsabwicklung, Sonderdruck aus dem IIG-INFO, GMD, Bonn o.J. (1982)

Ma83   Martin, J.: Fourth Generation Languages, Savant Research Studies, Carnforth, Lancashire, England 1983 (Vol. I)

Mc77   McGee, W.C.: The Information Management System IMS/VS, in: IBM Systems Journal, Vol. 16, No. 2, 1977, S. 84-168

MGS83   Mehmaneche, H., Gläser, E., Sattler, H.: UTM schafft hohe Datensicherheit, in: Siemens data report 18 (1983), Heft 4, S. 28-31

MLA84   Martin, J., Leben, J., Arnold, J.: Fourth Generation Languages, Vol. II: Survey of Representative 4GLs, Savant Research Studies, Carnforth, Lancashire, England 1984

MVS80   IBM: OS/VS2 MVS Overview, Second Edition (May, 1980), Poughkeepsie, Order No. GC28-0984-1

MW83   Meyer-Wegener, K.: User Interfaces of DB/DC Systems, in: J. W. Schmidt (Hrsg.): Sprachen für Datenbanken, Fachgespräch auf der 13. GI-Jahrestagung, Hamburg, Oktober 1983, Informatik-Fachbericht 72, Springer-Verlag, Berlin Heidelberg New York Tokyo 1983, S. 219-237

MW85a   Meyer-Wegener, K.: Functional and Implementational Aspects of Transaction-Processing Monitors, Interner Bericht 121/85, Fachbereich Informatik, Universität Kaiserslautern, Jan. 1985

MW85b   Meyer-Wegener, K.: TP-Monitor (Das aktuelle Schlagwort), in: Informatik-Spektrum, Bd. 8, Heft 2, April 1985, S. 92-94

MW85c   Meyer-Wegener, K.: Simulation von DB/DC-Systemen, in: Beilner, H. (Hrsg.): Messung, Modellierung und Bewertung von Rechensystemen, Tagungsband der 3. GI/NTG-Fachtagung (Dortmund, Oktober 1985), Springer-Verlag, Berlin Heidelberg New York Tokyo 1985, S. 233-250

MW85d   Meyer-Wegener, K.: TACANAL - Ein Programm zur TAC-orientierten Auswertung von KDCMESS-Dateien, Dokumentation, Universität Kaiserslautern, Fachbereich Informatik, Mai 1985

MW86   Meyer-Wegener, K.: Ansätze zu einer Klassifikation von TP-Monitoren und DB/DC-Systemen, in: Tagungsband I der 1. SAVE-Tagung (Berlin, März 1986), S. 250-270

NAT85   NATURAL, The Proven 4th Generation Technology, Concepts and Facilities, Software AG, Manual Order Number NAT-210-005, Darmstadt, August 1985

Ne80   Nehmer, J.: Betriebssysteme, Skriptum zur Vorlesung, Universität Kaiserslautern, Fachbereich Informatik, Wintersemester 1980

ODB77   On-Line Data Bases, Infotech State of the Art Report, Part I: Analysis and Bibliography, Part II: Invited Papers, Maidenhead 1977

Ol85   Olson, R.: Parallel Processing in a Message-Based Operating System, in: IEEE Software, Vol. 2, No. 4, Juli 1985, S. 39-49

Org72   Organick, E.I.: The Multics System, MIT Press, Boston 1972

OSSY   Heyde & Partner: OSSY, Online-Steuerungs-System, Man 110, eine informative Einführung in die Systemfunktionen, Bad Nauheim o. J.

Pa69   Parnas, D.L.: On the Use of Transition Diagrams in the Design of a User Interface for an Interactive Computer System, in: Proc. ACM 24th Nat. Conf. 1969, S. 378-385

Pä82   Pätzold, W.: Erfahrungen mit kompatiblen Schnittstellen, in: ÖVD/Online 2/82, S. 24-25

Paw80   Pawlita, P.: Auswertung und Vergleich gemessener Verkehrscharakteristika in Dialog-Datenfernverarbeitungssystemen, in: Elektron. Rechenanlagen 22 (1980), Heft 1, S. 24-35

pdv82   COSMOS, Allgemeine Beschreibung, pdv Unternehmensberatung für Datenverarbeitung, Bremen, September 1982 (2. Aufl.)

Pei86   Peinl, P.: Synchronisation in zentralisierten Datenbanksystemen - Algorithmen, Realisierungsmöglichkeiten und quantitative Bewertung, Dissertation, Universität Kaiserslautern, Fachbereich Informatik, Mai 1986

RB77   Rustin, R., Beck, R.: Data Base / Data Communications: Interface Considerations, in: [ODB77], S. 227-242

Reu81   Reuter, A.: Fehlerbehandlung in Datenbanksystemen, Carl Hanser Verlag, München Wien 1981

Ro85   Rowe, L.A.: Tools for Developing OLTP Applications, in: Datamation, August 1, 1985, S. 73-82

RT74   Ritchie, D.M., Thompson, K.: The UNIX Time-Sharing System, in: Comm. ACM, Juli 1974, Vol. 17, No. 7, S. 365-375

RTS76   Real-Time Software, Infotech State of the Art Report, Maidenhead 1976

Sch73   Scherr, A.L.: Functional structure of IBM virtual storage operating systems - Part II: OS/VS2-2 concepts and philosophies, in: IBM Systems Journal, 1973, No. 4, S. 382-400

Sch80   Schiller, D.C.: System capacity and performance evaluation, in: IBM Systems Journal, Vol. 19, No. 1, 1980, S. 46-67

Sch83   Schmitt, A.A.: Dialogsysteme - Kommunikative Schnittstellen, Software-Ergonomie und Systemgestaltung, Bibliographisches Institut, Reihe Informatik/40, Mannheim 1983

Se85   Serlin, O.: Exploring the OLTP Realm, in: Datamation, August 1, 1985, S. 60-68

Sea80   Seaman, P.H.: Modeling considerations for predicting performance of CICS/VS systems, in: IBM Systems Journal, Vol. 19, No. 1, 1980, S. 68-81

SHAD   SHADOW II TP-/Multitasking-Monitor, Informationsbroschüre, ZEDA Gesellschaft für Datenverarbeitung und EDV-Beratung, Wuppertal, o.J.

Si77   Siwiec, J.E.: A High-Performance DB/DC System, in: IBM Systems Journal, Vol. 16, No. 2, 1977, S. 169-195

Sie82a   BS2000 Makro-Aufrufe an den Ablaufteil, Beschreibung (V7.1), Siemens AG, München, Oktober 1982, Bestell-Nr. U810-J-Z55-2

Sie82b   BS2000 SM2 und SM2R1 Softwareprodukt, Beschreibung (V7.1), Siemens AG, Bestell-Nr. U809-J-Z55-2, München, Oktober 1982

Sie83   BS2000 Allgemeine Beschreibung (V7.5), Siemens AG, Bestell-Nr. U22-J-Z52-3, München, Oktober 1983

Sie85   BORIS, Benutzerhandbuch (Version 1.5), Siemens AG, ZTI SOF 311, München, Juli 1985

Sp85   Spies, P.P.: No-Wait-Send/Rendevouz, in: Informatik-Spektrum (Das aktu-
         elle Schlagwort), 1985, Band 8, Heft 5, S. 283-286

Stu84   Studer, R.: Formal Specification of Dialogue Systems, in: T.S.I. - Tech-
         nique et Science Informatiques, vol. 3, no. 5, 1984, S. 335-343

SUW82   Strickland, J.P., Uhrowczik, P.P., Watts, V.L.: IMS/VS: An evolving
         system, in: IBM Systems Journal, Vol. 21, No. 4, 1982, S. 490-510

Tan   Tandem: ENFORM, Relational Query/Report Writing Language, Produkt-
         information, DS0480203, Cupertino, California o.J.

Tan82a   Tandem: PATHWAY Programming Manual, Tandem Computers Inc.,
         Cupertino, Ca., April 1982, P/N 82059 C00

Tan82b   Tandem: PATHWAY Operating Manual, Tandem Computers Inc.,
         Cupertino, Ca., April 1982, P/N 82060 C00

Ter79   Terplan, K.: Messungen in TP-orientierten Systemen, in: Das Rechenzen-
         trum, Heft 2, 1979, S. 101-113

TSI80   Turnkey Systems: TASK/MASTER, Technical Summary: Application
         Interfaces, März 1980

UDS81   Siemens AG: UDS, Studie über Taskkonzept-Alternativen, Software File
         No. 1001.31.3, München, März 1981

UDS84   Siemens AG: Datenbanklösung mit UDS (data praxis), Beispiele aus der
         Praxis, Bestell-Nr. U1529-J-Z53-1, und Verfahrensbeschreibung, Bestell-
         Nr. U1432-J-Z53-1, beide Februar 1984

UDS85   UDS Verwalten und Bedienen, Benutzerhandbuch, einschl. Korrektur
         (V4.0), Siemens AG, München, Juni 1985, Bestell-Nrn. U932-J-Z55-1 bis
         -3

UTM82   TRANSDATA BS2000 Zugriff zu Datenstationen, Beschreibung, Nachtrag
         zu UTM V2.0 (Abschnitt 3.3), Siemens AG, München, März 1982

UTM85a   UTM Generierung und Administration, Benutzerhandbuch, einschl. Kor-
         rektur (Version 2.2A), Siemens AG, München, März 1985, Bestell-Nrn.
         U183-J-Z75-6 und -7

UTM85b   UTM Programmschnittstellen, Beschreibung, einschl. Korrektur (Version
         2.2A), Siemens AG, München, März 1985, Bestell-Nrn. U855-J-Z75-1 bis
         -4

UTM85c   UTM KDCS-COBOL-Aufrufe, Benutzerhandbuch, einschl. Korrektur (Ver-
         sion 2.2A), Siemens AG, München, März 1985, Bestell-Nrn. U856-J-Z75-1
         bis -4

Wa79   Waters, F.C.H.: Design of the IBM 8100 Data Base and Transaction
         Management System - DTMS, in: IBM Systems Journal, Vol. 18, No. 4,
         1979, S. 565-581

We76   Welch, P.D.: On the Self-Contained Modelling of DB/DC Systems, in: Acta Informatica 7 (1976), S. 227-247

We78   Wettstein, H.: Aufbau und Struktur von Betriebssystemen, Carl Hanser Verlag, München Wien 1978

Web86a Weber, S.: Maßnahmen zur Durchsatzsteigerung in SESAM Version 14.0, in: Tagungsband II der 1. SAVE-Tagung (Berlin, März 1986), S. 648-659

Web86b Weber, R.: IQS V4.0 - Endbenutzersystem für UDS- und DMS-Anwender, in: Tagungsband II der 1. SAVE-Tagung (Berlin, März 1986), S. 660-670

Wi66   Witt, B.I.: The functional structure of the OS/360, Part II: Job and task management, in: IBM Systems Journal, Vol. 5, No. 1, 1966, S. 12-29

Wi76   Wichmann, B.A.: Evaluating Languages for Real Time, in: [RTS76], S. 645-655

Zi85   Zincke, G.D.: Strukturierter Entwurf und CICS - ein Widerspruch? in: Softwaretechnik-Trends, Heft 5-3, Dezember 1985, S. 9-18

Glossar

ablaufinvariant (reentrant)
Eigenschaft von Programmen; Aufspaltung des Programms in einen Code-Teil, der während der Ausführung des Programms niemals geändert wird, und einen Daten- oder Variablen-Teil. Der Code kann von mehreren Tasks zugleich ausgeführt werden (→ Multi-Threading). Echte Parallelität ist möglich (Mehrprozessorsysteme).

abschnittweise wiederverwendbar (quasi-reentrant, multi-using)
Eigenschaft von Programmen; das Programm ist nicht nur insgesamt → wiederverwendbar, sondern auch abschnittweise, wobei die Abschnitte in der Regel durch Aufrufe an ein Kontrollprogramm (z.B. den TP-Monitor) markiert sind. Die Variablenbereiche im Programmcode müssen also bei Eintritt in einen solchen Abschnitt (nach einen TP-Monitor-Aufruf) als undefiniert betrachtet werden. Das "Gedächtnis" des → Task, Zwischenergebnisse, die über mehrere Abschnitte hinweg erhalten bleiben sollen, müssen in separaten Arbeitsbereichen gehalten werden, die jedem Task getrennt zugeteilt sind.

Es können mehrere Tasks parallel den Programmcode durchlaufen (→ Multi-Threading), wobei aber zu jedem Zeitpunkt nur genau ein Task in einem der Abschnitte aktiv sein darf. Erreicht er das Ende eines Abschnitts, indem er den TP-Monitor aufruft (z.B. um E/A auszuführen), so kann dieser einen anderen Task aktivieren, der dann ebenfalls irgendeinen Abschnitt desselben Codes durchläuft. Jeder Abschnitt kann also nur → single-threaded genutzt werden.

Das funktioniert nur, wenn dem Programmierer die Zeitpunkte bekannt sind, zu denen ein Task-Wechsel auftreten kann. Außerdem darf es sich nur um eine pseudo-parallele Ausführung mit zeitlicher Verzahnung handeln. Bei gemeinsamer Benutzung des Codes von verschiedenen → Prozessen und bei Mehrprozessoranlagen muß der Code dagegen → ablaufinvariant sein.

Anwender
Organisation, die das System eines Herstellers einsetzt, bzw. die Personengruppen, die innerhalb der Organisation mit dem System zu tun haben: Programmierer, Administratoren, Operateure und → Benutzer.

Anwendung
Menge von Funktionen, die einem → Benutzer zur Verfügung steht. Idealerweise gibt es nur eine einzige, die alle Funktionen enthält, die jemals benötigt werden. In existierenden Systemen sind es meist noch mehrere, mit denen er wechselweise arbeiten muß.

asynchroner Vorgang
spezielle Form eines → Vorgangs, die zwar auch über einen → TAC gestartet wird,

dann aber keinen → Dialog mehr mit dem rufenden Terminal durchführt, sondern im Hintergrund abläuft. Das Terminal wird freigegeben für die Eingabe eines anderen TAC.

Basiskommunikationssystem (BKS)
manchmal auch Datenkommunikationssystem (DKS) genannt; Komponente des Betriebssystems, die elementare Funktionen (Primitive) für die Datenübertragung bereitstellt. Beispiele sind: TCAM, BTAM, VTAM (IBM); BCAM, DCAM (Siemens). Sehr unterschiedlich in der angebotenen Leistung. Was sie nicht können, muß der → TP-Monitor ergänzen.

Bildschirmmaske (Format, Map)
Definition eines Bildschirminhalts, besteht aus drei Arten von Feldern:
– konstanten Feldern, üblicherweise mit erläuterndem Text,
– Ausgabefeldern, die vom die Maske ausgebenden Programm gefüllt, vom → Benutzer aber nicht geändert werden können, und
– Eingabefeldern, die sowohl vom Programm aus beschrieben als auch vom Benutzer mit Hilfe der Tastatur geändert werden können.

Welche Darstellungsmöglichkeiten es für die Felder gibt (hell/dunkel, kursiv, blinkend, ...), hängt vom Terminaltyp ab. Das Programm braucht nur noch die Ein- und Ausgabefelder zu kennen, der Aufbau des Bildschirms mit den konstanten Feldern ist getrennt abgelegt und wird bei der Ausgabe der Maske ausgeführt oder interpretiert.

Benutzer (Endbenutzer, Bediener)
EDV-Laie, der das → Transaktionssystem zur Unterstützung seiner Arbeit einsetzt, z.B. Sachbearbeiter, Kundenberater, Lagerverwalter. Gehört zusammen mit den Programmierern, Administratoren und Operateuren zu den → Anwendern eines Systems.

DB/DC-System
gemeinsamer Einsatz von → TP-Monitor und Datenbanksystem, entweder in Form gekoppelter und koordinierter Einzelsysteme oder als ein einziges integriertes System.

Dialog
eine Folge von Terminal-Eingaben und -Ausgaben, die der Abwicklung eines → Vorgangs dient.

Dialogschritt
umfaßt alle Aktionen, die nach Eingabe einer Nachricht (eines Bildschirminhalts) im Rechensystem ablaufen und eine oder mehrere Ausgabenachrichten erzeugen; aus der Sicht des Benutzers das Paar von Eingabe und darauffolgender Ausgabe. Falls eine Ausgabenachricht aus mehreren Bildschirmseiten besteht, wird das Blättern in

diesen Seiten nicht als Dialogschritt betrachtet, da es bei geeigneten Terminals auch lokal, also ohne weitere Eingabe durchgeführt werden kann.

Dialogschrittprogramm (Einzelschrittprogramm)

spezielle Form von → Transaktionsprogramm, die bei einer Ausführung nur einen Dialogschritt abwickelt. Voraussetzung ist, daß das Senden der Ausgabenachricht erst am Programmende ausgeführt wird. Um einen → Vorgang zu realisieren, müssen mehrere Dialogschrittprogramme hintereinander ausgeführt werden. Dabei benennt jedes seinen Nachfolger über einen → TAC (Programmverkettung). Dieser wird dann erst geladen und gestartet, wenn die nächste Eingabe vom Terminal eintrifft. Zwischenergebnisse, die von einem Dialogschritt zum nächsten übergeben werden sollen, müssen im → Vorgangsgedächtnis abgelegt werden.

Konversationsprogramm (Vorgangs-, Dialogprogramm)

spezielle Form von → Transaktionsprogramm, die bei einer Ausführung mehr als einen → Dialogschritt abwickelt. Voraussetzung ist, daß Befehle zum Senden der Ausgabenachrichten sofort ausgeführt und nicht bis zum Programmende verzögert werden. Oft unterstützt durch sog. Tandem-I/O: ein einziger Befehl zum Ausgeben auf das Terminal und anschließendem Lesen der nächsten Eingabe (WRITE-READ oder SEND-RECEIVE).

Multi-Copy

mehrfaches Laden des gleichen Programmcodes zur parallelen Ausführung in mehreren → Tasks

Multi-Tasking

die gleichzeitige Verwaltung mehrerer → Tasks in einem → Prozeß, also die parallele Ausführung mehrerer → TAPs in einem Prozeß

Multi-Threading

die gleichzeitige Ausführung von Programmcode durch mehrere parallele → Tasks, wobei alle Tasks dieselbe Programmkopie benutzen. Diese muß dazu mindestens → abschnittweise wiederverwendbar, besser noch → ablaufinvariant sein.

Prozeß

Ablaufeinheit im Betriebsystem, Einheit der Zuteilung von Ressourcen, Schutzeinheit;
im BS2000 ''Task'' genannt, in DOS ''Partition'', in OS und MVS ''Region''

Recovery (Wiederherstellung)

Nach einem Fehler die (automatische) Wiederherstellung eines Zustands, von dem aus die Verarbeitung fortgesetzt werden kann, ohne daß Inkonsistenzen auftreten. Bei transaktionsorientierter Recovery wird direkt ein konsistenter Zustand hergestellt, indem alle noch nicht abgeschlossenen Transaktionen vollständig entfernt werden. Bei der sog. Point-of-Failure-Recovery wird der (i.a. inkonsistente) Zustand zum Zeitpunkt des Fehlers wiederhergestellt, von dem aus die Verarbeitung dann weiterläuft, bis wieder ein konsistenter Zustand erreicht ist.

Sicherungspunkt (Checkpoint)

Markierungen auf Protokolldateien, die einen konsistenten Zustand des gesamten Systems oder von Teilbereichen kennzeichnen. Sie begrenzen den Aufwand bei Wiederherstellungsverfahren (→ Recovery) nach einem Fehler, weil man entweder bis auf einen Sicherungspunkt zurückgeht oder von einem Sicherungspunkt aus wiederholt.

Single-Tasking

innerhalb eines → Prozesses wird stets nur ein Task verwaltet; Parallelverarbeitung ergibt sich nur durch die Aktivierung mehrerer Prozesse (vgl. UTM, COSMOS)

Single-Threading

Programme, die nur → wiederverwendbar, aber nicht → abschnittweise wiederverwendbar oder → ablaufinvariant sind, können nur von einem Task zur Zeit ausgeführt werden. Parallele Tasks, die das gleiche Programm ausführen wollen, müssen warten oder eine eigene Kopie des Codes benutzen (→ Multi-Copy).

Subtask, Subtasking

In den IBM-Betriebssystemen OS/360, OS/VS1 und MVS wird die Möglichkeit zweistufiger Ressourcenzuteilung (→ Task) direkt vom BS unterstützt. Innerhalb eines → Prozesses (einer "Region") können durch BS-Aufruf Subtasks erzeugt werden, die parallel ablaufen. In diesen Subtasks können Tasks ausgeführt werden. Die Ablaufsteuerung (Scheduling, Dispatching) ist dann nicht mehr Aufgabe des TP-Monitors.

Vorteil: Bei einer Fehlseitenbedingung (page fault) aktiviert das BS bevorzugt einen anderen Subtask desselben Prozesses, so daß die Transaktionsverarbeitung weiterläuft. Führt dagegen der TP-Monitor ein eigenes → Multi-Tasking durch, so kennt das BS die Untereinheiten nicht und muß daher beim Paging den gesamten Prozeß deaktivieren.

Task

Untereinheit eines Prozesses;
Wenn ein Prozeß mehrere Benutzer gleichzeitig bedienen soll (wie es in → Transaktionssystemen aus Effizienzgründen die Regel ist), muß er selbst wieder untergeordnete Ablaufeinheiten, Tasks genannt, schaffen, denen er umwechselnd die Ressourcen zuteilen kann, die ihm das BS zur Verfügung gestellt hat (zweistufige Hierarchie).

Ein Task wird erzeugt, wenn eine Nachricht eintrifft, die durch ein → Transaktionsprogramm oder eine Folge von TAPs bearbeitet werden muß. Er wird wieder zerstört, wenn die Bearbeitung abgeschlossen ist und die Ausgabenachrichten abgesendet wurden (Freigabe von Ressourcen).

Tasks repräsentieren also die Benutzer (Terminals) im System, aber nur, solange sie "aktiv" sind, solange sie einen → Dialogschritt ausführen.

Teilhaber-Betrieb, Teilnehmer-Betrieb
historische Begriffe, die einen funktionalen mit einem implementierungstechnischen Aspekt verknüpfen. Teilhaber-Betrieb stellt in etwa den gleichen Funktionsvorrat zur Verfügung wie ein → Transaktionssystem. Zugleich ist damit aber gemeint, daß mehrere → Benutzer (Terminals) als "Teilhaber" an ein einziges Programm angeschlossen sind. Ob das tatsächlich der Fall ist, hängt stark von der zugrundeliegenden Systemsoftware ab.

Teilnehmer-Betrieb bedeutet funktional die Verfügbarkeit einer virtuellen Maschine, die wie eine Rechenanlage bedient wird: Speicherplatz wird belegt und freigegeben, Programme werden geladen und ausgeführt, sie greifen dabei auf Dateien und virtuelle Geräte zu usw. (übliche Time-Sharing-Schnittstelle dialogorientierter Betriebssysteme). Realisiert wird dies, indem für jeden angeschlossenen Benutzer ein → Prozeß eingerichtet wird.

Inzwischen scheint die begriffliche Trennung von Funktionalität und Implementierung sinnvoll. Die beiden Anwendungen stellen nur zwei Möglichkeiten aus dem breitem Spektrum von Benutzerschnittstellen dar, das heute bereits auf dem Markt verfügbar ist. Welche Implementierung dann dahinter steckt, ist damit keineswegs festgelegt. Auch hier sind inzwischen weit mehr Möglichkeiten als die beiden beschriebenen denkbar.

Thread
die Ausführung eines Programms durch einen → Task. Da dazu der Programmcode vom Task gelesen werden muß, stellt man sich die Ausführung wie einen "roten Faden" durch den Programmcode vor (thread = Faden).

TP-Monitor (Transaktionsmonitor)
engl. Teleprocessing Monitor oder Transaction-Processing Monitor; systemnahes Software-Paket, das die Programmierung von → Transaktionssystemen erleichtert und den Anwendungsprogrammen alle Aufgabe zur Mehrfach- und Parallelausführung abnimmt. → Transaktionsprogramme können geschrieben werden, als ob sie nur ein einziges → virtuelles Terminal zu bedienen hätten.

Transaktion (TA)
Obwohl es die häufige Verwendung dieses Begriffes als Präfix nahelegt, soll die TA hier nicht mit dem → Vorgang gleichgesetzt werden, wie es oft geschieht. Schon gar nicht soll sie wie in der IMS-Literatur ein Synonym für Nachricht sein. Sie wird (wie bei Datenbanksystemen) als Einheit des konsistenzerhaltenden Übergangs

aufgefaßt und hat folgende Eigenschaften:

– Unteilbarkeit (atomicity):
Eine TA wird vom System, auch wenn Fehler auftreten, entweder vollständig ausgeführt oder überhaupt nicht.

– Konsistenz (consistency):
die Resultate einer erfolgreich abgeschlossenen TA werden immer als konsistent angesehen. Verletzungen der Konsistenz müssen vor Ende der TA abgefangen und beseitigt werden.

– Isolation (isolation):
Ergebnisse innerhalb einer TA müssen parallel laufenden TAen verborgen bleiben, um das Rücksetzen im Fehlerfall zu ermöglichen.

– Beständigkeit (durability):
TAen, deren erfolgreicher Abschluß vom System bestätigt wurde, überleben jeden nachfolgenden Fehlerfall.

Merkwort "ACID" (Anfangsbuchstaben der engl. Schlagworte)

Transaktionscode (TAC)
Name einer Funktion, die von einem → Transaktionssystem zur Verfügung gestellt wird und über den sie vom → Benutzer aufgerufen wird. In der Regel bis zu acht, manchmal auch nur bis zu vier Zeichen lang.

Transaktionsprogramm (TAP)
Anwenderprogramm, das Teile eines → Dialogs mit dem → Benutzer abwickelt und unter der Steuerung eines Transaktionsmonitors abläuft.

Transaktionssystem, Transaktionsanwendung
interaktive → Anwendung, die dem Benutzer einen Vorrat von problemorientierten Funktionen anbietet. Diese Funktionen benötigen wenige formatierte Daten als Eingabe (→ Bildschirmmasken als "Formulare"). Sie bilden eine daten- und programmunabhängige Schnittstelle. Ein T. wird üblicherweise von sehr vielen Benutzern gleichzeitig in Anspruch genommen. Typische Beispiele: Bahn- und Flugreservierung im Reisebüro, Kontoführung am Bankschalter, Auftragseingang, Lagerverwaltung.

virtuelles Terminal
Abstraktion von den spezifischen Geräteeigenschaften verschiedener realer Terminals; Ein-/Ausgabemedium für → Transaktionsprogramme. Das Layout bzw. die → Bildschirmmaske zu einer Ein- und Ausgabenachricht wird mit Hilfe abstrakter Attribute definiert (hell/halbhell/dunkel, kursiv, blinkend, geschützt usw.), die zur Laufzeit umgesetzt werden in die Steuerzeichen und ESC-Sequenzen, die für die Ein-/Ausgabe mit einem ganz bestimmten Terminal benötigt werden.

Vorgang

Arbeitseinheit, die unterstützt durch eine Funktion eines → Transaktionssystems im → Dialog oder asynchron abgewickelt wird. Durch Eingabe eines → Transaktionscodes gestartet.

Vorgangsgedächtnis (Dialoggedächtnis)

Speicherbereich, den der → TP-Monitor jedem → Dialogschrittprogramm eines → Vorgangs beim Aufruf übergibt und beim Programmende für das Folgeprogramm sichert. Dient zum Transfer von Zwischenergebnissen von einem Dialogschritt zum nächsten. Wird am Ende des Vorgangs gelöscht.

Wiederanlauf (Restart)

Warmstart eines Systems nach einem Fehler, umfaßt Maßnahmen zur → Recovery

wiederverwendbar (reusable)

Eigenschaft von Programmen; nach einer Ausführung ist eine Programmkopie im Hauptspeicher nicht ''verbraucht'', sondern sie kann wieder ausgeführt werden, ohne daß sich irgendwelche Seiteneffekte durch bereits geänderte Variablen ergeben. Wird erreicht durch:
– explizites Initialisieren aller Variablen am Anfang oder
– explizites Reinitialisieren am Schluß des Programms.
Erspart das Neuladen des Programms.

Index

Berichte des German Chapter of the ACM

Band 1: **Wippermann, PASCAL** 2. Tagung in Kaiserslautern
Tagung I/1979 am 16./17. 2. 1979 in Kaiserslautern. 204 Seiten, DM 34,—

Band 2: **Niedereichholz, Datenbanktechnologie**
Einsatz großer, verteilter und intelligenter Datenbanken
Tagung II/1979 am 21./22. 9. 1979 in Bad Nauheim. 240 Seiten, DM 38,—

Band 3: **Remmele/Schecher, Microcomputing**
Tagung III/1979 am 24./25. 10. 1979 in München. 280 Seiten, DM 44,—

Band 4: **Schneider, Portable Software**
Tagung I/1980 am 18. 1. 1980 in Erlangen. 176 Seiten, DM 36,—

Band 5: **Floyd/Kopetz, Software Engineering — Entwurf und Spezifikation**   vergriffen

Band 6: **Hauer/Seeger, Hardware für Software**
Tagung III/1980 am 10./11. 10. 1980 in Konstanz. 303 Seiten, DM 54,—

Band 7: **Nehmer, Implementierungssprachen für nichtsequentielle Programmsysteme**
Tagung I/1981 am 20. 2. 1981 in Kaiserslautern. 208 Seiten, DM 38,—

Band 8: **Schiler, Personal Computing**
Tagung II/1981 am 12. 10. 1981 in Freiburg i. Br. 195 Seiten, DM 40,—

Band 9: **Sneed/Wiehle, Software-Qualitätssicherung**   vergriffen

Band 10: **Kulisch/Ullrich, Wissenschaftliches Rechnen und Programmiersprachen**
Fachseminar am 2./3. 4. 1982 in Karlsruhe. 231 Seiten, DM 52,—

Band 11: **Langmaack/Schlender/Schmidt, Implementierung PASCAL-artiger
Programmiersprachen**
Tagung II/1982 am 12. 7. 1982 in Kiel. 221 Seiten, DM 46,—

Band 12: **Kreifelts/Schnupp, UNIX** Konzepte und Anwendungen   vergriffen

Band 13: **Schneider, Proceedings of the International Computing Symposium 1983
on Application Systems Development**
March 22—24, 1983 Nürnberg. 528 Seiten, DM 90,—

Band 14: **Balzert, Software-Ergonomie**   vergriffen

Band 15: **Stoyan/Wedekind, Objektorientierte Software- und Hardwarearchitekturen**
Tagung II/1983 am 5./6. Mai 1983 in Berlin. 386 Seiten, DM 68,—

Band 16: **Giloi/Schulze-Vorberg Jr., Intelligenztechnologie**
Konzepte, Sprachen, Praktische Anwendungsmöglichkeiten
Fachseminar am 3./4. 5. 1983 in Berlin. 184 Seiten, DM 42,—

Band 17: **Remmele/Schecher, Microcomputing II**
Tagung III/1983 vom 25. bis 27. 10. 1983 in München. 358 Seiten, DM 64,—

Fortsetzung 3. Umschlagseite

 B. G. Teubner Stuttgart

Berichte des German Chapter of the ACM

Fortsetzung

Band 18: **Morgenbrod/Sammer, Programmierumgebungen und Compiler**
Tagung I/1984 vom 2. bis 4. 4. 1984 in München. 293 Seiten, DM 56,–

Band 19: **Morgenbrod/Remmele, Entwurf großer Software-Systeme**
Workshop des German Chapter of the ACM vom 8. bis 11. 5. 1984 in Grassau.
464 Seiten, DM 82,–

Band 20: **Gorny/Kilian, Computer-Software und Sachmängelhaftung**
Workshop des German Chapter of the ACM und der Gesellschaft für Rechts- und
Verwaltungsinformatik e. V. am 29./30. 11. 1984 in Hannover. 208 Seiten, DM 48,–

Band 21: **Kölsch/Schmidt/Schweiggert, Wirtschaftsgut Software**
      Qualitätssicherung und Qualitätsprüfung als Grundlage für die Auswahl und
      Beurteilung
Tagung I/1985 des German Chapter of the ACM in Kooperation mit Softwaretest e. V.
am 26./27. 3. 1985 in Ulm 318 Seiten, DM 58,–

Band 22: **Molzberger/Zemanek, Software-Entwicklung:**
      Kreativer Prozeß oder formales Problem?
Seminar des German Chapter of the ACM am 20. 3. 1985 in Neubiberg. 176 Seiten, DM 42,–

Band 23: **Klopcic/Marty/Rothauser, Arbeitsplatzrechner in der Unternehmung**
      Aspekte des Arbeitsplatzrechner-Einsatzes in Handel, Industrie und Verwaltung
Tagung II/1985 des German Chapter of the ACM und der Schweizer Informatiker
Gesellschaft am 12./13. 9. 1985 in Zürich. 355 Seiten, DM 66,–

Band 24: **Bullinger, Software-Ergonomie '85   Mensch-Computer-Interaktion**
Tagung III/1985 des German Chapter of the ACM am 24./25. 9. 1985 in Stuttgart.
482 Seiten, DM 78,–

Band 25: **Wedekind/Kratzer, Büroautomation '85**
Tagung IV/1985 des German Chapter of the ACM vom 2. bis 4. 10. 1985 in Erlangen.
280 Seiten, DM 56,–

Band 26: **Wippermann, Software-Architektur und modulare Programmierung**
Tagung I/1986 des German Chapter of the ACM am 24./25. 2. 1986 in Kaiserslautern.
181 Seiten, DM 36,–

Band 27: **Remmele/Sommer, Arbeitsplätze morgen**
Tagung II/1986 und Tutorial des German Chapter of the ACM vom 11. bis 14. 3. 1986
in Marburg. 431 Seiten, DM 78,–

Band 28: **Balzert/Heyer/Lutze, Expertensysteme '87**
Tagung I/1987 des German Chapter of the ACM am 7./8. 4. 1987 in Nürnberg.
493 Seiten, DM 82,–

Band 29: **Schönpflug/Wittstock, Software-Ergonomie '87**
      Nützen Expertensysteme dem Benutzer?
Tagung II/1987 des German Chapter of the ACM vom 27. bis 29. April 1987 in Berlin
512 Seiten, DM 82,–

Preisänderungen vorbehalten

 B. G. Teubner Stuttgart

Leitfäden der angewandten Informatik

Fortsetzung

Singer: **Programmieren in der Praxis**
2. Aufl. 176 Seiten. Kart. DM 28,80

Specht: **APL-Praxis**
192 Seiten. Kart. DM 24,80

Vetter: **Aufbau betrieblicher Informationssysteme
mittels konzeptioneller Datenmodellierung**
4. Aufl. 455 Seiten. Kart. DM 48,–

Weck: **Datensicherheit**
326 Seiten. Geb. DM 44,–

Wingert: **Medizinische Informatik**
272 Seiten. Kart. DM 25,80

Wißkirchen et al.: **Informationstechnik und Bürosysteme**
255 Seiten. Kart. DM 28,80

Wolf/Unkelbach: **Informationsmanagement in Chemie und Pharma**
244 Seiten. Kart. DM 34,–

Zehnder: **Informationssysteme und Datenbanken**
4. Aufl. 276 Seiten. Kart. DM 36,–

Zehnder: **Informatik-Projektentwicklung**
223 Seiten. Kart. DM 32,–

Leitfäden und Monographien der Informatik

Brauer: **Automatentheorie**
493 Seiten. Geb. DM 58,–

Engeler/Läuchli: **Berechnungstheorie für Informatiker**
120 Seiten. DM 24,–

Loeckx/Mehlhorn/Wilhelm: **Grundlagen der Programmiersprachen**
448 Seiten. Kart. DM 42,–

Mehlhorn: **Datenstrukturen und effiziente Algorithmen**
Band 1: Sortieren und Suchen
2. Aufl. 317 Seiten. Geb. DM 48,–

Messerschmidt: **Linguistische Datenverarbeitung mit Comskee**
207 Seiten. Kart. DM 36,–

Niemann/Bunke: **Künstliche Intelligenz in Bild- und Sprachanalyse**
256 Seiten. Kart. DM 38,–

Pflug: **Stochastische Modelle in der Informatik**
272 Seiten. Kart. DM 36,–

Richter: **Betriebssysteme**
2. Aufl. 303 Seiten. Kart. DM 36,–

Wirth: **Algorithmen und Datenstrukturen**
Pascal-Version
3. Aufl. 320 Seiten. Kart. DM 38,–

Wirth: **Algorithmen und Datenstrukturen mit Modula - 2**
4. Aufl. 299 Seiten. Kart. DM 38,–

Preisänderungen vorbehalten

 B. G. Teubner Stuttgart